印刷工业出版分社

教育部高等学校轻工类专业教学指导委员会
"十三五""十四五"规划教材

包装管理

（第四版）

PACKAGING

主　编 ｜ 戴宏民 戴佩华

副主编 ｜ 杨祖彬

BAOZHUANG
GUANLI

文化发展出版社
Cultural Development Press

·北京·

内容提要

本书是教育部高等学校轻工类专业教学指导委员会"十三五""十四五"规划教材。为了更好地适应包装工业和包装学科的发展，本次再版在《包装管理（第三版）》的基础上，按照教材体系，依据包装工程专业指导组和包装工程专业的毕业要求，对全书内容进行了更新和补充。本书共有八章，即包装管理概论、包装企业经营管理、包装企业生产管理、现代生产计划管理、包装企业质量管理、包装项目管理、包装物流管理及 CPS、包装企业成本管理。本书内容丰富、理论扎实，并附有企业管理真实案例，大大提高了本书的实用性及易读性。

本书可作为普通高校包装工程专业教材或参考书，也可以供包装企业管理及技术人员在实践中参考。

图书在版编目（CIP）数据

包装管理 / 戴宏民，戴佩华主编 . — 4 版 . — 北京：文化发展出版社，2022.6
教育部高等学校轻工类专业教学指导委员会"十三五""十四五"规划教材
ISBN 978-7-5142-3756-6

Ⅰ . ①包… Ⅱ . ①戴… ②戴… Ⅲ . ①包装管理－高等学校－教材 Ⅳ . ① TB488

中国版本图书馆 CIP 数据核字 (2022) 第 084465 号

包装管理（第四版）

主　　编　戴宏民　戴佩华
副 主 编　杨祖彬

出 版 人：武　赫
责任编辑：李　毅　杨　琪　　责任校对：岳智勇
责任印制：邓辉明　　　　　封面设计：郭　阳
出版发行：文化发展出版社（北京市翠微路 2 号 邮编：100036）
发行电话：010-88275993　010-88275711
网　　址：www.wenhuafazhan.com
经　　销：全国新华书店
印　　刷：中煤（北京）印务有限公司

开　　本：787mm×1092mm　1/16
字　　数：429 千字
印　　张：23.5
版　　次：2022 年 10 月第 4 版
印　　次：2022 年 10 月第 1 次印刷

定　　价：78.00 元
ISBN：978-7-5142-3756-6

◆ 如有印装质量问题，请与我社印制部联系　电话：010-88275720

前言
PREFACE

　　《包装管理》（第三版）出版至今已有九年。这些年来随着社会科学的进步，我国的经济得到了快速发展，包装工业和包装学科也取得新进展，对相关专业教材内容也提出了新要求；2020 年教育部轻工类专业教学指导委员会包装工程专业指导组审批通过将本教材在修订后作为普通高校包装工程专业的"十三五""十四五"规划教材。为此，本编写组决定对《包装管理》（第三版）的内容按照包装工程专业指导组所提修订意见和包装工程专业学生的毕业要求，进行一次全面的修订。

　　轻工类教指委包装工程专业指导组在审批意见中指出：修订后的教材知识体系应聚焦包装生产管理，精简行业、产业管理内容，服务包装工程专业人才培养。工程专业认证中第 11 条"项目管理"的毕业要求指出："理解并掌握工程管理与经济决策方法，并能在多学科环境中应用。"

　　为此，在本次修订时，新增了"现代生产管理方式"和"包装项目管理"两章，完善和强化了"包装企业生产管理"和"包装企业质量管理"两章的知识内容，从而使有关生产管理的章节占到修订后全书总章数（八章）的一半。另外，在"包装管理概论"中，依据最新资料，介绍了我国包装工业在改革开放中取得的巨大成就、尚存在的主要问题及今后发展的重点工作。为培养学生对复杂包装项目进行经济分析、制定合理解决方案的能力，修订时在"包装经营管理"中强调了经营决策的定性和定量方法；在"包装成本管理"中突出了"价值工程"和"控制包装使用总成本（含生产、使用及流通成本）"的分析方法；而在"包装物流管理"中，则突出了面向包装市场经济的"整体包装解决方案"内容。为便于教学工作，修订后的各章都附有案例分析、思考题和参考资料。

　　本次全面修订工作仍由重庆工商大学《包装管理》编写组修编，戴宏民教授和戴佩华博士担任主编，杨祖彬教授担任副主编。各章修订工作的具体分工是：第一章由戴佩华、戴宏民编写，第二章、第八章由杨祖彬编写，第三章由周强、张书彬、戴宏民编写，第四章由戴佩华、张书彬编写，第五章由周强编写，第六章由戴宏民、汪培育编写，第七章由戴宏民编写。本书主审由北京印刷学院许文才教授担任。

本次修订是在本书第一版、第二版、第三版基础上完成的。在这里，要对参与前几版编写工作的白云千、王润球、刘丽华、周树高、刘彦蓉、白成东等老师表示敬意，感谢他们曾经付出的努力！同时，感谢为本次修订提供宝贵资料的中国包装联合会常务副会长兼秘书长王跃中同志！对本次修订中引用文献的作者也在此致以敬意！

本书在本版编写中难免有疏漏不当之处，敬请读者提出宝贵意见。

重庆工商大学《包装管理》编写组

2021 年 9 月

目录
CONTENTS

第六章　包装项目管理 / 223

第一章 包装管理概论

本章简述了我国包装工业在改革开放后取得的巨大发展，以及尚存在的问题及努力方向——这是我国今后加强包装管理的基础。本章概括论述了包装管理的广义和狭义概念，职能与任务，以及管理的基础工作；重点论述了包装生产管理的两种类型和现代包装企业制度。

第一节 我国包装发展取得的成就及问题

一、取得的重大成就

我国包装工业自 1978 年改革开放以来获得了迅猛的发展，从 1978 年包装工业年产值仅有 78 万元人民币，到 2009 年包装工业年产值已超过 1 万亿元人民币，成为世界第二包装大国。进入"十三五"后，面对经济发展新常态，中国包装实施增速放缓、"由数量型转向质量型"的发展战略，在大力提高包装质量、大力发展环境友好型绿色包装前提下，包装的数量和年产值仍在持续提升。根据中国包装联合会统计，2019 年中国包装行业规模以上企业数量（年主营业务收入 2000 万元及以上全部工业法人企业）从 2015 年的 7539 家增加到 7916 家，包装行业规模以上企业营业收入为 10032.53 亿元，较 2018 年同比增长 1.06%；包装行业产品产量中以塑料薄膜和箱纸板产量增长较快：2019 年塑料薄膜产量为 1594.62 万吨，同比增长 16.35%；箱纸板产量 1301.6 万吨，同比增长 6.62%。根据智研咨询发布的咨询报告显示：2019 年我国包装行业中纸和纸板容器细分行业营业收入为 2897.17 亿元，占比 28.88%；塑料薄膜行业营业收入为 2704.93 亿元，占比 26.96%；塑料包装箱及容器行业营业收入为 1592.39 亿元，占比 15.87%；金属包装容器及材料行业营业收入为 1167.30 亿元，占比 11.64%；塑料加工专用设备行业营业收入为 650.81 亿元，占比 6.49%；玻璃包装容器行业营业收入为 610.15 亿元，占比 6.08 %；软木制品及其他木制品制造行业营业收入为 409.77 亿元，占比 4.08%。根据在全球领先的高增值管理咨询公司——科尔尼管理咨询公司的推测：2020 年中国包装行业市场规模将突破 1900 亿美元，约占亚太市场 55% 的份额，并以约 5% 的速度持续增长，高于全球市场约 4% 的整体增长预期。随着我国制造业规模不断扩大，成为名副其实的"世界工厂"和世界制造业第一大国之后，为制造业服务的包装工业必将获得更大的发展，将成为世界上发展最快、规模最大，最具潜力的包装市场。

二、存在的主要问题

我国现在虽然已成为世界第二包装大国，但还不是包装强国。要从包装大国跨向包装强国，需要解决以下 3 个问题：

1. 着力发展包装工业的高端产业

按照技术含量的高低，包装工业可以划分为低端产业和高端产业。前者从事纸、塑料、金属和玻璃等包装制品和容器的生产，后者则从事包装材料和包装机械的生产。包装材料和包装机械是包装工业的基础，也是包装工业水平的制高点，是控制和衡量一个国家包装工业发展水平的关键；而我国包装工业的现状是前者强而后者相对弱。包装材料近年来虽以 15% 的年增速快速发展，但是技术含量高的包装材料，如 BOPET 薄膜（双向拉伸聚酯薄膜）、BOPA 薄膜（双向拉伸尼龙薄膜）、CPP 薄膜（流延聚丙烯薄膜）、多层共挤复合薄膜、高阻隔 EVOH 薄膜（乙烯 / 乙烯醇共聚物薄膜）、完全生物降解塑料 PLA（聚乳酸）、高质量的水性油墨和热熔胶等尚需大部分或全部依赖进口；我国的食品和包装机械从产值和出口额来看，在全球也已居美、德、日、意四大包装机械强国之后第五位；但从技术水平看，我国食品和包装机械的整体水平与四大包装机械强国仍有较大差距，一些技术含量高的成套装备，如瓦楞纸板（白纸板）加工、印刷生产线、高档食品灭菌、灌装包装生产线均尚需依赖进口。因此，要使我国成为自主发展的包装强国，必须大力发展包装材料和包装机械等高端产业。

2. 深化发展绿色包装产业

随着全球"保护生态环境"理念的不断深化，时代对绿色包装的发展提出了新要求，即包装材料生态化，食品包材无毒化，节能减排、使用非石油基塑料；同时"3R1D"的包装减量化也要求将"从源头上减少废物量"提升为"从源头上节约资源"；薄壁化、轻量化的应用则从玻璃发展到金属、塑料和纸包装，为解决世界资源危机做出贡献；重复和再生利用原则也从"减少和利用包装废弃物"提升为"发展循环经济模式"。

我国绿色包装自20世纪90年代中叶开始获得了快速发展，目前我国在使用绿色包装材料和包装技术领域与世界基本保持同步，瓦楞纸箱、纸浆模塑的产量和使用量、天然高分子生物降解塑料销售量更位居世界前列，为我国保护环境和节约能源做出了显著贡献。但是对照绿色包装发展的新要求，我国绿色包装产业的发展还存在许多不足和不完善之处，主要有：① 一些高端的绿色包装材料尚不能自足生产，如非石油基的完全生物降解塑料PLA（聚乳酸）、高质量的水性油墨和热熔胶等还需大部或全部依赖进口。② 浪费资源和污染环境的过度包装还十分严重，尤其在销售包装上。习近平总书记2019年在河南考察时就曾强调指出要杜绝过度包装，中国包装联合会对此高度重视，将此列为一段时间的工作重心。全国政协调研组在2016年也就"治理过度包装，促进绿色生产消费"赴江苏、四川两省实地调研，并提出尽快出台治理过度包装条例，完善相关法律规定；研究制定遏制过度包装的价格政策和促进包装物回收利用的税收政策，逐步建立包装物强制回收制度等建议。③ 绿色包装产业是一个包括包装生产—使用—回收—再生—处置的系统工程，我国目前是重视生产和使用，而回收、再生、处置却因缺乏完善的法规和必要的机制显得薄弱，电商快递业的兴起使包装废弃物数量剧增，更使回收再生和使用降解材料显得迫切！建立完整的回收再利用及最终处置系统和发展可自行降解或循环再利用的绿色包装乃当务之急！

3. 急需完善建立有关法规

欲健康发展绿色包装产业，必须制定完善的法规来保障。我国自发展绿色包装以来，已相继制定了绿色包装材料和食品包装材料有毒有害重金属及其他有害成分限制法规，对接欧盟"94 /62 /EC 指令"的有关法规，环保油墨标准，按空隙比和成本比规定食品与化妆品限制商品过度包装的要求等；近年，我国又相继完成依据中国包装联合会对归口管理的256项包装行业国家标准，以及在其基础上制定了《包装行业团体标准管理办法（草案）》（2016年）和《包装与环境——通则》《包装非危险货物用柔性中型散装容器》国际标准转化项目（2018年）。但面对包装工业尤其是绿色包装产业发展的新要求，更需要进一步建立完善的法规体系：易操作可量化的过度包装限制法规，遏制过度包装的价格政策；强制性的包装废弃物回收法规，建立起回收再生或再利用系统，促进包装废弃物回收再利用的税收政策；电商快递包装规格规范的法规等。

三、今后发展的重点工作

根据中国包装联合会徐斌会长在中国包装联合会第九次代表大会上的报告，我国包装产业在下一阶段需重点抓好以下 3 项工作：

1. 促进我国包装产业转型发展

为从包装大国跨向包装强国，我们必须遵循国家工业及信息产业化部在"十三五"期间对包装行业发布的第一个具有指导性和指令性的文件——《关于促进我国包装产业转型发展的指导意见》，放缓增速，把发展重点放在提高质量和品种上来，即加强科技攻关，品种创新，大力发展高新包装材料和包装机械等高端产业；用法规和政策坚决遏制过度包装；大力发展节约资源、保护环境的绿色包装；大力发展包装废弃物回收再利用的技术和产业等。

在转型发展中，根据工业及信息产业化部的要求，包装企业要做好两化融合工作。两化融合是指信息化和工业化的高层次深度结合，以信息化带动工业化、以工业化促进信息化，走新型工业化道路；两化融合的核心就是信息化支撑，追求可持续发展模式。同时还要高度重视军民融合工作，中国包装联合会近五年已出台《我国包装领域军民融合发展建设"十三五"规划纲要》《我国包装领域军民融合发展标准化建设纲要》等 8 个规范性文件和《军用食品包装贮运要求》《可折叠、可循环塑料周转箱规范》等 5 个技术标准。今后还将使军民融合工作进一步系统化、规范化。

2. 做好行业协会商会与行政机关脱钩工作

行业协会商会与行政机关脱钩，是党中央、国务院确定的重要改革任务，脱钩的主要内容是职能、机构、财物、人员、外事和党建等方面与行政机关分离。

行业协会是指介于政府与企业之间，商品生产者与经营者之间，并为其提供服务、咨询、沟通、监督、公正、自律、协调的社会中介组织。行业协会是一种民间性组织，是政府与企业的桥梁和纽带，它向政府传达企业的共同要求，同时协助政府制定和实施行业发展规划、产业政策、行政法规和有关法律；并制定和执行行规行约和各类标准，协调本行业企业之间的经营行为。

在国际市场竞争中，行业组织在保护国内产业、支持国内企业增强国际竞争力方面，起着重要的协调作用：维护本国经贸利益，协助企业实施反倾销、反补贴等法律措施，并作为申诉中的提诉人；利用 WTO 争端解决机制，帮助企业应诉；在开拓国际市场时，由行业协会出面协商，在自愿的基础上组织企业在生产、销售、价格、售后服务等方面的联合行动；同时协调本行业出口商品的最低限价，以保护本国产品在国际市场上的合理价格，避免国内企业竞相压价，并减少国际贸易的摩擦。

为更好履行行业协会的上述职责，也为了使行业协会的职责进一步与国际接轨，党中央与国务院要求的"行业协会商会与行政机关脱钩"改革是一项必须完成的重点工作，随着行业协会脱钩工作的进行，行业协会商会综合监管体制和运行机制也将不断完善，必将使社会团体的内在活力和发展动力逐步激发。中国包装联合会也将在脱钩后在国内外的市场经济中更好服务于中国包装企业。

3.进一步推动包装行业标准工作向前发展

包装行业标准对包装工业发展起着推动和保障作用。今后应在已制定的《包装行业"十三五"技术标准体系》和《包装行业团体标准管理办法（草案）》的基础上，突出行业标准和团体标准的制定工作。

同时，我国还应积极主动参与国际标准化工作，包括对国际标准的转化及制定新标准的工作，以增强我国在国际包装标准舞台的话语权和在规则制定中的参与权。但重点仍应是加强对国际标准的梳理和转化，加快适合我国国情的国际标准转化，推动国家包装标准与国际接轨，着力提高国际标准的转化率。

第二节　包装管理的概念及类型

一、包装管理的概念

包装管理，是指对包装经济活动进行的决策、计划、组织、指挥、协调、激励、控制和创新活动，它是综合运用社会科学和自然科学的原理和方法，对包装生产、流通、分配、消费等活动进行管理的过程。其目的在于科学地组织包装生产力，高效率地利用包装经济资源，达到以最小劳动耗费和最少的资源消耗，取得最大的社会效益、环境效益和经济效益的目的，满足包装工业和国民经济发展的需要。

包装管理，从广义上说，是将包装作为保护商品和商品在物流中的载体的容器。为取得最好的经济效益、环境效益和社会效益，对包装的管理应涉及包装的设计、生产、销售、流通、分配、回收再生再利用和最终处置等生命周期的各个方面。

包装管理，从狭义上说，则是对包装的生产管理，主要涉及包装在生产过程中基于供应链的经营、计划、质量、环境、物流、成本和人力资源等方面的管理。包装生产管理依据企业性质不同而有所不同。

二、包装生产管理的两种类型

企业性质不同，包装生产管理也会有所不同。包装企业一种是以包装产品（包装制品、材料、机械）为主产品的企业，长年生产同种类型、仅规格和型号不同的产品，品种较单一，常采用流水线和自动线进行中大批生产。全厂的生产、经营、计划、质量等管理均是常年围着较单一的包装产品实施，这就是包装企业的生产管理类型。另一种是产品厂（如汽车厂、家用电器厂）中的包装生产管理。在产品厂中，包装仅是为主产品服务的一种产品。产品厂中的主产品为有利于市场竞争，一般均是小批或中批生产，需要不断开发新产品，或将老产品不断更新换代，这些都是具有特定目标的一次性任务，对这种具有特定目标的一次性任务为取得缩短时间、提高工效、保证质量的好成效，目前均采用先进的项目管理技术进行管理。包装因涉及主产品在厂内厂外物流的全过程，对主产品的工期、质量和成本都有十分重要的影响，故在产品大项目下为包装专设一个子项目，对包装子项目（或子模块）也采用项目管理的方法来实施管理，称为包装项目管理。包装企业，当按"整体包装解决方案"接受用户订货时，也属具有特定目标的一次性任务，也可实施包装项目管理。

本书的内容就是兼顾包装企业的生产管理和产品厂的包装项目管理两者编写。除有包装企业的生产管理所需要的经营、生产、质量、环境、物流、成本等内容外，还专设了"包装项目管理"一章，并突出了两者均需要的"现代生产计划管理技术"。

第三节　包装企业管理的职能与任务

一、包装企业管理的职能

职能是人、事物、机构应发挥的作用。从企业管理的角度看，企业管理职能就是企业管理者为实现有效管理，对管理对象在一定领域内的活动进行管理所必须具备的基本功能。企业管理具有两个基本职能：合理组织生产力和维护生产关系。由于企业既是社会生产力的担当者，又是一定生产关系的体现者，是生产力和生产关系的统一体，因而这两种管理职能是结合在一起的。企业管理的具体职能，主要包括决策、计划、组织、指挥、协调、激励、控制和创新等主要活动。

（一）决策职能

决策是人们针对特定的问题，为达到一定目标，运用科学的理论和方法，拟定多种行动方案，并从中选出最优方案的活动。它本质是人们对将要付诸行动的主观意志的表达。

决策是现代管理中的一项重要功能。它一般由以下七个要素构成：① 决策者，即做出决策的个人或集体；② 决策目标，即决策者所要达到的目的；③ 决策方案，即决策者用以达到目标的手段；④ 决策环境，即决策者无法控制但又对决策后果起重大影响的因素；⑤ 决策后果，即决策方案在特定的决策环境中所达到的结果；⑥ 决策变量，即决策环境与决策后果之间的关系；⑦ 决策评价，即对决策后果的分析与评估。

企业管理包括企业内部管理与企业外部的管理（主要指经营管理），管理的重心在经营，而经营的重心在决策。决策是对企业的生产、技术和经营等活动全过程的筹划。

企业管理的决策，对确定企业的工作目标和方针，以及制定有关政策和规章制度等均有重要意义。在企业管理的决策中，既要考虑企业的近期目标，又要对企业的发展全局和长远目标、生产规模、设备更新、技术引进、费用与成本水平以及包装企业体制改革等，作出选择和决定。

（二）计划职能

计划是指为实现已定的决策目标而对各项具体管理活动及其所需人力、物力和财力所作出的设计和谋划。

计划是管理职能中的一项重要职能，它与决策的关系十分密切。通常认为，决策是计划的灵魂，计划是决策的具体化和落实。决策职能的使命是确定未来活动的目标、方向和原则，以及为实现目标在整体上必须采取的程序、途径、手段和措施。但是，决策只是勾勒了未来行动的大致轮廓，远远没有达到周密设计的程度。决策确定的目标能否实现？决策选择的方案能否实施？在决策和决策实施之间还需要有一种管理职能作为桥梁把它们彼此衔接起来，计划就是起这种桥梁作用。计划功能的使命是在决策所确定的目标、方向和原则的基础上，使决策方案具体化。在包装企业管理中，管理者通过一系列的计划管理活动，对企业的生产经营目标进行分解、计算，并拟定实施目标的步骤、方法和策略，以期合理地安排人力、物力和财力资源，调动各方面的积极性，从而迅速有效地达到决策目标。

（三）组织职能

管理学上所讲的组织，是人们社会活动中分工和协作的方式。两个人以上的群体共同工作，就有一个分工与协作的问题。因为，人的知识和能力的有限性决定了人们必须进行分工，以此来提高效率，分工可以使不同的人为着同一目标而工作，分工必须协调一致，才能发挥出综合效益。为了使分工与协作在推动管理目标的实现方面卓有成效，人们必须使共同工作中的每一成员或每一单位的任务、目标、责任与权限相对固定，也就是要求把在一起共同工作的人们之间的关系以相对固定的方式确定下来，这种被固定下来的稳定的联系就是组织。

从组织的职能方面来看，组织表现为有序性。组织工作和组织活动在于合理地向分系统和成员分配工作，调整各个分系统的关系。当组织内部因素变动或环境变动而产生各种矛盾时，组织的职能就在于解决这些矛盾，以便统一各种行动。组织工作的职能，就在于消除不断产生的各种无序状态，使之保持系统的有序性。

在企业管理中，组织职能是指建立企业组织结构方面的管理活动，它也是构成管理职能的要素之一。即按照已制订计划的目标要求，对企业的劳动力、劳动资料和劳动对象进行科学的组织安排，形成一个有机的整体，使企业人、财、物得到最合理的使用。同时，明确企业内部各岗位的责任与权限，决定合理的管理制度，确立相互协调的关系，促进企业工作的开展。

（四）指挥职能

在决策、计划与组织的既定条件下，管理者面临的任务是指挥。所谓指挥就是管理者凭借自身的权力和影响力，对下属进行调度，指导他们为实现组织目标而展开活动的行为。

企业管理的指挥职能是指管理者为实现企业的生产经营计划，按照社会化大生产的客观要求，运用权力手段和权威进行发令调度，从而有效地领导他人行为的一种管理活动。

指挥职能是组织劳动协作的必要条件，其内容主要包括自上而下发出指令，了解意见和建议，进行必要的指导和调节等。指挥职能的执行，必须建立集中的有效的生产经营指挥系统，保证企业按照统一计划，把各方面的工作有机地组织起来，使企业内各部门、各工种、各工序紧密配合，协调发展。指挥职能具有统一性、科学性、权威性、适应性和纪律性的特点。

（五）协调职能

在管理活动中，不可避免地会遇到各式各样的矛盾与冲突，这就需要协调。协调是管理的重要职能，是在管理过程中引导组织之间、人员之间建立相互协作和主动配合的良好关系，有效利用各种资源，以实现共同预期目标的活动。协调的对象包括组织与人员。

管理协调就是正确处理人与人、人与组织以及组织与组织之间的关系。但由于人是一切管理活动的主体，是构成组织的"基本单位"，所以，协调的对象归根到底是人员，管理协调归根到底是正确处理人与人的关系。可见，协调的最终目的是建立并维护良好的人际关系，通过实现人际关系的协调带动组织内外诸要素的协调。

企业管理的协调职能就是协调企业各方面的工作，协调各项生产经营活动，使企业内部各部门、各单位、各环节之间配合得当，消除不和谐现象，使包装企业生产经营活动有序地进行的一种管理职能。协调职能的内容包括企业内部协调、外部协调、纵向协调和横向协调等。协调职能的特点包括：协商性、民主性、和谐性、沟通性和激励性。

（六）激励职能

激励是管理的一项重要职能。特别是现代管理强调以人为中心，如何充分开发和利用人力资源，如何调动组织成员的积极性、主动性和创造性，是非常重要的一个问题。这就要求管理者必须学会在不同的情境中采用不同的激励方法，对有不同需要的组织成员进行有效的激励。

所谓激励职能就是激发人的动机，诱导人的行为，使其发挥内在潜力，为想要实现的目标而努力的管理活动。对企业管理来说，管理者如何建立合理有效的激励机制，充分调动企业全体员工的积极性、主动性和创造性，充分发挥企业人力资源的效益，是企业能否提升竞争能力，能否兴旺发达的根本问题和关键问题所在。激励的形成机制表现为个人需求和它所引起的行为，以及这种行为所期望实现的目标之间的相互作用关系。

企业管理的激励职能，就是指企业管理者要通过影响职工个人需要的实现来提高他们的工作积极性和创造性，引导他们在企业经营中的行为朝着实现企业经营目标的方向发展。管理主要是对人的管理，也是通过对人的管理去实现对企业经营的管理，其核心内容就是激励员工，调动员工的积极性和激发员工的创造性，使员工的工作效率和智慧、潜能得到充分的发挥。归纳之，管理的激励职能就是研究如何根据员工的行为规律来提高员工的积极性和发挥员工的创造性。

（七）控制职能

控制职能是指由管理人员对当前的实际工作是否符合计划进行测定，并促使组织目标实现的过程。控制主要体现在计划的执行过程中，是一种不断地对照计划来检查现有的作业状况的活动。

控制是管理的基本职能之一，是对组织内部的管理活动及其效果进行的衡量和校正，其目的是确保组织的目标以及为此而拟订的计划得以实现。企业管理的控制是对企业的生产目标、质量目标、库存目标和成本目标等，通过信息的各种反馈系统进行定期检查、监督和分析，并采取相应的调整措施的一项管理活动。它通过检查产品计划的执行情况，调查各类产品的质量状况，以监督质量标准的实行；并通过制定严格的规章制度，建立各种责任制，实行经济核算，把人们的行动纳入实现计划的轨道，履行自己的职责，从而保证企业的生产和销售计划的实现，以达到提高经济效益的目的。

管理的控制职能是与管理的计划职能联系在一起的，因为控制是依据计划所提供的标准来衡量组织运行所取得的成果。在这种衡量中，如果发现偏差，就采取纠正措施，以便计划目标的顺利实现；如果说计划是为了使组织获得完整的方案的话，那么控制则是要使组织活动按照计划进行。所以对于管理活动来说，控制是计划的继续；同时，计划又需要控制来为其提供保障，只有借助于控制，才能够纠正计划执行中出现的偏差，把那些不符合要求的管理活动引回到正常轨道上来，使管理系统稳步地实现计划目标。管理职能中的控制包含常规控制和非常规控制。常规控制是包含在管理制度中的一些既定的控制程序。但是，既定的控制程序并不能够完全适应管理系统发展的需要，而且既定的控制程序也需要加以控制。所以，必须有大量的非常规控制来作为补充。非常规控制是直接根据主管人员的指令进行的，或者说，主管人员运用指令来改变人和组织的行为，使之符合计划和预定方案的要求，以利于管理过程朝着目标进展。

企业的管理控制，一般分为因素控制与职能控制两种。前者包括数量控制、品质控制、时间控制和成本控制等；后者属于企业基本经营机能活动的控制，包括生产控制、销售控制、人事控制、财务控制等内容。

（八）创新职能

所谓创新，就是淘汰旧的东西，创造新的东西，它是一切事物向前发展的根本动力，是事物内部新的进步因素通过矛盾斗争战胜旧的落后因素，从而推动事物向前发展的过程。在现代管理活动中，创新是创造与革新的合称，创造与革新的整个过程及其成果则表现为创新。所以，创新是通过创造与革新达到更高目标的创造性活动，是管理的一项基本职能。

创新也是现代管理的重要功能之一，因为现代管理处在不断变化着的动态环境之中，组织活动的内容和目标为了适应这种不断变化的环境必须不断地得到调整。而且，在作出这种调整时，很多情况下可能是无先例可循的，日新月异的环境决定了管理活动必须不断地在创新中获得生存和发展。对许多成功的管理者来说，不断地创新往往是立于不败之地的秘诀。当前，世界工业正在向高技术、新材料、低成本、高质量、规模化、专业化、集约化的方向发展。随着经济全球化过程的加快，特别是我国已经加入 WTO，市场开放的速度和范围不断加快和扩大，更多的国外企业集团进入我国，进口材料和产品也越来越多地占领中国市场，国内企业面临越来越大的竞争压力。所以，现代管理者应有充分的创新意识，自觉地运用创新思维，并在管理实践中，把目标创新、技术创新、制度创新和管理方法的创新作为自己不懈的追求。在管理实践中，整个管理活动的基本内容无非是维持与创新的矛盾统一，任何组织系统的任何管理工作都是在维持与创新中实现其管理的。所谓有效的管理，就在于适度维持与适度创新的结合；维持与创新对系统的生存和发展都是非常重要的，它们是相互联系且缺一不可的。

创新是维持基础上的发展，而维持则是创新的逻辑延续；维持是为了实现创新的成果，而创新则为更高层次上的维持提供了依托和框架。任何管理工作，都应围绕着系统运转的维持和创新而展开。只有创新没有维持，系统便会呈现无时无刻无所不变的混乱状态；而只有维持没有创新，系统则会缺乏活力，犹如一潭死水，适应不了任何外界变化，最终将被环境所淘汰。现代管理是在新的科学技术革命迅猛发展和社会进步、人们的观念变革日新月异的条件下的管理，它要求管理者比以往任何时候都需要有更强烈的创新意识，时时把握内外环境变化的趋势，并根据这种趋势创造性地进行管理，以便在每一时刻都能够使组织的目标和存在形态与社会发展的节拍相吻合。

二、包装企业管理的任务

现代企业管理的根本任务是在社会主义市场经济的条件下，通过有效管理，合理组织企业系统的人、财、物和信息等生产要素，创造一种良好的工作环境，以最少的投入，通过企业的工作系统，取得更大的产出。企业的任务主要是在生产经营活动过程中实现的，而企业系统是社会大系统的一个开放性的子系统，它受环境即大系统的制约，又由许多小系统所组成。它通过相互联系和共同工作把人财物、产供销及信息等要素组成企业系统，它同周围环境之间存着动态的相互作用，并且具有内部的和外部的信息反馈网络。分析企业生产经营活动的投入、转换、产出关系可以展示企业是如何实现管理任务、提高经济效益的。构成企业生产经营活动的投入、转换和产出三部分是一个动态系统，如图1-1所示。

由图1-1可知，企业的生产经营活动是企业的主要活动，企业管理任务的实现可以归结为四大流程：物质流、价值流、信息流和人事流。四大流程在输入、转换、输出动态过程的关系是：物质流反映原材料等的运动过程，价值流反映资金运动过程，而物质流和价值流则由信息流指挥，而这三者均是物的因素，它们又由生产要素中最具活力的人事流来掌握，从而向社会提供优质产品、劳务，收回资金并取得盈利。

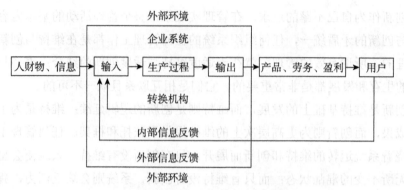

图 1-1　企业生产经营活动动态系统

企业在生产经营活动中，从输入的人、财、物到转换为成果，最终表现为经济效益的提高，可用公式表示如下：

$$\text{企业的经济效益} = \frac{\text{输出}}{\text{输入}} = \frac{\text{能满足用户需要的产品和服务}}{\text{投入资源}} \tag{1-1}$$

企业的经济效益可以通过一些指标来体现。体现效率性的指标主要有：单位产品成本、单位产品原材料消耗、单位产品能源消耗、单位产品工资含量等；体现效用性的指标主要有：产品品种、产品产量、产品质量、工业净产值、利润总额等。此外，还可通过各项财务比率进行汇总分析，如流动比率、债务比率和盈利能力比率等。

第四节　现代包装企业制度

一、社会主义市场经济

1. 社会主义市场经济的概念

（1）市场经济的含义。

市场经济是商品经济运行的总体。商品经济是相对于自然经济、产品经济而言的一种社会经济形态。商品经济是人类社会经济不断发展的产物，商品经济并不是资本主义固有的社会经济形态，它是社会主义经济发展不可逾越的发展阶段。所谓运行总体是指经济形势的整体运转的载体。任何经济形式都有体现其整体运转的运行总体。商品经济形式的整体运转由市场来决定，通过市场使生产经营者的一切活动和产品都转化为交换价值，从而以交换价值为中介实现人们的一切社会联系，形成由市场推动经济运行的市场经济。

市场经济具有的一般性，是指市场经济不为哪一种所有制或社会经济制度所独有；市场经济具有特殊性，是指市场经济的特殊所有制基础及其所决定的特殊社会形式。由于所有制基础不同，当今时代就出现了特殊的资本主义市场经济和特殊的社会主义市场经济。

（2）社会主义市场经济的含义。

社会主义市场经济是以公有制为主体和其他多种经济成分并存的所有制结构做基础，具有一般性和特殊性的市场经济。

社会主义市场经济的一般性主要表现在以下3方面：第一，经济活动主体处于平等的市场关系之中。企业面向市场，自主地开展生产经营活动，通过市场实现联系。第二，开放进取。在市场经济的物质利益动力和市场竞争压力的推动下，各行各业不断开拓国内和国际市场，永不满足现状。第三，宏观间接调控。政府部门不直接干预企业生产经营的具体事务，通过经济政策、经济杠杆和法律法规，引导、调节和规范企业的经营活动，使经济健康运行。

社会主义市场经济的特殊性主要表现在以下3方面：第一，在市场机制作用中壮大社会主义公有制经济的实力；第二，市场机制为按劳分配和其他多种分配制度提供实现形式，并在收入分配关系中促进共同富裕；第三，在充分发挥市场配置社会资源的基础性作用中，国家宏观调控把人民的当前利益与长远利益、局部利益与整体利益结合起来，更好地发挥计划和市场两种手段的长处。

2. 市场经济的资源优化配置的功能和特点

资源配置就是社会如何把资源配置到社会需要的众多组成部门、产品和劳务的生产用途上去，并要求配置得最为有效，产生最佳效益，以最大限度地满足社会需要。社会主义市场经济体制是同社会主义基本制度结合在一起的。建立社会主义市场经济体制，就是要使市场在国家宏观调控下对资源配置起基础性作用，要使经济活动遵循价值规律，适应供求关系的变化，通过价格杠杆和竞争机制的功能，把资源配置到效益较好的环节中去，并给企业以压力和动力，实现优胜劣汰。要运用市场对各种经济信息反应灵敏的优点，促进生产和需求的及时协调，发挥市场在国家宏观调控下对资源配置的基础性作用。为了发挥市场机制在资源配置中的基础性作用，还必须培育和发展市场体系，要着重发展生产要素市场，规范市场行为，创造平等竞争的环境，形成统一、开放、竞争、有序的大市场。

市场配置资源的特点主要有以下3点：① 资源配置与使用效率是紧密结合的；② 资源配置与供求关系紧密联系；③ 资源配置通过价格竞争等机制实现。

3. 社会主义市场经济运行机制

（1）经济运行机制的含义。

经济运行机制是指一定经济机体内各构成要素之间相互联系和作用的制约关系及其调节功能。它存在于社会再生产的生产、交换、分配和消费的全过程之中，并对各个环节起着积极的调节作用。经济运行机制是由各种要素构成的庞大系统，各构成要素都自成系统，各自有特定的运行机制，比如市场机体内存在着市场机制，计划系统内存在着计划机制，企业机体内存在着企业经营机制，宏观经济系统内存在着宏观调节机制等；进一步分析还有价格变动机制、利率变动机制、工资变动机制等。整个社会经济机体的经济机制便是各构成要素的相应机制之间的耦合。

（2）社会主义市场经济运行的市场机制。

市场机制是在商品生产经营主体和消费主体谋求利益最大化而进行的竞争基础上，依靠价格自动调节社会供求，实现经济发展或增长的经济机制。市场机制的构成要素包括以下 3 点：① 价格机制。它是市场机制的关键要素，市场经济的运行过程就表现为价格机制的调节过程。② 供求机制。它是市场机制的基本要素，通过供求调节使生产和需要之间的平衡得以实现，使各部门、各企业生产的比例得到合理分配，从而使资源配置实现合理化。③ 竞争机制。它是市场机制的核心要素，竞争就是优胜劣汰，没有竞争就没有市场经济，价格机制和供求机制的相互作用也是在市场竞争中实现的。所以说，市场机制是通过价格机制、供求机制和竞争机制的相互作用与循环而形成的。应当指出，在坚持市场机制为基础的同时，还要发挥计划调节机制的作用。

二、产权制度与企业经营机制

社会主义市场经济的微观基础是企业，它涉及企业组织形式、国有企业产权制度、企业经营机制、企业工资分配机制，企业市场营销战略和企业经营方式等问题。本节着重论述国有企业产权制度和企业经营机制问题。

1. 国有企业产权制度

（1）产权的内涵。

所谓产权，通常是指财产权，是关于财产关系的概念。从财产的形态上看，它包括土地、工厂等物质形态的产权和技术专利、股票等非物质形态的产权。从财产的权利上看，它包括财产的所有权，即财产的最终归属权，也包括对财产的占有、使用、收益和处置的权利。以上五权，就是生产资料所有制或其所有权的结构。产权分为两类：企业资产的产权和个人消费财产产权，前者简称企业产权。因此说，企业产权就是法定主体对构成生产或经营要素的资产所拥有的归属、收益、处置等权益的总称。产权要有法律保障，他人不得侵犯。

（2）国有企业产权制度。

发展社会主义市场经济，要求企业必须从根本上彻底转换经营机制，使企业具备完整的产权和经营自主权，而不能是部分产权或几条经营权。其中产权又是企业最基本的权力。党的"十四大"报告中明确提出了要"理顺产权关系"，1994年初的《政府工作报告》中也提出了"国有企业的改革，关键是政企分开，理顺产权关系"。理顺产权关系，主要在于建立国有企业的多元化产权，并把多元化产权依照不同的形式落实到国有企业。

2.企业经营机制

（1）企业经营机制的内涵。

企业经营机制是指经济系统中企业这个有机体在一定的生产关系和外部环境影响下，围绕生产经营所形成的所有内因和外因相互联系、相互作用、相互制约而展示的内在机能、内部结构功能及结转方式的总和。企业经营机制是一种能规范和推动企业行为以求得自身的生存和发展，使其趋向企业目标的内在机理。

（2）企业经营机制的内容。

企业经营机制的内容包括运行机制、动力机制、风险机制、发展机制和约束机制。

①运行机制。保证企业正常运转的运行机制是经营机制的主体，是企业系统在投入、转换、产出过程中，各生产要素、各环节、各部门之间直接联系的方式。运行机制的载体是企业组织结构，它能保证企业系统顺利地完成其输入输出的转换活动。

②动力机制。激发企业活力的动力机制是为企业系统正常运行提供能量的机制，它关系到企业系统运行中各种要素的能量能否释放，其决定的因素是职工积极性的调动。

$$企业的动力 = 职工积极性 + 职工创造性 \tag{1-2}$$

激励是动力机制发挥作用的关键，通过激励既要使企业整体利益得到驱动，也要使员工利益得到驱动，从而使企业生产经营活动得以正常进行。

③风险机制。促使企业实现自负盈亏的风险机制是决定企业能否生存和发展的根本性机制。作为经济实体的企业，在生产经营活动中独自对其全部经济利益的盈亏负责。企业必须对国家授予其经营管理的财产，承担民事责任，如实反映企业经营成果，不得造成利润虚增或虚盈实亏，并确保企业财产的保值、增值。企业在生产经营活动中不可避免地要受制于外部环境而发生风险，同样也会得到一些有益的

营销机会，因而企业必须通过审时度势，精心经营，正确决策，最终在经营成果上自己独立承担盈亏。

④ 发展机制。增强企业发展后劲的发展机制是企业通过自我积累，增加投资，改进技术和创新，扩大再生产的内在功能。企业必须依靠自身积累求发展，增强自我发展的能力，增强后劲和"造血功能"。

⑤ 约束机制。约束企业行为的约束机制是保证企业实现经营目标和满足社会需求的自我约束机制。约束机制是企业行为的控制器和调节器，要有较为完善的自我约束机制，克服企业的短期行为，以实现企业行为的合理化。具体讲，在生产行为上，要采用先进技术合理配置各种生产要素，生产适销对路的产品；在分配行为上，使职工收入在发展生产基础上有所增长；在积累行为上，要追求项目投产后的受益能力；在交换行为上，要加强监督和管理。这样，企业的行为在生产上受瞬息万变的市场的制约，在分配行为上受国家劳动工资政策的制约，在积累行为上受投资收益率不确定的制约，在交换行为上受国家纪律的制约。这样一种系统而完善的约束机制，能够有力地制约企业的短期行为，从而促进企业行为的合理化。

企业经营机制是一个完整的系统，以上五个方面相互联系、相互作用，共同影响着企业系统的运行，从而构成经营机制的整体。

3. 企业经营机制的转换

转换企业经营机制是为了使企业进入市场，增强企业活力，提高经济效益。企业转换经营机制的目标是：使企业适应市场的要求，成为依法自主经营、自负盈亏、自我发展、自我约束的商品生产和经营单位。转换企业经营机制尤其是转换国有大中型企业经营机制具有重要意义；转换企业经营机制是巩固社会主义制度和发挥社会主义优越性的关键，是增强企业活力的根本出路，是建立社会主义市场经济体制的中心环节。

实现国有企业经营机制转换的对策至少应有以下 3 方面：

① 建立现代企业制度，逐步将国有企业改组为股份制有限公司，解决国有企业改革的深层次问题。这个问题下面将另行详述。

② 落实企业经营自主权，规范企业行为。企业经营权是企业对国家授予的经营财产享有的占有、使用和依法处分的权利。它主要包括：生产经营决策权、产品及劳务定价权、产品销售权、物资采购权、进出口权、投资决策权、资金支配权、资产处置权、联营兼并权、劳动用工权、人事管理权、工资奖金分配权、机构设置权和拒绝摊派权等十四项自主权。宏观方面，要给企业以宽松环境，使企业经营自主权得以落实。微观方面，企业要转换机制，抓管理，练内功，增效益，并且要自我

约束，做到企业行为的规范化、合理化，承担企业自负盈亏的责任，完成企业担负的任务。

③ 深化与转换企业经营机制的配套改革。为此，政府必须转变职能，改善市场环境，改革社会保障体系等。

三、现代包装企业制度

1. 现代企业制度的概念和特征

现代企业制度，主要是反映社会化大生产特点的，适应社会主义市场经济体制要求的，产权清晰、权责明确、政企分开、管理科学的企业制度。现代企业制度是现代市场经济发展的结果，是社会主义市场经济体制的基础。它是以公司法人制度为主要形式的一种企业制度。其基本特征有如下 5 点：

① 产权关系明晰，企业中的国有资产所有权属于国家，企业拥有包括国家在内的出资者投资形成的全部法人财产权，成为享有民事权利、承担民事责任的法人实体。企业中全部资产的所有者是清楚的，不同所有者拥有的产权份额是明确的。

② 企业作为独立法人以其全部法人财产，依法自主经营，自负盈亏，照章纳税，对出资者承担保值增值的责任。

③ 出资者按投入企业的资本额享有所有者的权益，即资产受益、重大决策和选择管理等权利。企业破产时，出资者只以投入企业的资本额对企业债务负有限责任。

④ 企业按照市场需求组织生产经营，以提高经济效益为目的，政府不直接干预企业的生产经营活动。企业在市场竞争中优胜劣汰，长期亏损，资不抵债的依法破产。

⑤ 建立科学的企业领导体制和组织管理制度，调节所有者、经营者和职工之间的关系，形成激励和约束相结合的经营机制。

综上所述，现代企业制度的建立，必将打破产权关系模糊，政企不分，权责不明的国有企业工厂制度的传统形式，加快国有企业制度的市场化、规范化、现代化步伐。

现代企业制度的基础和核心，是独立的法人财产权，其基本形式就是公司制。1994 年 7 月 1 日，第一部《中华人民共和国公司法》正式生效，中国的企业改革开始从政策调整跨入制度创新的阶段。

现代包装企业制度须符合上述现代企业制度的概念和特征。

2. 包装企业建立现代企业制度的措施

（1）理顺产权关系，完善企业法人制度。

建立现代企业制度的关键是政企职责分开，而政企职责分开的首要问题是理顺产权关系。对国家来说，要实现国家的资产所有者职能与社会管理职能分开，政府的国有资产管理职能与运营职能分开。就国家与企业的关系来说，要实现出资者所有权与企业法人财产权分离，确立出资者所有权在企业中的法律地位。在这个前提下，明确国有资产投资主体，即国有股的持股机构问题。

法人财产权表现为企业依法享有法人财产的占有、使用、收益和处分权，以独立的财产对自己的经营活动负责。企业拥有法人财产权，通过建立资本金制度和资产经营责任制，使自负盈亏的责任落实到企业。促使企业必须根据市场供求关系和价值规律支配、使用、处理、营运自己的资产，盘活资产存量，实现资产有效增值。

（2）实行公司制，完善现代企业组织制度。

现代企业制度是以公司法人制度为主要形式的一种新型企业制度。公司是企业的高级组织形式，它是社会化大生产和市场经济的产物。《中华人民共和国公司法》规定：公司是指依照本法在中国境内设立的有限责任公司和股份有限公司。有限责任公司，股东以其出资额为限对公司承担责任，公司以其全部资产对公司的债务承担责任。股份有限公司，其全部资本为等额股份，股东以所持股份为限对公司承担责任，公司以其全部资产对公司债务承担责任。有限责任公司和股份有限公司是企业法人。

公司企业在市场经济的发展中，已经形成一套完整的组织制度。最明显的特征是：所有者、经营者和生产者之间通过公司的权力机构、决策和管理机构、监督机构形成各自独立、权责分明、相互制约的关系，并通过法律和公司章程得以确立和实现。这种组织制度既赋予经营者充分的自主权，又切实保障所有者的权益，同时能够调动生产者的积极性。公司的组织结构一般分为：① 股东会。它是公司的权力机构，有权决定公司的经营方针和投资计划，选举和罢免董事会和监事会成员，制定和修改公司章程，审议和批准公司的财务预决算、投资以及收益分配等重大事项。② 董事会。它是公司的经营决策机构，其职责是执行股东会的决议，决定公司的生产经营决策和任免公司总经理等。公司的总经理负责公司的日常经营管理活动，对公司的生产经营进行全面领导，依照公司章程和董事会的授权，对董事会负责。③ 监事会。它是公司的监督机构，由股东代表和适当比例的公司职工代表组成，对股东大会负责。公司的组织形式有一定的灵活性。大多数未实行公司制的企业要继续坚持和不断完善厂长（经理）负责制。

从各地包装企业的实践经验来看，国有包装企业实行公司制的主要途径有以下

4点：① 在增量资产股份化中实行公司制，对存量资产进行股份化改组。② 在推进企业兼并中实行公司制，采用的具体形式有：吸收式兼并和控股式兼并。③ 在发展企业集团中实行公司制，采用的具体形式有：发展纵向持股关系，即一个实力强大的包装企业向外扩充发展时，采取全额外负担投资办一个全资子公司，或向其他企业投资实现控股，或只参股不控股。发展横向持股关系，即企业与企业之间相互投资、入股，形成企业集团。④ 在互换股权中实行公司制。

（3）实行科学管理，完善现代企业管理制度。

科学的企业管理制度是现代企业制度的重要内容。从克服现有企业管理制度的弊端和提高企业经济效益出发，建立现代企业的管理制度，重点是对企业的机构设置、用工制度、工资制度和财务会计制度进行改革，建立严格的责任体系。

（4）推行现代企业制度要注意的问题。

根据国家规划，建立现代企业制度要经过试点，积累经验。在建立现代企业制度过程中，重在转换国有企业经营机制，认真贯彻《中华人民共和国企业法》《中华人民共和国公司法》和《全民所有制工业企业转换经营机制条例》，切实转变政府职能，落实企业自主权和对国有资产保值、增值的责任。推行现代企业制度，要根据我国企业的实际情况，采取多种形式，区别对待。

① 涉及国家安全、国防、尖端技术、某些特定行业、特殊产品的企业，一般仍要保持国有国营的形式，由国家直接控制和管理，对其中适于公司制经营的，要按国家独资公司体制改组。

② 具备条件的国有大中型企业，可按一般公司体制改组。基础产业和支柱产业中的骨干企业，国家要实行控股，并吸收非国有资金入股。

③ 稳妥地发展一批以公有制为主体，以资产联结为纽带的跨地区、跨行业的大型企业集团，发挥其在促进结构调整，提高规模效益，加快新技术、新产品开发，增强国际竞争能力等方面的重要作用。

④ 国有小型企业，也要按照现代企业制度加以规范。有的改组为有限责任公司；有的采取承包租赁方式，实行国有民营；有的拍卖，实行产权转让。从长远看，大部分国有小型企业应将产权逐渐转让给集体或个人，国家实现资本金转移，把变价收入投入急需发展的产业，有利于结构调整，安置人员和支持建立社会保障体系。

⑤ 城乡集体企业在界定资产来源，明晰产权关系的基础上，区别不同情况依法改组为合伙企业、股份制企业和有限责任公司。少数规模大、效益好、符合产业政策的，也可依法直接改组为股份有限公司或组建企业集团。

第五节　现代包装企业的组织架构

一、现代包装企业的领导体制

领导体制属于上层建筑的范畴。包装企业的领导体制既要反映生产力的要求，也要体现一定的生产关系的要求，还要符合国家政治体制、经济管理体制和建立现代企业制度的要求。只有适应这些要求，才能使企业内部各方面有机地协调，更好地完善企业的经营机制和经营责任系统，更好地完成包装企业的各项经营目标。

现代企业制度是以公司法人制度为主要形式的一种新型企业制度。公司是企业的高级组织形式，它是社会化大生产和市场经济的产物。按照公司制的要求，企业的领导体制是实行董事会领导下的总经理负责制。董事会是公司的经营决策机构，它主要对公司的股东大会负责。股东大会是公司的权力机构，有权决定公司的经营方针和投资计划，选举和罢免董事会和监事会成员，制定和修改公司章程，审议和批准公司的财务预决算、投资以及收益分配等重大事项。而董事会的职责则是执行股东会的决议，决定公司的生产经营决策和任免公司总经理等。在董事会的领导下，公司的总经理负责公司的日常经营管理活动，对公司的生产经营进行全面领导，依照公司的章程和董事会的授权，对董事会负责。公司生产经营活动的监督机构是公司监事会，它由股东代表和适当比例的公司职工代表组成。监事会的工作是对股东大会负责，主要行使下列职权：检查公司的财务；对董事经理担任公司职务时，违犯法律、法规或者公司章程的行为进行监督，当董事或经理的行为损害公司利益时，要求其予以纠正；提议召开临时股东大会；以及公司章程规定的其他职权。

董事会领导下的总经理负责制如图 1-2 所示。

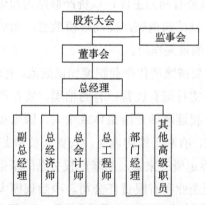

图 1-2　董事会领导下的总经理负责制

有限责任公司的股东大会由全体股东组成。有限责任公司设立董事会的股东会议，由董事会召集并由董事长主持，董事长因特殊原因不能履行职务时，由董事长指定的副董事长或者其他董事主持。股东大会的首次会议由出资最多的股东召集和主持，依照公司法规定行使职权。

股东大会的议事方式和表决程序，除公司法有规定的以外，由公司章程规定。

国有独资有限责任公司不设股东会，由国家授权投资的机构或者国家授权的部门，授权公司董事会行使股东会的部分职权，决定公司的重大事项，但公司的合并、分立、解散、增减资本和发行公司债券，必须由国家授权投资的机构或者国家授权的部门决定。

有限责任公司设董事会，其成员为3人至13人。两个以上的国有企业或者其他两个以上的国有投资主体投资设立的有限责任公司，其董事会成员中应当有公司职工代表。董事会设董事长1人，可以设副董事长1人至2人。董事长、副董事长的产生办法由公司章程规定。董事长为公司的法定代表人。

国有独资有限责任公司设立董事会，其成员为3人至4人。董事会成员由国家授权投资的机构或者国家授权的部门按照董事会的任期委派或者更换。董事会成员中应当有公司职工代表。董事会设董事长1人，可以视需要设副董事长。董事长、副董事长，由国家授权投资的机构或者国家授权的部门从董事会成员中指定，董事长为公司的法定代表人。

有限责任公司的经理由董事会聘任或者解聘。经理对董事会负责，依照《中华人民共和国公司法》第50条的规定，行使其职权。股东人数较少和规模较小的有限责任公司依法不设立董事会而设1名执行董事。

有限责任公司，经营规模较大的，设立监事会，其成员不得少于3人，监事会须在其组成人员中推选1名召集人。监事会由股东代表和适当比例的公司职工代表组成，具体比例由公司章程规定，监事会中的职工代表由公司职工民主选举产生。监事列席董事会会议。股东人数较少和规模较小的有限责任公司，可以设1名至2名监事，董事、经理及财务负责人不得兼任监事。

股份有限公司由股东组成大会。股东大会由董事会依照《中华人民共和国公司法》规定负责召集，由董事长主持。董事长因特殊原因不能履行职务时，由董事长指定的副董事长或者其他董事主持。股东出席股东大会，所持每一股份有一表决权。股东大会作出决议，必须经出席会议的股东所持表决权的半数以上通过。对公司合并、分立或者解散公司作出的决议，修改公司章程必须经出席股东大会的股东所持表决权的2/3以上通过。

股份有限公司设立董事会，其成员为 5 人至 19 人。董事会设董事长 1 人，可以设副董事长 1 人至 2 人。董事长为公司的法定代表人。董事长和副董事长由董事会以全体董事的过半数选举产生。董事长主要行使下列职权：主持股东大会和召集主持董事会会议；检查董事会决议的实施情况，签署公司股票、公司债券。股份有限公司设经理由董事会聘任或者解聘。公司董事会可决定由董事会成员兼任经理。经理对董事会负责，主要行使下列职权：主持公司的生产经营管理工作，组织实施董事会决议；组织实施公司年度经营计划和投资方案；拟定公司内部管理机构设置方案；拟定公司的基本管理制度；制定公司的具体规章；提请聘任或解聘公司副经理、财务负责人；聘任或解聘除应由董事会聘任或解聘以外的负责管理人员；公司章程和董事会授予的其他职权。经理列席董事会会议。

股份有限公司设监事会，其成员不得少于 3 人，与有限责任公司监事会一样，监事会须在其组成人员中推选 1 名召集人，监事会由股东代表和适当比例的公司职工代表组成，具体比例由公司章程规定。监事会中的职工代表由公司职工民主选举产生。监事列席董事会会议。董事、经理及财务负责人不得兼任监事。

二、现代包装企业的组织结构

组织结构是表现组织各部分排列顺序、空间位置、聚集状态、联系方式以及各要素之间相互关系的一种模式，它是执行管理任务的体制，在整个管理系统中所起到的是"框架"的作用。正是有了稳定的组织结构，管理系统中的人流、物流、信息流才能正常流动，从而使管理目标的实现成为可能。

企业组织结构的形式是多种多样的，每一个具体的组织都是与其他组织不同的，没有一种统一的、适用于任何条件的组织形式。结合包装企业的实际，对各种各样的企业组织结构形式进行研究，可以总结出几种基本的适应包装企业管理的组织结构类型。

1. 直线型

直线型组织是一种比较简单的组织结构形式，但又是最基本的结构形式，它的特点是：组织中各种职务按垂直系统直线排列，不存在管理的职能分工，管理者扮演全能式人物。这种类型的组织所具有的最大优点是：结构比较简单，权力集中，责任分明，命令统一，联系简捷，决策迅速。缺点是：在组织规模较大的情况下，所有的管理职能都集中由一个人承担，往往由于个人的知识及能力有限而感到难于应付，顾此失彼，可能会发生较多失误；同时，由于权力最终高度集中于最高负责人，容易造成掌权者滥用权力的问题，特别是在掌权者个人素质不高和掌权者突然发生变动的情况下，可能会给组织带来严重损失；此外，每个部门基本关心的是本部门的工作，因而部门间的协调比较差。直线型组织只适用于那些没有必要按职能实行专业化管理的小型包装企业，或者是包装企业现场的作业管理。如图1-3所示。

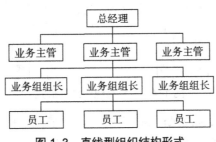

图1-3 直线型组织结构形式

2. 职能型

职能型组织是一种通过对管理职能进行分类，然后根据不同的管理职能来设立一些相应的部门，共同承担管理工作的组织结构形式。

在现代管理体制中，由组织承担的职能是多方面的，为了分担某些职能，人们便设立了不同的部门。在职能型组织中，直线主管还存在，但权力相对较弱，因为大量的权力被分散到不同的职能部门中去了，由不同的职能部门来分担职能管理的业务。

在职能型组织中，职能部门有权在自己的业务范围内，向下级单位下达命令和指示。因此，下级直线主管除了接受上级直线主管的领导外，还必须接受上级各职能机构的领导和指示。它的优点是能够适应现代组织技术比较复杂和管理分工较细的特点，能够发挥职能机构的专业管理作用，减轻上层主管人员的负担，提高了管理专业化程度。但其缺点也比较明显，那就是这种结构形式妨碍了组织必要的集中领导和统一指挥，形成了多头领导，不利于明确划分直线人员和职能部门的职责权限，容易造成管理的混乱。一般职能型组织，是以生产经营职能为基础（如生产、销售、财务、人事等）划分而形成的各个部门的一种组织形态，职能制的组织结构形式如图1-4所示。

3. 直线－职能型

具体地说，直线－职能型组织一般设置两套系统：一套是按命令统一原则组织的指挥系统，另一套是按专业化原则组织的管理职能系统。直线部门中的主管在自己的职责范围内有决定权，对其所属下级的工作实行指挥和命令，并负全部责任。而职能部门和人员仅是直线主管的参谋，它只能对下级机构提供建议和业务指导，没有指挥和命令的权力。可见，这种组织形式既保证了权力的集中，又实行职能的分类集中。所以，我国包装企业广泛采用这种组织形式。

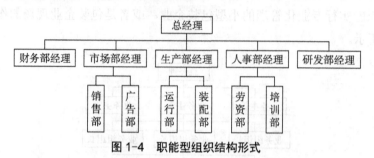

图 1-4　职能型组织结构形式

直线－职能型组织的优点是：领导集中、职责清楚、秩序井然、工作效率较高，而且整个组织有较高的稳定性。其缺点是：下级部门的主动性和积极性的发挥受到限制；部门间互通情报少，不能集思广益地作出决策，当职能部门和直线部门之间目标不一致时，容易产生矛盾，致使上层主管的协调工作量增大；难于从组织内部培养熟悉全面情况的管理人才；整个组织系统的适应性较差，因循守旧，对新情况不能及时作出反应。这种组织结构形式对中、小型企业比较适用，但对于规模较大、决策时需要考虑较多因素的企业，则不太适用。所以，我国包装企业广泛采用这种组织形式。直线－职能型的组织结构形式如图 1-5 所示。

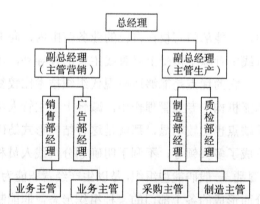

图 1-5　直线－职能型的组织结构形式

4. 矩阵型

矩阵型组织也称作"规划－目标"结构，这是一种较新的组织结构形式，它既保留了职能型组织的形式，又成立了按项目划分的横向领导系统。把按职能划分的部门和按项目划分的部门结合起来，组成一个矩阵。

在矩阵型组织中，同一名员工既与原职能部门保持组织与业务的联系，又参加产品或项目小组的工作。为了保证完成一定的管理目标，每个项目小组都设负责人，在组织的最高主管直接领导下进行工作。

矩阵型组织的特点是：打破了组织的命令统一原则，使一个员工属于两个甚至两个以上的部门。这种组织结构具有许多优点，其中最为主要的有：加强了各职能部门的横向联系，具有较大的机动性和适应性；实行了集权与分权较优的结合，有利于发挥专业人员的潜力，有利于各种人才的培养。但也具有一些缺点：由于这种组织形式是实行纵向、横向的双重领导，处理不当，会由于意见分歧而造成工作中的扯皮现象和矛盾；组织关系较复杂，对项目负责人的要求较高；由于这种形式一般还具有临时性的特点，因而也易导致人心不稳。矩阵型的组织结构形式如图1-6所示。

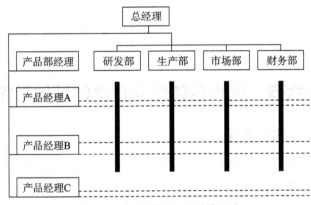

图1-6 矩阵型的组织结构形式

5.事业部型

事业部型结构是指企业面对不确定的环境，按照产品或类别、市场用户、地域以及流程等不同的业务单位分别成立若干事业部，并由这些事业部进行独立业务经营和分权管理的一种分权式结构类型。事业部型结构必须具备三个基本的要素：独立的市场、独立的利益、独立的自主权，执行"集中政策，分散经营"的管理原则。事业部型结构适用于产品种类多、技术与经营业务复杂、规模巨大、市场份额较广的大型包装企业或包装企业集团。事业部型的组织结构形式如图1-7所示。

如果说在一些较小规模的组织中，分工简单，尚无完整的严密的组织结构，管理活动主要凭管理者的个人经验；那么在现代管理中，随着组织规模的扩大和管理内容的多样化，组织结构在管理活动中的作用越来越大。管理者采用什么样的组织，对于管理的绩效有着决定性的影响。所以，管理者需要根据管理的实际情况，对组织结构作出自己的设计，上述组织结构的基本形式，可以成为管理者进行组织结构设计的参考。对于管理者来说，最为主要的是：在实现管理目标的前提下，通过对组织结构的设计，处理好集权与分权、直线权力与参谋权力、分散经营与协调控制等各种关系，使这些关系的协调获得组织结构的保证。

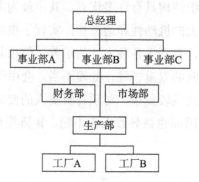

图 1-7　事业部型的组织结构形式

第六节　现代包装企业管理的基础工作

一、基础工作的重要性

包装企业管理的基础工作是组织社会化、现代化包装大生产，是做好包装企业各项专业管理工作的立足点和依据。包装企业管理的基础工作的好坏，决定着包装企业管理水平的高低和企业经济效益与社会效益的大小。

包装企业管理基础工作是企业在生产经营活动中，为实现企业的经营目标和管理职能，提供资料依据、共同准则、基本手段和前提条件必不可少的工作。它包括包装企业的标准化工作、定额工作、计量工作、信息传递、数据处理、资料贮存工作，以及建立以责任制为核心的规章制度，职工技术业务培训等工作。

二、企业管理的基础工作

1. 标准化工作

包装企业的标准化工作，包括技术标准和管理标准的制定、执行和管理工作。其中包装技术标准是企业标准的主体。它是执行包装企业的生产对象、生产条件、生产方法及贮运等规定时应该达到的标准。管理标准是关于企业各项管理工作的职责、程序、要求的规定。

包装企业标准化工作的意义包括以下几方面：

① 实行统一的包装标准，有利于减少包装的规格型号，使同类产品相互通用，从而使包装企业由零星分散小批量生产，改为集中大批量生产，有利于机械化、连续化的生产，不断提高包装生产效率。

② 包装产品的研制设计，采用现有的种类标准，可以缩短设计、生产准备和制造周期，节约原材料和减少劳动消耗。

③ 包装产品质量是以包装技术标准为依据的，有高水平的标准，才能有高质量的包装，标准化是提高包装产品质量的先决条件。

④ 采用国际标准和国外先进标准，可以使我国的产品在国际贸易的激烈竞争中处于有利地位。

⑤ 围绕经济效益这个目标，制定一系列技术标准、工作标准和管理标准，可以促使包装企业生产、技术、管理活动合理化、制度化，提高科学管理水平。

包装企业标准化工作要形成包括技术标准、管理标准在内的完整的标准化管理体系。企业要保证包装技术标准的先行性，主要是产品要积极采用国际和国家标准进行设计和组织生产；还应逐步实行管理业务标准化，把企业重复出现的管理业务，按照客观要求规定其标准的工作程序和工作方法，用制度把它固定下来，作为行动的准则，并明确有关职能机构、岗位和个人的工作职责，工作要求和相互关系，使企业各项管理工作合理化、规范化、高效化。

2. 定额工作

定额是包装企业在一定的生产技术条件下，为合理利用人力、物力、财力，所规定的消耗标准、占用标准等。定额的种类主要有劳动定额（包括产量定额和工时定额），各种材料消耗定额和储备定额，流动资金定额（包括储备资金定额、生产资金定额和成品资金定额）等。

包装企业定额工作的意义主要是：定额是编制计划的依据，是科学地组织生产的手段，也是进行经济核算，厉行节约，提高经济效益的有效工具。其中劳动定额对贯彻按劳分配的原则，合理地支付职工的工资和奖金，组织劳动竞赛有着重要的作用。

包装企业定额工作的要求包括：① 应建立和健全完整的、先进的定额体系，并按定额来编制计划，安排生产，采购和储备物资，领发材料、工具，控制费用开支，考核工作效率和经济效益。② 企业制定的各种定额，必须有充分的技术和经济依据，既要先进又要合理，是多数工人经过一定努力可以达到的水平。③ 企业制定各种定额，应采用科学的方法。④ 当企业的生产技术条件发生变化，生产组织和劳动组织得到了改进，职工文化技术水平和熟练程度有了提高，原有的定额经过一段时间使用后，就会显得落后了。这时就需要对原来的定额进行修订。

3. 计量工作

计量是指用一种标准的单位量，去测定另一同类量的量值。包装企业的计量工作，包括测试、检验、对各种理化性能的测定和分析等工作。

包装企业计量工作的意义：原始记录反映出来的数和量，都是通过计量等手段产生的。如果没有健全的计量工作，就不会有真实可靠的原始记录，就不能提供正确的核算资料，也无法分清企业与企业、企业内部各级、各部门以及人与人之间的经济责任。

包装企业计量工作的要求包括：企业必须从原材料、燃料等物资进厂，经过生产过程，一直到产品出厂，在供、产、销各个环节上，都要充实计量器具，保证计量器具的准确性，设置计量管理机构，健全计量工作，提高计量工作水平。

企业可根据具体条件和需要，建立分级计量制。先建立一级计量制，即对产品出厂和原料、燃料进厂实行严格的计量、检测。在做好一级计量的基础上，再建立二级计量制，即企业和车间、车间和车间之间，在生产收付、领用和原材料、能源消耗方面有计量，在制品、半成品的质量方面有测试和检验。条件好的企业还要建立三级计量制，即对主要机台、生产班级直到主要生产工人的产量、质量、原材料和能源消耗有计量和检测。

4. 信息工作

信息一般是指原始记录、资料、报表、数据、密码等。信息工作主要包括原始记录、台账和统计工作、情报工作、档案工作以及数据管理工作等。

原始记录是记载企业生产技术经济活动情况的最初的直接记录。原始记录是建立各种台账和进行统计分析的依据，是考核企业各项技术经济指标的依据，是实行全面经济核算的重要条件，是贯彻按劳分配原则的可靠依据，也是车间、班组进行日常生产管理的工具。它对落实经济责任制，建立正常的生产秩序，也有重要作用。台账是原始记录和厂内报表资料的系统化，按时间顺序对反映企业生产经营活动的资料加以排列、整理，用以反映生产经营活动的变化过程和相互联系，从中找出规律性的东西，作为研究生产经营发展趋势，进行综合平衡，改善经营管理的依据。统计工作包括资料收集、整理、分析几个阶段。作为完整的统计工作，它从原始记录取得资料以后，要进行分类、汇总和综合分析，从中发现企业生产技术经济活动的规律性和事物之间的内在联系，以指导企业生产技术经济活动的正常进行。

情报一般是指为了一定目的而收集的、比较系统的、经过分析和加工的资料。包装企业所需的情报，就其性质来划分，可以分为科技情报、经济情报和人才情报三类。其中科技情报主要来自外部有关包装科学技术进步的资料和动态，供企业做生产经营决策用，并把最新科技成果，运用到生产中去。经济情报是指那些能够反映企业内外情况变化的各种经济活动的情报。人才情报是包括人才需求、人才使用、人才培养、人才储备和人才竞争这方面的一些情况。企业不仅仅是从外部收集情报，还应对国内有关单位提供或互通情报：以技术报告、产品简介、情况通报、简讯等形式，向专业情报所提供情报；通过展销会、产品样本等途径，向用户提供情报；与同行的其他包装企业交流情报。情报资料是开展情报工作的基础，是情报的主要来源。应密切注意对情报资料在收集的基础上进行加工整理，对文献进行登录、分类、制卡、编目、保管、编制索引、快报和简介，提供咨询和检索手段，为使用这些资料创造条件。

档案是指包装企业在生产技术和科学研究活动及设计工作中形成并作为历史记录保存起来以备查考的文件材料。它包括包装设计和技术图纸、照片、影片、报表、文字材料等。档案的重要作用，主要是它可以作为企业从事生产技术活动的依据和参考。其中记载的过去这方面活动的情况、成果、经验和教训，对包装企业进行现代化生产和技术管理，促进生产力发展有着直接作用。它还有利于企业领导人和工作人员熟悉情况、总结经验、制订计划和处理问题。档案工作是一项专门业务，又是一项机要工作，有些档案在一定时间和一定范围内要适当保密。

数据是指企业在生产经营活动中所获得的有关数字的凭证。包装企业的数据管理，就是收集和积累各种数据，按照不同的使用要求，进行归纳、整理、分类、统计、分析、绘制图表，并运用数学方法、计算工具对其进行科学加工、储存、传递、使用和管理。包装企业从事的生产经营活动，都要以数据为依据，对生产经营过程也要根据所掌握的数据进行控制，生产经营成果要用数据来反映。没有数据就不能作出正确的决策；没有数据，对生产经营过程就无法指挥和控制；没有数据就无法判断生产经营的成果。企业管理工作，就是要对企业经济活动中的数据关系进行计算、分析、比较、研究和处理，以取得较好的经济效益。

5. 建立以责任制为核心的规章制度

包装企业的规章制度是用文字的形式，对各项管理工作和劳动操作的要求所作的规定，是全体职工行为的规范和准则。建立和健全各项规章制度，特别是责任制度，包括领导责任制度、干部和工人的岗位责任制，是包装企业管理中一项极其重要的工作。在现代包装企业中，拥有许多职工，要把这些职工合理地安排在每一个岗位上，把他们的积极性协调起来，正确处理生产过程中人们相互之间的关系，把复杂的、连续性很强的生产活动，组成有秩序有节奏的活动，就必须有一套科学的规章制度，特别是责任制度。

6. 技术业务培训工作

按照包装企业各个岗位的"应知""应会"的要求，对职工进行基础知识和基本技能的训练。技术业务培训工作是关系到包装企业职工文化技术素质的重要基础工作，应得到充分的重视。企业应成立相应的技术培训机构，派专人负责，制订好培训计划，安排好培训设施和形式，逐步使全体干部职工的文化技术水平达到现代包装生产经营需要的要求。

案例分析：现代企业管理案例

案例1：管理者的责任

某包装企业发货，业务员常将 A 地的货发给 B 地，将 B 地的货发给 A 地，因而引起收货企业极大的不满。为防止这类事再发生，今后这些货是否应由业务员继续发呢？

管理者的责任主要体现在以下 3 个方面：即监督责任、引导责任和承担责任。所以在上述案例中虽然出现了发货错误问题，但纠正错误不应该让经理去亲力亲为，而是应深入下去做好管理、监督员工的工作，提高员工的执行力和行动力。另外，管理者的责任还在于引导所负责的团队中每个个体去配合团队，激发他们的潜力，形成向心力，以提高生产效率，这就是管理者的引导责任。

案例2：以法治企、以情治厂

某包装企业汤总经理认为只有以法治企、以情治厂，管理才能出效益，才能化为跨越发展的推进剂。汤总有一个习惯，那就是每天上午都到各厂区、各生产线巡视一遍，了解生产情况，关心职工生活。汤总认为：现代企业为货币出资人所共有，管理结构应是"共有共治"。管好企业，外部要受法规、市场约束，内部要受合同、道德的约束，而这一切都必须要求企业管理者坚持"从我做起，向我看齐"，凡是要求职工做到的，管理者必须做到。在汤总的倡导下，公司制定了《劳动定额标准》3400 多条，《财务费用标准》30 条，《渎职失职处罚规定》14 章 445 条，这些规章制度在执行中一丝不苟，从不走样。"今天工作不努力，明天努力找工作。"已经成为公司上下近 3000 名干部职工的共识。

同时，汤总还认为管理应严而有情，严而有度。几年来，在执行严格管理的过程中，汤总时刻把握着一个"度"，这个"度"便体现在对职工的情和关怀上，职工生病有人问，职工困难有人解，职工劳保有着落，职工生活有人理。也正是这个"情"和这个"度"，使全体职工感到当家做主的荣耀，增强了为公司尽心尽职的主人翁意识。因此该公司在汤总领导下发展迅速，取得了几次跨越发展的成功，正在走向更宽广辉煌的天地。

思考题：

1. 试述我国要由包装大国跨向包装强国，应当解决哪些主要问题。

2. 包装企业按生产管理可以划分为哪两种类型？包装企业管理具有哪些职能？其主要任务是什么？

3. 社会主义市场经济具有什么内涵？市场配置资源具有哪些主要特点？

4. 产权的内涵指什么？企业的经营机制包括哪些内容？

5. 现代企业制度具有哪些基本特征？如何建立现代包装企业制度？

6. 简述现代企业制度公司制的领导体制和各部分的职能。

7. 简述企业组织结构的几种形式及特点。

参考资料：

[1] 佚名 . 全国 2014 年包装工业总产值已达到 14800 亿 [EB/OL]. 2015-01-22.

[2] 戴宏民，戴佩燕 . 中国绿色包装的成就、问题及对策 [J]. 包装学报，2011（1），1-3.

[3] 佚名 . 2019 年中国包装行业发展状况、市场结构及发展方向分析 [EB/OL]. 2020-06-24.

[4] 佚名 . 徐斌在中国包联九大代表会上"以敢为人先、争创一流的精神状态和气魄，努力把中国包联建设成为一流行业协会"[EB/OL]. 2019-09-27.

[5] 佚名 . 智研咨询整理"中国包装行业市场规模及包装行业结构性变化发展分析"[EB/OL]. 2021-03-24.

[6] 戴宏民，戴佩燕 . 绿色包装发展的新趋势 [J]. 包装学报，2016（1），1-3.

[7] 戴宏民，等 . 包装管理（第一版）[M]. 北京：印刷工业出版社，1997.

[8] 戴宏民，等 . 包装管理（第二版）[M]. 北京：印刷工业出版社，2007.

[9] 戴宏民，等 . 包装管理（第三版）[M]. 北京：印刷工业出版社，2013.

第二章　包装企业经营管理

在企业竞争日益加剧的现实背景下，经营管理对于企业的发展至关重要，已成为企业管理的主线。现代企业作为产权明晰、独立经营、自负盈亏的经济组织，必须从生产型管理转向生产经营型管理，才能有效推动企业发展。本章将介绍经营管理的概念及任务，经营战略、经营思想、经营目标与经营决策，市场营销与企业形象策划等内容。

第一节　包装企业经营管理概述

一、企业经营管理的概念及特征

广义的企业经营管理是企业在经营中为使各项活动都能按计划（目的）顺利进行而采取的一系列管理活动，即对企业整个生产经营活动进行决策、计划、组织、控制和协调，并对企业成员进行激励，以达到企业目标的一系列工作的总称；狭义的企业经营管理不包括对企业的生产管理，而只包括对企业生产所需资源的供应以及产品销售等活动的管理。

包装企业经营管理需适应经营环境变化，以提高企业经济效益为主要目标，研究企业的人、财、物、信息等各种生产要素的统筹规划、科学组织和合理利用。其主要特征表现在：重视企业外部环境、市场和用户需求，确定企业的经营思想和经营方针；制定科学、合理的经营目标，解决企业全局性、长远性发展的战略决策问题；使企业外部环境、经营目标和内部条件三方面平衡、协调、和谐统一，以确保企业目标的实现。

二、企业经营管理的任务

企业经营管理的任务就是要处理好外部环境、内部条件与企业经营目标三者之间的关系，谋取企业的最大效益。企业外部环境包括社会政治经济形势、科技发展水平、资源条件、市场需求、竞争状况、国家政策、法令和税制以及社会文化等因素；企业内部条件包括生产条件、技术装备水平、研发能力、员工素质、竞争力、管理水平等；企业经营目标则是企业取得的经营成果和预期达到的发展水平。企业必须抓住机遇，扬长避短，根据外部环境变化不断调整企业的内部条件和经营目标，达到三者和谐统一。

具体来看，包装企业经营管理的任务主要有以下 6 点：一是根据外部环境的调研制定正确的企业经营战略；二是确定企业的经营思想和经营方针，制定合理的经营目标；三是根据企业的内外条件和经营目标，做好经营决策和经营计划；四是发现和创造有利于企业生存和发展的市场机会，做好市场营销策划，制定正确的营销组合策略；五是协调企业的生产经营活动、提高员工素质，树立企业良好形象；六是全面提高企业适应环境变化的生存能力、应变能力和竞争能力，确保企业可持续发展。

第二节　包装企业的经营战略

一、企业经营战略的概念与类型

1. 企业经营战略的概念

企业经营战略是指对事物全局性、长远性的谋划。最早"战略"一词出现在军事中，是指挥官对整个战争局势长期的统筹与领导。指挥官根据交战双方外部环境和军事实力做出判断，以应对随时发生变化的战争局面。目前"战略"一词已被应用于越来越多的领域中，经济学中是其应用较为广泛的领域之一。包装企业经营战略是在社会主义市场经济条件下，根据包装企业外部环境和内部条件及可取得资源的情况，为求得企业生存和长期稳定发展，对包装企业的发展方向、发展目标和达成目标的途径与手段的总体谋划。企业经营战略是企业经营思想的集中体现，是一系列战略决策的结果，同时又是制定企业发展规划和经营计划的基础。

企业经营战略具有全局性、长远性、纲领性、竞争性和相对稳定性等基本特征。企业经营战略应有利于协调企业目标、外部环境及内部条件三者的关系；有利于企业统观全局，分阶段实施企业的计划；有利于提高企业各项经营活动的自觉性，提高企业管理水平；有利于协调企业各项活动，统一企业全体员工思想。企业在不同发展阶段，制定出符合企业的发展方向、选择适合企业的发展战略，将有助于企业快速、健康和可持续发展。

2. 企业经营战略的类型

企业经营战略多种多样，千差万别，可按其经营态势、生产规模、战略空间及企业性质等进行分类。按经营态势分类可根据企业所处的环境以及环境的未来发展趋势来确定企业总的行动方向，分为发展型、稳定型和紧缩型三种经营战略；按生产规模可分为中小型企业和大型企业经营战略，中小型企业经营战略包括小而专、小而精战略，经营特色战略，技术创新战略，联合战略和承包战略，大型经营企业战略主要包括产品－市场战略、企业联合战略、企业竞争战略和国际化经营战略等；按战略空间可分为企业国内经营战略和国际化经营战略两种；按企业性质可分为国有企业、集体企业、私营企业和中外合资企业等经营战略。下面简要介绍按经营态势划分的 3 种经营战略。

（1）发展型战略。

发展型战略是指利用外部环境的有利机会，充分发掘和运用企业内部的资源，在现有的战略基础水平上向更高水平、更大规模发动进攻的经营战略。具有投入大量资源，扩大产销规模，提高竞争地位，提高现有产品的市场占有率或用新产品开辟新市场等特点。企业发展型战略主要包括企业产品－市场战略、企业联合战略、企业竞争战略、国际化经营战略四种。

（2）稳定型战略。

稳定型战略是指在内外环境的约束下，强调投入少量或中等程度的资源，保持现有产销规模和市场占有率，稳定和巩固现有竞争地位。这是一种偏离现有战略起点最小的战略。其特点是投入少量或中等程度的资源，保持现有的产销规模和市场占有率，稳定和巩固现有的竞争地位。企业稳定型战略主要包括无增长和微增长战略。

（3）紧缩型战略。

企业紧缩型战略是指当企业外部环境与内部条件的变化都对企业十分不利时，企业只有采取撤退措施，才能抵挡住对手的进攻，保住企业的生存，以便转移阵地或积蓄力量，准备东山再起的战略。其主要包括调整紧缩战略、转让归并战略及清理战略三种。

二、制定企业经营战略的步骤

企业经营战略的制定及实施过程，是从企业现状和将来出发，对企业外部环境和内部实力进行分析，确定正确的经营方向，形成切实可行的目标，选择适合的战略方案并组织实施，最后还需通过实施的信息反馈加以控制和调整。因此，制定企业经营战略一般包括以下 7 个步骤：

1. 企业经营环境分析

企业经营环境分析包括对外部环境和内部实力两方面的分析。通过对外部环境和内部实力的分析，明确对企业生产经营起主要决定作用的关键因素、企业未来机遇和威胁、企业竞争优势和劣势，从而寻找出最适合企业发展的经营战略。

（1）企业外部环境分析：主要把握外部环境的现状及未来发展变化趋势，掌握足够的信息，为正确确定企业经营方向和思想、提出经营目标、确定经营战略打下良好基础。

（2）企业内部实力分析：只有对自身状况有一个清楚的分析和评价，才能将企业的内部资源和外部资源进行较好的结合，以最大限度地运用外界所提供的机会发展企业。企业内部实力分析要评价企业在经营中已具备的和可取得的资源的数量和质量，明确企业的优势和劣势，为企业在长远发展中如何扬长避短指出战略方向。

2. 确定企业经营范围

在对企业进行经营环境分析的基础上，企业即可选择产品或服务的范围，包括企业将生产什么样的产品、提供何种服务、面向什么样的市场、服务的消费者群体是什么样的等。一般情况下，经营范围是相对稳定的，但随着外界和内部条件的变化，经营范围也应加以调整。

3. 确定企业经营思想

企业经营思想是企业生产经营活动的指导思想，即企业生产经营活动所遵循的价值观、信念和行为准则。任何经营实践都是在一定的经营思想指导下进行的，实践证明，成功的企业必有科学、合理的经营思想做指导。

4. 确定企业经营目标

企业经营目标是企业在经营思想指导下，一定时期内在其经营范围中所要达到的预期效果。企业经营目标因采用的划分标准不同而有不同的分类，按目标的层次划分有企业总目标、部门目标、岗位目标，三类目标之间有着密切的联系，构成企业的目标体系；按目标的时限划分有长期、中期和短期目标；按目标的业务性质划分有企业盈利能力、市场占有率、销售额、新产品开发、资产增值率、生产效率、经济效益、员工福利、社会责任等目标。

5. 战略设计与选择

战略设计与选择即按照经营方向提出几个可能的、符合要求的长期目标和经营战略方案，按照确定的衡量标准，在逐个比较和评价的基础上求得一个能最好地实现企业经营方向的"机会－目标－战略"的组合。经营战略有多种类型，在选择和制定时，除了受企业内外条件及经营目标影响外，还受决策者的观念影响。

6. 经营战略的实施

经营战略的实施指企业通过一系列行政的和经济的手段，组织职工为达到战略目标所采取的一切行动。战略实施的成败取决于能否把实施战略所必需的工作任务、组织结构、人员、技术等资源及各项管理功能有效地调动起来并加以合理配置。

7. 经营战略实施的评价与控制

经营战略实施的评价与控制指在经营战略的实施过程中，企业还要不断检查实施效果，发现问题及时加以调整控制。战略的实施过程是一个不断改进的过程，企业不仅应监督经营战略的执行过程及结果，还应及时评价与调整，使经营战略实施更好地与企业所处的环境及企业要达到的目标相协调。

第三节　包装企业的经营思想、经营目标

一、包装企业应树立的经营思想观念

企业经营思想是指正确认识企业外部环境和内部条件、指导企业决策、贯彻企业方针、实现企业目标、求得企业生存和发展的思想，即企业从事生产经营活动的基本指导思想。经营思想是企业在长期经营实践中逐渐形成的具有独特企业个性的思想体系，是由企业家们总结创造并被员工们接受和认同的精神原则，是企业文化的重要组成部分。

经营思想也称为企业经营哲学，具体来讲是企业在经营活动中对发生的各种关系的认识和态度的总和，由一系列的经营观念所组成。企业对某一关系的认识和态度，形成企业某一方面的经营观念。由于企业在经营过程中需要处理的关系涉及方方面面，这系列经营观念的总和就形成了企业的经营思想。

经营思想是企业生产经营中"看不见的要素"，是企业的灵魂，代表企业的经营价值，体现企业的风格。正确的经营思想能指导企业走上兴旺发达之路。一个要

寻求长期稳定发展的企业，必须要有自己特色的经营思想，如四川长虹提出的"产业报国"的经营思想，在社会上树立了良好的企业形象。而目前我国的中小包装企业尚普遍不重视这一点。企业的经营思想既有共性也有个性，被企业广泛认同的企业经营思想主要有以下 10 点经营观念：

（1）市场观念。市场观念是企业处理自身与顾客之间关系的经营思想，是现代企业经营思想的一个重要组成部分，是从事市场营销活动的基本指导思想。顾客的需求是企业经营活动的出发点和归宿，必须着眼于顾客的真正需求，以一流的服务水准为顾客创造价值。企业应树立以市场为出发点、以顾客需要为导向、以协调市场营销为手段、以营利为目的的市场理念；并着眼于国内、国外两大市场区域，尽力为企业争得较大的生存、发展空间。

（2）战略观念。企业的生产和经营，一方面，不能只考虑企业局部的利益，而且要考虑地区、国家发展和社会的整体利益，要有全局性的战略眼光，应以国家经济发展战略为前提，深刻领会和贯彻党和国家的方针政策，然后根据企业自身条件选择经营战略目标；另一方面，不应局限于眼前，要有长远的战略眼光，处理好眼前利益与长远利益的关系。

（3）经济效益观念。企业是为了生存发展，没有经济效益就没有企业，一个良好的经济效益的观念是企业发展的根本。树立正确的效益观，一是要处理好近期效益与长远效益的关系，不能为了眼前利益而损害企业的长远利益；二是要把握好企业的规模效益；三是要处理好提高产品质量与经济效益的关系，应以一流的产品和服务获取顾客的回报；四是要经济效益与社会效益兼顾。

（4）经济竞争观念。竞争是市场经济的客观规律和显著特点，企业必须强化竞争意识，正视竞争，善于竞争。要在企业内营造竞争的氛围，使每个员工在企业内外都具有竞争意识。

（5）诚信观念。"人无信不立。"企业也是如此。我国企业在经历了价格竞争、质量竞争、服务竞争和形象竞争之后，已进入了诚信竞争阶段。市场经济是契约经济、法治经济，诚信是市场经济的根本，也是一个企业顺利发展、不断进步的决定因素。

（6）人才观念。企业竞争的实质是人才竞争，企业应善于纳才，精于选才，造就人才，长于用才，勇于护才，诚于惜才，以增强企业的活力和发展后劲。

（7）信息观念。信息是企业经营决策的基础，是企业的生命，是提高企业经济效益和竞争力的手段。只有掌握准确而及时的信息，才能正确地判断和决策。企业家的经营艺术就在于能够最敏捷地掌握信息资源，最有效地利用信息资源，从而创造出经营业绩。企业经营管理者应增强信息观念，增强企业在信息的搜集、传递、加工、处理、利用上的竞争能力。

（8）时机观念。时机同资金、技术、劳动力等一样，也是一种资源，是有价值的，应利用好外界环境变化带来的适合本企业特点、便于发挥企业自身优势的恰当时机。企业的经营管理者必须树立时机观念，正确认识时机，掌握及时利用时机的规律。

（9）质量观念。价值不等于品质，但没有品质就谈不上价值，产品质量是市场准入的航标，追求卓越的产品质量是企业永恒不变的主题，是影响企业竞争能力的关键所在。同时，高质量的产品没有高质量的包装，产品质量就不完整，产品就缺乏国际竞争能力。

（10）创新观念。创新主要包括技术创新、市场创新和组织创新。创新已成为企业发展的基础和动力源泉，是企业生存和发展的根本要求，是适应市场竞争的必然选择，是提高企业经济效益的有效途径。企业只有增强创新意识，不断增强创新能力，才能使企业充满生机和活力。

二、包装企业应制定的经营目标

1. 企业经营目标的概念及制定原则

企业经营目标指企业在一定时期内，按照经营思想，结合内外条件，沿其经营方向进行生产经营活动达到的预期成果和发展水平，是企业经营思想的具体化，也是生产经营活动目的性的反映与体现。企业经营目标应充分体现国家、企业、职工个人三者的利益。企业的经营目标是多个目标组成的一个目标体系，不仅仅是经济效益方面的直接体现，而且是包括社会责任、技术水平、企业建设等多方面和总目标、分目标、具体目标多层次的系统。不同时期、不同类型的企业，经营目标的重点也各有不同。

确定企业经营目标是经营管理的出发点和落脚点，它给企业指明每个时期的经营方向和奋斗目标，是企业经营管理的首要任务。为了发挥经营目标在企业生产经营活动中的重要作用，制定经营目标时必须遵守国家的政策法令，同时应贯彻以下6点原则：

（1）关键性原则。关键性原则是制定经营目标的首要原则，企业总体经营目标必须突出企业经营成败的重要问题、关键性问题，切不可把企业的次要目标或小目标列为企业的总体目标，以免滥用资源而因小失大。

（2）可行性原则。企业经营目标应建立在可靠的基础上，必须是可行的，要保证经过努力能如期实现，脱离实际的过高目标和不求进取的过低目标都不能起到好作用。这要求企业在确定经营目标时，要全面分析企业外部环境和企业内部条件以及经过努力所能达到的程度。

（3）一致性原则。经营目标必须是从全局出发、整体考虑，企业总体经营目标、中间目标（分目标）和具体目标要协调一致、要相互衔接。

（4）激励性原则。经营目标要能激发全体职工的积极性，目标要明确，具有鼓舞作用，能够调动职工积极性，使每个人对目标的实现都寄予希望，从而愿意把自己的全部力量贡献出来。

（5）定量化原则。经营目标应是可以进行衡量和可以进行比较的，而不是笼统、空洞的口号，以便于检查和评价其实现程度。企业经营目标一般应尽量用数量或质量指标表示出来，而且最好具有可比性。

（6）稳定与灵活原则。企业经营目标经确定后应相对稳定，但也不应该是一成不变的，应根据组织内外环境的变化及时调整，实行滚动目标。

2. 企业经营目标的内容

企业经营目标分长期、中期和短期三种，同时，按经营目标涉及的范围又有总目标及子目标之分，前者是企业的总体奋斗目标，决定企业的生存与发展；后者是各项生产经营活动的具体奋斗目标。应先正确地制定长期经营目标，在长期经营目标指导下，再来协调中、短期目标，才能既避免目光短浅，又使长期目标的实现有可靠的保证。企业经营目标涉及的具体内容主要有以下5个方面：

① 社会贡献目标，包括为社会提供的产品品种、产值、产量、质量、资源利用、税金上缴等项。

② 发展目标，包括生产规模、生产能力、生产效率、技术水平等项。

③ 市场目标，包括市场占有率、新产品开发能力、售后服务能力等项。

④ 利益目标，包括利润、税金、奖金、福利等项。

⑤ 财务目标，包括资本构成、流动资金、新增普通股、红利偿付、固定资产增值等项。

第四节　包装企业市场营销策划

市场对企业的生产经营活动具有直接导向作用，企业与企业之间的竞争实质就是各自对市场的争夺，市场观念是现代企业从事市场营销活动的基本指导思想。因此，企业要发展，就必须树立市场营销观念。

一、市场营销及市场营销策划的概念

市场营销是指在变化的市场环境中，为满足消费需要、实现企业目标的商务活动过程，包括市场调研、选择目标市场、产品开发、产品定价、渠道选择、产品促销、产品储存和运输、产品销售、提供服务等一系列与市场有关的业务经营活动。市场营销从内容上看，不仅是一种影响顾客需求、创造顾客需求的动力，而且是一个系统的管理过程；不仅包括生产经营之前收集市场环境信息、开展市场调研、分析市场机会、进行市场细分、选择目标市场、设计开发新产品等具体经济活动，而且还包括生产过程完成之后进入销售过程的产品定价、选择分销渠道、开展促销、提供售后服务等具体经济活动。市场营销活动已从生产导向（用户需求取决于企业生产）、销售导向（商品增多需大力推销）发展到市场（以销定产）和社会导向（兼顾个人需求，以社会利益为重）。市场营销观念是企业经营思想的重要组成部分。

市场营销策划指企业对市场营销活动的一种谋划。企业在对内外环境进行准确分析的基础上，围绕企业发展目标，对企业未来一定时期内营销活动的行为方针、战略、阶段目标以及实施方案与具体措施进行谋划，以提供一套系统的有关企业市场营销的方案。市场营销策划在企业市场营销中占有极为重要的地位，在现代社会，绝妙的创意与策划能给企业带来滚滚财富，在提高企业的"核心竞争力"、延长企业的"生命周期"、追求企业的利润最大化等方面具有重要意义。

市场营销策划是围绕企业实现某一营销目标的具体行动措施，在策划时应把握创意（新营销谋略）、目标（策划能落到实处，要有具体的营销目标）和可操作性（没有操作性的策划是资源浪费的过程）三个要点。现代管理学将市场营销策划划分为营销策划市场细分、产品创新、营销战略设计及营销组合4P战术（组合）。本节限于篇幅，仅将市场营销策划分为市场营销战略及市场营销组合进行介绍。

二、市场营销战略

市场营销战略是指企业在经营思想的指导下，通过对企业外部环境、内部条件的分析，确定市场营销目标，对企业市场营销诸要素进行最佳组合，并制定出实现此目标的长期方针和策略。

市场营销战略是企业经营战略的一个重要组成部分，也是实现企业经营战略的重要保证。市场营销战略的制定与实施，其实质就是市场营销管理过程，它在保证企业发展适应外部不断变化的环境方面起着主要作用。市场营销管理过程是企业通过市场营销管理系统发现、分析、选择和利用市场营销机会，以实现企业任务和预期目标的过程；具体包括分析市场机会、选择目标市场、进行市场定位、设计并执行市场营销组合方案、管理（调控）市场营销活动等几个主要阶段。企业市场营销管理过程也是企业营销战略的制定与实施过程，其任务就是要制定出各种产品的市场营销战略。

1. 市场进入战略

企业确定目标市场以后，首先需要考虑什么时候和怎样进入目标市场的问题，即制定市场进入战略。

（1）市场进入时机的选择。

企业只有抓住最有利的进入时机，才能顺利进入目标市场。市场进入时机的选择，主要考虑产品与目标市场需求的对接情况：一是对于全新产品进入市场要早，以有利于企业迅速地将潜在的市场需求转变为现实需求，同时，便于在竞争对手未出现之前尽可能在短时期内避免竞争给企业带来的损耗；对于仿制新产品应选择在竞争产品的成长期，既能利用竞争产品已经开拓的市场，又能使自己拥有较为充分的市场空间。二是对于换代新产品应选择在老产品成熟期的早期或中期，因为换代新产品在此时投放市场，不会对老产品的销售量有较大的冲击，还可能有较多的收益来补偿新产品投入期发生的亏损，使企业保持稳定的盈利水平。三是对于改进新产品或系列新产品应选择在基础产品的成熟期。当基础产品在市场上进入成熟期时，顾客最多、需求差异趋向明显，及时导入改进新产品或系列新产品可以增强企业产品对市场需求的适应性，延续产品的市场生命周期。

（2）市场进入途径的选择。

市场进入途径一般有直接进入和间接进入两种，两种途径各有利弊，企业必须在多方权衡、综合考虑的前提下进行选择。

直接进入途径是指生产者直接把产品供应给消费者或用户，而不经过中间商销售。直接进入有利于企业产品及时上市，减少由于产品损耗、变质等造成的损失；有利于减少产品中转费用和利润分流；有利于企业直接同顾客接触，更好地向顾客提供售前、售中和售后服务及扩大产品的销售数量。但是，直接进入总的来说会使企业花费较多的人力、物力和财力，从而使费用增加。

间接进入是生产者通过中间商把产品转卖给消费者或用户。通过中间商把产品推向市场，可以简化交易过程，降低销售费用，扩大市场营销空间，增强企业进入目标市场的能力。但是，间接进入方式在生产者与中间商之间、中间商与用户之间会因许多问题产生矛盾。

2. 市场发展战略

市场发展战略是解决以怎样的产品组合去满足目标市场需求的问题，使企业在产品开发和市场开拓方面得到发展。市场发展包括提高产品的市场占有率和开拓新市场两种情况。产品和市场是市场发展战略的两个主要因素，按其不同组合，市场发展有两种情况，一种是提高产品的市场占有率，另一种是开拓新市场。

市场发展战略指企业考虑以怎样的产品组合去满足目标客户的需求，从中求得企业在产品开发和市场开拓两方面的发展，产品和市场是市场发展战略的两个主要因素，按照产品与市场两个因素的不同组合，有市场开拓和多角化经营两类不同的战略。

（1）市场开拓战略。

市场开拓战略是指企业通过开发新产品、加强促销措施等去开拓市场和扩大销售，具体可分为市场渗透战略、市场开发战略和产品开发战略3种类型。

① 市场渗透战略。这种战略的目的在于增加老产品在原有市场上的销售量，指企业在原有产品和市场的基础上，通过提高产品质量、加强广告宣传、增加销售渠道、提供各种优惠条件等措施，以维持和提高市场占有率的战略。在企业面临的市场竞争比较激烈时，采用这种策略可以巩固老用户和争取新用户。

② 市场开发战略。这种战略指以现有产品开发新市场的战略，包括两方面的途径：一是给产品寻找新的细分市场，如原来只在城市销售的产品，也可以销往农村；二是开发产品的新用途。

③ 产品开发战略。又称新产品市场战略，指企业向现有市场提供新产品，如增加花色品种、规格、型号等，以满足顾客需要。企业可以根据市场环境的变化以及内部自身的条件，或者开发全新产品，或者开发换代新产品、系列新产品等，以求保持自己的产品在质量、价格等方面的优势。

（2）多角化经营战略。

多角化经营战略，亦称多角化增长战略、多样化战略、多产品战略和多元化战略；指企业将多向发展的新产品与多个目标市场结合起来，通过调整产品结构、发展产品品种、增加产品销售和扩大市场营销范围，提高经济效益，保证企业长期生存和发展的战略。多角化经营战略具体有以下4种类型。

① 纵向多角化经营战略。指企业把自己的营销活动伸展到供、产、销不同环节，将一体化发展的新产品投入市场，满足市场不同需要的战略。它有后向一体化和前向一体化两种形式。所谓后向一体化，即一种按销、产、供为序实现一体化经营而获得增长的战略。具体表现为：企业通过自办、契约、联营或兼并等形式，对它的

供给来源取得了控制权或拥有其所有权。例如，一家钢铁公司过去一直购买铁矿石，现在决定自办矿山，自行开采，实现用户供应商一体化。所谓前向一体化，是一种按供、产、销为序实现一体化经营使企业得到发展的战略。例如，一家汽车制造企业新建汽车销售公司，开始在市场上销售自己生产的汽车。

② 横向多角化经营战略。指企业开发不同大类的新产品，投放原有市场，或是将一体化的新产品，投放同行业其他市场的战略。例如，生产大客车的汽车制造厂，通过扩建、改造或联合、兼并其他企业，也开始生产大卡车、小汽车和摩托车。实施这种战略，可以利用企业的专业优势和原有市场发展新产品，开拓新市场。

③ 同心多角化经营战略。指企业利用现有物质技术力量开发新产品，增加产品的门类和品种，犹如从同一圆心向外扩大业务经营范围，以寻求新的增长的战略。例如，一家生产收音机的无线电厂，决定利用现有的设备和技术增加录音机、电视机的生产。这种多角化经营有利于发挥企业原有设备技术优势，风险较小。

④ 综合多角化经营战略。指企业把经营业务范围扩展到与原有产品、技术和市场无关的行业中去，以求企业更大发展的战略。例如，柯达公司除了生产经营摄影器材外，还经营食品，经营石油、化工和保险业务。实施这种战略主要是为了合理调配资金，使企业的人力、物力、财力资源得到充分利用，以增强企业的应变能力，保证企业的长期稳定发展。综合多角化经营战略的特点是需要充足的资金和其他资源，故为实力雄厚的大公司所采用，中小企业一般都不宜采用。

3. 市场竞争战略

市场竞争战略是指企业如何参与市场竞争并在竞争中取胜的战略。一般来说，企业的竞争能力由品种、质量、价格、时间和服务 5 个方面的因素组成，因此，相应的市场竞争战略包括以创新取胜、以优质取胜、以廉价取胜、以快速取胜和以服务取胜 5 种。以创新取胜战略指企业要不断开发新产品，以丰富多彩的新产品来满足市场不断变化的需求；创新是企业无法躲避的课题，也是企业发展的机会，是企业竞争制胜的法宝。例如，当中国人民刚刚开始沉醉于卡拉 OK 热潮之中的时候，当日本人还在以大屏幕电视机抢占中国市场的时候，韩国人却悄悄地在制造的每一台电视机里储存进数百首中国民歌和流行歌曲，然后提供给中国的消费者选择。以优质取胜战略指依靠产品的优良质量来取得消费者的信任与偏爱，市场竞争在很大程度上取决于产品质量的竞争，实施以优质取胜竞争战略，就要使企业的产品或服务质量具有超出一般水平的与众不同的特色。以廉价取胜战略指依靠产品的低廉价格来扩大销售，通过"薄利多销"来取得市场竞争的成功。以快速取胜战略指重视时间因素，以快速的市场反应取得市场竞争的胜利，包括适应市场快、产品开发快、投产快、转产快、上市快、销售快等等。市场竞争不仅是实力的竞争、产品质量和价格的竞争，而且是时机、速度的竞争；以服务取胜战略指向消费者或用户提供优良的售前、售中、售后服务，全面满足消费者或用户的需要。当今市场竞争的焦点越来越聚集到服务上，服务成为整体产品概念的一个重要组成部分，在激烈的市场竞争中，服务已成为决定产品销路的关键因素和企业求得生存与发展的重要手段。

4. 市场撤退战略

市场撤退战略又称市场紧缩战略，是指企业在原有经营领域中处于不利地位，又无法改变的情况下，逐渐收缩甚至退出原有经营领域，收回资金，等待或另谋东山再起的一种战略。其主要目的是力图渡过目前困境，然后转而采用其他战略；一般只是在短期内采取这种战略，它不完全是消极的，也有一定的积极意义。

通常有临时性、转移性和彻底性三种市场撤退战略。临时性撤退战略指产品销路不佳时，暂时停止生产经营，待查明原因对产品进行改进和改变营销策略后再生产投放市场；转移性撤退战略指企业从原有市场退出，去开发其他吸引力较强的新市场；彻底性撤退战略指企业针对处于衰退期的老产品，或是刚上市但已表明"不对路"而过早夭折的新产品，采取断然退出市场的战略。

三、市场营销组合

市场营销战略的延伸必然是这一战略在特定时期和特定经营环境下的实施与控制，即企业市场营销战略与战术相结合的问题。营销学家们在理论上对市场营销组合的战略性质或战术性质认识不一。但是，在市场营销组合的执行过程中，两者兼备并有机结合的关系则表现得十分明显。市场营销战略不同，市场营销组合就会有所区别。

1. 市场营销因素

市场营销组合与市场营销观念、市场细分化和目标市场等概念相辅相成，是指企业对可以控制的各种营销因素的相互配合和综合运用。产品销售受很多因素的影响，一类是企业不能控制的因素，即宏观营销环境因素，如人口因素、经济因素、技术因素、自然物质因素、政治法律因素、社会文化因素，这类因素决定了市场需要的性质和容量；另一类是企业可以控制的因素，即产品、价格、销售渠道和促销四个主要的方面，简称"4P"，是企业市场营销活动的主要手段，一般称为营销因素。上述四个营销因素应相互协调和配合才能取得好的营销效果。营销因素的相互协调和配合称为营销因素组合，组合有以下4项基本策略：

① 产品策略。是指企业根据目标市场需要做出与产品开发有关的计划和决策。

其主要内容有：为满足用户需要所设计的产品的功能、产品的品质标准、产品特性、包装设计、产品品牌与商标、销售服务、质量保证，还包括产品生命周期中各阶段的策略等。企业在开发产品实体的同时，尤其要注意连带服务的开发。因为，现代经济生活中各种服务的比重正在显著地增长，服务越来越成为市场竞争的关键因素。

②营销渠道策略。是指如何选择产品从制造商转移到消费者的途径。大量的市场营销职能是在市场营销渠道中完成的。渠道的计划与决策，是指通过渠道的选择、调整、新建和对中间商的协调安排，来控制相互关联的市场营销机构，以利于更顺畅地达成交易。简言之，就是要考虑产品在什么地点、什么时候和由谁来提供销售。

③定价策略。价格因素是企业营销可控因素中相对最难控制的因素，合适的价格策略对企业的营销作用甚大，因而定价决策必须审慎从事。企业选择价格策略的基本原则是：价格既能为目标市场的消费者所接受（但要符合国家政策规定），又能给企业带来尽可能多的盈利。

④促销策略。是指企业为了实现产品从生产者向消费者的转移，扩大产品销量，提高市场占有率所采取的各种促进销售活动的计划与决策。它包括：人员推销、广告、营业推广和公共关系等。强而有效的促销措施对企业营销的作用很大。各种促销手段各有利弊，起着相互补充的作用，其中公共关系是近十几年来发展的新领域，受到企业的普遍重视。

2. 市场营销因素组合

营销因素虽然是企业可以控制的因素，但是如何做出选择或制定相应的基本策略，则要以难以控制的环境条件为根据，才能针对目标市场上的目标顾客需求实现既定的营销目标。营销因素的选用不仅要和企业的外部环境、内部条件相适应，并且这四个因素之间必须相互协调和配合；营销因素组合的 4 项基本策略单独说来都是重要的，但真正重要的意义在于它们因势而异的配套组合。通常，市场营销因素组合的 4 项基本策略有动态组合、有机组合、双层组合及系统整体功能特征 4 种独特的结合方式。

①市场营销组合是动态组合。市场营销组合是根据企业的外部环境、内部条件而确定的，而外部环境、内部条件都是在变化的，应随着环境、条件变化形成动态的组合。

②市场营销组合是有机组合。营销组合的四个构成因素相互联系、相互作用、相互影响，必须相互配合成为一个有机的整体。例如，销售渠道的选择，需要考虑产品因素，不同的产品又决定了不同的促销方式，而价格的制定与产品、渠道和促销又都有密不可分的关系。

③ 市场营销组合是双层组合。营销组合由四个因素构成，这是第一层组合。每一个营销因素的本身又包含有许多可供选用的因素，这是营销因素的第二层组合。例如，产品营销因素又因规格品种、质量、包装、商标、服务等因素的不同而形成不同的组合。营销因素的第一层组合表现营销组合的共性，即任何营销组合都是由四个基本因素构成的；第二层组合则表现营销组合的个性，营销组合的变化应有机配合并体现在第二层组合上。

④ 市场营销组合具有系统整体功能特征。市场营销组合的双层组合特点表明，营销组合的 4 个基本策略都是由很多要素组成的。企业的市场营销活动只有通过对 4P 诸因素加以科学合理的组合运用才能取得成功，因此，市场营销组合具有系统整体功能特征。企业的营销优势，在较大程度上取决于整体营销策略配套组合的优势，而不是单个策略的优势；企业在目标市场上的竞争地位和经营特色，则通过营销组合的特点充分体现出来。营销组合的四大策略综合运用得好，所形成的整体营销能力和效果不是四大策略单个运用的效能之和，而是大于四者分散的效能之和；四大策略如果舍弃某一策略或运用不当，所形成的营销能力和效果有可能等于零，甚至有可能是负值，即可能导致营销的失败。

第五节　包装企业的经营决策与经营计划

企业在确定经营战略（含市场营销战略）和经营目标后，接下来的重要工作就是依据经营目标制定经营决策和编制经营计划。

一、经营决策的分类及内容

从管理学的观点看，决策就是人们为了达到一定目标，在掌握充分的信息和对有关情况进行深刻分析的基础上，用科学的方法拟定和评估各种方案，从中选出合理方案的过程。包装企业的经营决策是指包装企业为了实现一定的经营目标，对企业在内外环境进行分析和占有一定市场信息与经验的基础上，借助科学的手段和方法，通过定性判断和定量计算，对制定的若干行动方案选择一个合理方案并付诸实施的分析判断过程。

企业经营决策是一个提出、分析和解决问题的系统分析过程。企业对生产经营过程中的每一环节都需要做出科学的决策。经营决策具有五个基本要点。第一，决策必须有一个明确的目标。目标是决策的前提和基础，没有明确的目标，决策正确与否也就没有一个衡量标准。第二，必须有两个以上可供选择的行动方案。决策的过程就是确定目标和制定行动方案，并对各种行动方案进行分析、评价、选择的过程。第三，评价、选择方案的原则是"有限合理性"或"令人满意"的准则。合理和满意是指决策者对评价的指标先确定一个好的最低标准，超过这个标准并在总体上达到预期效果的，即为合理或满意。第四，决策要使未来的不确定性极小化。决策的问题是未来的，要使决策能正确地指导未来行动，就必须通过各种调查和预测方法，掌握事物发展的客观规律性，从而使未来的不确定性极小化。第五，决策的实践性。决策是为了指导行动，如果决策不能导致行动和实施就是多余的，是毫无价值的。

（一）经营决策的分类

1. 按性质分类

① 战略性决策。它是有关企业大政方针方面的决策，如决定企业的经营方针、经营目标，企业的联合改组、生产规模、产品更新换代等。

② 管理性决策。它是战略性决策的具体化，是属于执行战略决策过程中的战术性决策，是为了实现企业的经营目标在如何运用企业的人、财、物等方面所作出的决策，如制订生产计划和销售计划，资金的合理运用与调剂等。

③ 业务性决策。它是指在日常生产活动中为提高工作效率所做的决策，如生产任务的日常安排、定额的制定与修改、运输路线的决策等。

2. 按层次分类

① 高层决策。高层决策解决的问题通常是全局性的以及与外界环境有密切联系的重大问题，是企业最高领导人所做的决策，具有战略性、长期性的特点。

② 中层决策。中层决策涉及的问题大多是属于安排一定时期的任务，或解决生产中存在的某些矛盾，是企业中层管理人员所做的决策。

③ 基层决策。基层决策主要是解决日常作业任务中的问题，是企业基层管理人员（如工段、班组）所做的决策。

3. 按程序分类

① 程序性决策。针对经常重复发生的问题，决策过程中的各个步骤都有一定的程序，它包括决策的模型、选择方案的标准等。只要环境基本不变，这些程序可以重复使用和解决同类问题。

② 非程序决策。针对的决策问题不常出现，属于无法用常规办法来处理的一次性非例行的新决策。这类决策活动常属于经营战略性决策，它需要企业高层决策人员发挥自己的经验、才智来进行。

4.按条件分类

① 确定型决策。指各种可行方案所需要的条件都是已知的，并且一个方案只有一种确定结果的决策。这种决策只要比较各个方案的结果谁优谁劣就可做出决策。

② 风险型决策。该类决策具有 4 个特点：一是要有一个明确的决策目标，如最大利润、最低成本等；二是存在着决策者可以选取的两个以上的可行方案；三是存在着不以决策人主观意志为转移的各种自然状态（如市场销售情况好、不好或中等），并可测算出每种自然状态发生的概率；四是可测算不同方案在各种自然状态下的损益值。可见，这种决策是在一定概率条件下做出的，要冒一定的风险。

③ 非确定型决策。与风险型决策的特点基本相同，只是无法测算各种自然状态出现的概率，或者只能依靠主观概率判断，这种决策主要取决于决策者的态度和经验。

（二）经营决策的内容

经营决策是由企业最高层负责实行的决策，是企业决策中最重要的一部分，其内容涉及企业发展方向、目标、规模和大政方针等重要问题，主要涉及以下方面：

① 经营战略决策：包括经营方向、经营目标、经营方针决策、多样化经营、一体化经营及联合与兼并的决策等。

② 市场营销决策：包括市场调查预测、产品定位决策、市场营销组合决策、售后服务和其他销售业务决策等。

③ 研究与开发决策：包括新技术、新工艺、新材料、新产品的开发决策，以及市场开发决策等。

④ 生产系统决策：包括产品及厂址选择和工厂布置，生产数量和生产规模，品种结构，技术改造，生产组织、指挥、调度和控制等决策内容。

⑤ 物资采购决策：包括物料选择，采购对象、地点和采购方式决策，物料库存控制决策等内容。

⑥ 财务决策：包括资金筹措、资金结构和资金调度、固定资产投资、目标成本、财务计划、财务收支平衡、利润及其分配等决策问题。

⑦ 组织及其他重要问题决策：包括组织设计和重大改进，确立领导体制和重要的组织管理制度，重要人事安排等。

二、经营决策的方法

科学的决策必须遵循一定的工作程序和采取科学的决策方法，才能使决策科学化和规范化。企业经营决策的基本程序包括：找出问题；确定目标；拟订多种备选方案；评价和选择方案，做出决策判断；方案的实施与追踪（反馈）。

经营决策的方法是指进行经营决策的科学手段。随着管理科学的发展，目前决策方法向定性和定量两种方向发展，成为科学决策的两个支柱。定性决策注重于决策人的经验和思维能力，定量决策注重于决策问题各因素之间客观存在的数量关系，在具体使用中，两者不能截然分开，必须相互补充。

（一）定性决策方法

定性决策是在决策中充分发挥人的智慧的一种方法，是在缺少数据资料或决策的相关因素难以定量化的情况下，利用在某方面具有丰富经验、知识和能力的专家，根据已知情况和现有资料提出决策目标和方案，并做出相应的评价和选择。定性决策主要用于难于定量的决策问题，也可验证某些定量决策。

1. 经验决策法

又称非计量决策法，是凭借决策者的知识、经验和能力做出决策的方法，也是最古老的决策方法，在现代企业经营决策中仍经常应用，特别是对那些业务熟悉的专家，往往可凭借经验做出决策，并取得良好的效果。

2. 特尔菲法

该方法是用书面形式广泛征询专家意见，对某项专题或某个项目未来发展进行预测（决策），又称专家调查法。该法是美国著名的咨询机构兰德公司在 20 世纪 50 年代初发明的，目前已经应用于各个领域。

特尔菲法本质上是一种反馈匿名函询法，其大致流程是在对所要预测（决策）的问题征得专家的意见之后进行整理、归纳、统计，再匿名反馈给各专家，再次征求意见，再集中、再反馈，直至得到一致的意见。其大致步骤是：① 寻找 5～7 名研究较深的专家组成专家组；② 采取匿名方式分别向专家提供需咨询决策的材料和调查表；③ 收集专家意见并进行归纳统计，再制定新的调查表寄发专家，同时提供汇总的统计意见供专家参考；④ 如此反复几次，直到形成明确意见。特尔菲法有三个明显区别于其他专家方法的特点：一是匿名性，避免了专家见面后相互影响的弊端；二是反馈性，反复征求意见可使调查结果趋于明确，在每次反馈中使调查组和专家组都可以进行深入研究，使得最终结果基本能够反映专家的基本想法和对信息的认识，结果较为客观、可信；三是统计性，采用统计方法进行汇总，克服了专家会议法只反映多数人观点的缺点。

3. 头脑风暴法

该法是邀集专家对决策问题畅所欲言、相互启发、集思广益，寻找新观念，找出新建议。其特点是运用一定的手段，保证大家相互启迪，在头脑中掀起思考的风暴，在比较短的时间内提出大量的有效设想。它一般采取会议讨论的形式，召集 5～10

名人员参加，会议人员既要求有各方代表，又要求各位代表身份、地位基本相同，而且要有一定的独立思考能力。会议由主持人首先提出题目，然后由到会人员充分发表自己的意见，会上对任何成员提出的方案和设想，一般不允许提出肯定或否定意见，也不允许成员之间私人交谈。会议结束后，再由主持人对各种方案进行比较，做出选择。

4. 集体意见法

该方法是把有关人员集中起来，以形成一种意见或建议。与会者发表的各种看法，其他人可以参加分析、评价，或提出不同看法，彼此之间相互讨论、相互交流、相互补充、相互完善。会议主持人还可以根据发言者的个人身份、工作性质、意见的权威性大小等因素对各种意见加以综合，然后得出较为满意的方案。

（二）定量决策方法

定量决策是建立在数学分析基础上的一种决策方法，其思想是把决策的常量与变量以及变量与目标之间的关系用数学公式建立数学模型，然后根据决策条件计算求得决策答案。

1. 确定型决策方法

确定型决策所处理的未来事件的各种自然状态是肯定的、明确的，可以做数量描述。这类决策大都属程序化决策，可对不同的经营决策目标，根据不同的约束条件，采用不同的数学模型，求得最优或较优解。例如，企业产品生产计划，可以用线性规划、盈亏平衡点法等模型和现有程序；生产作业分配，可以用分配问题模型；采购或批量制造，可以用存储模型；等等。约束条件较多，运算较复杂的决策问题，可以采用计算机和现有计算程序求解。下面主要介绍最为常用的盈亏平衡点法和线性规划法。

（1）线性规划法。

线性规划法是解决多变量最优决策的方法，是在各种相互关联的多变量约束条件下，解决或规划一个对象的线性目标函数最优的问题。即给予一定数量的人力、物力和资源，如何应用而能得到最大经济效益。简单讲，线性规划是在一些线性等式或不等式的约束条件下，求解线性目标函数的最大值或最小值的方法。

线性规划在现代决策中的应用是非常广泛的，可以用来解决科学研究、工程设计、生产安排、军事指挥、经济规划，以及经营管理等各方面提出的大量问题。线性规划法一般采取三个步骤：一是建立目标函数；二是加上约束条件；三是求解各种待定参数的具体数值。在目标最大的前提下，根据各种待定参数的约束条件的具体限制，便可找出一组最佳的组合。线性规划法有以下三个特点：一是目标只有 1 个；二是至少存在两个变量；三是约束条件多项。

　　例：某包装企业计划生产甲、乙两种产品，每种产品均需使用 A、B、C、D 四种设备，其加工时间及单位利润数据如表 2-1 所示。要使企业利润最大，甲、乙产品的产量如何决策？

表 2-1　加工时间及单位利润数据

单位产品 加工时间 / 台时 设备	甲	乙	计划期的设备能力 / 台时
A	2	2	12
B	1	2	8
C	4	0	16
D	0	4	12
单位产品的利润 / 万元	2	3	—

　　解：用线性规划求解。

　　① 建立目标函数。设 x_1、x_2 依次为产品甲、乙的产量，目标函数为 $S_{max}=2x_1+3x_2$

　　② 列约束方程（约束条件）：

$$\begin{cases} 2x_1+2x_2 \leqslant 12 \\ x_1+2x_2 \leqslant 8 \\ 4x_1 \leqslant 16 \\ 4x_2 \leqslant 12 \\ x_1 、 x_2 \geqslant 0 \end{cases}$$

　　③ 求解各种待定参数的具体数值。求解过程略：$x_1=4$，$x_2=2$；$S_{max}=2\times4+3\times2=14$。

　　（2）盈亏平衡分析法。

　　盈亏平衡分析法也称量本利分析法、保本分析法，是研究产量、成本、利润三者关系的一种简便方法。该法的基本原理是将总成本分为固定成本与变动成本，前者不随产量增减而变化，后者与产量成比例变化。当取得的销售收入与产生的总成本相等时，利润为零，即实现盈亏平衡。如图 2-1 所示，总成本线与销售收入线的交点 0 称为收支平衡点，对应的销量 X_0 为盈亏平衡点，销量大于 X_0 将赢利，小于 X_0 则会亏损。盈亏平衡点计算公式：$X_0=$ 固定成本 /（单位产品售价 - 单位产品变动成本）。运用盈亏平衡分析法可以进行定价决策、经营方案的比较、企业经营状况的评价。

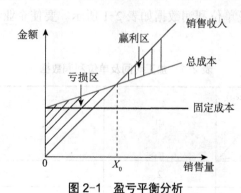

图 2-1　盈亏平衡分析

2. 风险型决策方法

风险型决策也叫随机型决策，其特点是对问题的未来情况不能事先确定，即是随机的，但对未来发生情况的各种可能性（概率）是可以知道的。概率只是估计的可能机会，决策人要承担某种因估计失误而带来的风险。其具体方法有决策表法、决策树法等。

（1）决策表法。

决策表法是利用决策矩阵表计算各方案的损益及期望值，进行比较的一种决策方法。风险型决策是以决策收益表为基础，寻求最佳期望值的方案作为决策方案。方案的期望值，就是方案不可控制因素的概率与其出现时的后果（以数量）表现的乘积的总和（以概率为权数的加权平均值的总和）。在方案比较中，选取收益最大值或损失最小值的方案。

例：某企业拟自产自销一种产品，每箱利润 50 元，如果每滞销 1 箱，损失 30 元。上年第一季度销售量资料见表 2-2。根据预测今年第一季度市场需求量与上年同期无大的变化，应怎样决定日产计划，使期望利润最大？

表 2-2　销售统计资料

日销量 / 箱	完成该销量天数 / 天	概率
100	18	0.2
110	36	0.4
120	27	0.3
130	9	0.1
总计	90	1.0

解：根据上述条件编制决策收益矩阵，并计算期望利润，见表 2-3。

表 2-3　收益矩阵编制及计算期望利润

自然状态 概率 方案日产量/箱	日销售量/箱				期望利润/元
	100	110	120	130	
	0.2	0.4	0.3	0.1	
100	5000	5000	5000	5000	5000
110	4700	5500	5500	5500	5340
120	4400	5200	6000	6000	5360
130	4100	4900	5700	6500	5140

计算损益值（以日产 120 箱为例）：

日销量为 100 箱时：损益值 =（100×50）-（20×30）=4400（元）；

日销量为 110 箱时：损益值 =（110×50）-（10×30）=5200（元）；

日销量为 120 箱时：损益值 =120×50=6000（元）；

日销量为 130 箱时：损益值 =130×50=6500（元）。

计算期望利润（以日产 120 箱为例）：

期望利润 =（4400×0.2）+（5200×0.4）+（6000×0.3）+（6000×0.1）=5360（元）。

类似计算各方案日产量的损益值（利润表上的损失或利润）及期望利润，结果见表 2-3。可见，日产 120 箱时期望利润值最大，以此作为决策方案。

鉴于风险型决策是存在风险的，根据决策者对待风险的态度，也可以选择不同的方案。

① 选择损失最小的方案。从该例可以看出，只有按照上年同期的日销量和应该生产的日数来生产，即用 18 天生产 100 箱，用 36 天生产 110 箱，用 27 天生产 120 箱，用 9 天生产 130 箱，这样就没有滞销，不会发生损失，此时每天的平均利润期望值是 5650 元。

平均期望利润 =（18×100 +36 ×110 +27×120 +9×130）×50÷90=5650 元

要使损失最小，风险最小，当然也以日产 120 箱的方案最好，这可从比较下面的数字看出：

生产 100 箱的收益损失 =5650-5000=650（元）；

生产 110 箱的收益损失 =5650-5340=310（元）；

生产 120 箱的收益损失 =5650-5360 =290（元）；

生产 130 箱的收益损失 =5650-5140=510（元）。

② 最大可能获得收益的方案。因为日销产量 110 箱出现的机会最大为 0.4，决策人很可能选取日产 110 箱的方案。此时，最大可能获得的收益为 5500 元。

③ 机会均等时获得最大收益的方案。决策人宁愿以机会均等概率作为计算期望利润的依据，并从中选取利润最大的方案。该例有 4 种客观状态，其平均概率为1/4（0.25），根据平均概率计算期望利润如表 2-4 所示。

表 2-4　计算期望利润

自然状态 概率 方案日产量 / 箱	日销售量 / 箱				期望利润 / 元
	100	110	120	130	
	0.25	0.25	0.25	0.25	
100	5000	5000	5000	5000	5000
110	4700	5500	5500	5500	5300
120	4400	5200	6000	6000	5400
130	4100	4900	5700	6500	5300

可见，日产 120 箱时利润最大，仍可选为最优方案。

（2）决策树法。

决策表法是一种计算期望值的表格形式，决策树法则是一种图解形式。决策树形式的优点是：第一，可明确地比较各种可行方案的优劣；第二，对某一方案的有关因素能直观地描述，特别适用于复杂问题的多层次决策。决策树的结构如图 2-2 所示。

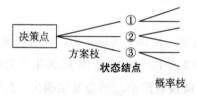

图 2-2　决策树结构

决策树的绘制，一般分以下 3 个步骤。

① 绘制树形图。

② 计算期望值。由左向右计算，先根据各客观状态的发生概率分别计算期望值。遇到状态结点时，计算各分枝期望值的和，标于状态结点上，遇到决策点时，则将状态结点上的数值与前面方案上的数值相加，哪一方案的汇总数值大，就把它写在决策点上。

③ 剪枝。剪枝就是方案选优过程，从右向左逐一比较。凡状态结点值与方案上数值汇总后小于决策点上数值的方案一律剪除，所剩方案即为最优方案。

某企业拟生产某新产品，对未来销售状态预测结果是：出现高、中、低需求的概率分别为 0.3、0.5、0.2。为生产该产品，该企业如新建专门车间需投资 110 万元，如改建一旧车间需投资 50 万元。各种客观销售状态下年销售利润预测见表 2-5。应如何决策？

表 2-5　各种客观销售状态下的年销售利润　　　　　　　　单位：万元

客观状态	高需求	中需求	低需求
新建	60	40	0
改造	60	30	15

解：按上述步骤，绘制决策树并计算期望值：

新建方案净效益：220-110=110 （万元）

改建方案净效益：180-50=130 （万元）

可见，改建方案为最优方案。

3. 非肯定型决策方法

非肯定型或不确定型决策是对问题的未来情况不但无法估计肯定结果，而且无法确定在各种情况下的概率。非肯定情况下的决策，主要取决于决策人的经验和所持的态度和信心。一般方案的选择可遵循悲观原则、乐观原则和最小后悔值原则。

某包装企业拟生产某新产品，对未来市场需求的预测，可能出现高需求、中需求和低需求三种。该企业有三种策略可供选择：①新建一条生产线；②增添设备；③改建原生产线。三种策略预计在未来五年内的收益和损失见表 2-6。

表 2-6　某企业生产某新产品对市场需求的预测　　　　　　单位：万元

方案　　客观状态	高需求	中需求	低需求	最小收益	最大收益
①	60	20	-25	-25	60
②	40	25	0	0	40
③	20	15	10	10	20

对此，决策人可能持不同态度，从不同的原则来选取最优方案。

（1）悲观原则。

先从每一方案中选择最小的收益值，然后再从这些最小收益值中选择一个最大值，该值对应的方案即最优方案。方案③的最小收益值最大，即选择改建生产线方案。

显然，按这一原则做出的决策是比较保守的，决策人所持态度是稳妥的，避免招致大损失。由于是从最小收益值中取最大值，这一原则又称"小中取大"原则。

（2）乐观原则。

先从每一方案中选择最大的收益值，然后再从这些最大收益值中选择一个最大值，该值对应的方案即最优方案。方案①的最大收益值最大，即选择新建一条生产线方案。

显然，按此原则决策非常乐观，决策人从最好的自然状态出发，以期在最好的自然状态下取得最大的收益，这一原则又称"大中取大"原则。

（3）最小后悔原则。

这种决策是以各方案的机会损失的大小来判别方案的优劣。所谓机会损失，是由于决策人对客观状况误判而做出的决策失误所造成的损失，即后悔值。后悔值等于各种自然状态下的最大收益值与所采用方案的收益值之差。经计算，各方案的最大后悔值见表2-7。

表 2-7　各方案的最大后悔值

客观状态 后悔值 方案	高需求	中需求	低需求	最大后悔值
①	0	5	35	35
②	20	0	10	20
③	40	10	0	40

显然，方案②的最大后悔值最小，即选取增添设备方案作为最优方案。可见，该原则以各方案的机会损失大小（后悔值）来判别方案的优劣，先找出每个方案的最大后悔值，然后选择最大后悔值最小的方案，因而也可称为"大中取小法"。

三、经营计划的分类及编制

企业经营计划是企业经营决策的具体化，是企业在一定时期内，为实现企业决策目标，对各种资源配置运用从时间和空间上所做出的统筹安排，是企业确定和组织全部生产经营活动的综合规划。经营计划的任务包括把经营目标具体化、分配各种资源、协调各单位生产经营活动和提高经济效益。

1. 经营计划的分类

经营计划按时间可分为长期、中期和短期3种经营计划；按管理层次可分为全企业、职能部门和车间3种经营计划；按计划内容又可分为供应、销售、生产、劳动、财务、产品开发、技术改造和设备投资等计划。长期计划以五年以上计划为主，中期计划1年以上5年以下，短期计划以年度计划为主。中、长期计划是企业的战略计划或"目标"计划，重点在于企业的发展；短期计划是企业的执行计划，偏重于实现当前的具体目标。

经营计划按内容还可分为综合计划和单项计划。综合计划反映企业发展和当前经营活动的全貌，单项计划则反映它们的一个侧面。

综合计划由一系列反映企业经营全貌的指标组成，包括综合经济指标（资产负债率、流动比率、速动比率、应收账款周转率、存货周转率、资本金利润率、销售利税率、成本利润率等），产品品种及产量指标（品种个数及各个品种的产量等），产品质量与消耗指标（产品的一等品率、合格率、废品率、万元产值能耗、万元产值原材料消耗等），劳动工资指标（计划期职工人数、全员劳动生产率、工资总额等），设备指标（设备完好率、设备大修率等）等。

单项计划按照经营目标可分为实现贡献目标的计划（如生产计划、降低产品成本计划、利润计划、环境保护计划等）、实现利益目标的计划（如职工收入计划等）、实现企业发展目标的计划（包括资金筹措计划、科研和新产品开发计划等）和实现市场目标的计划（如产品销售计划、技术服务计划、物资采购计划等）。

2. 经营计划的编制

（1）做好编制经营计划的准备工作。

① 做好经济发展的预测。这是编制企业经营计划的重要前提。通过预测可以提示和预见经济发展的大致趋势，为制订经营计划提供科学的依据。特别是制订中长期计划，预测工作更具有十分重要的作用。科学预测是正确决策的前提，而正确决策是科学计划的前提。

② 对上一个计划期的完成情况进行分析。其目的是找出上一个计划执行过程中存在的问题和出现这些问题的原因，以便在确定下一个计划期的发展规模和发展重点时参考。

③ 对各种技术经济定额进行审定。技术经济定额是在一定时期内，根据一定的生产技术组织条件下所规定的人力、物力、财力的利用和消耗方面应遵守和达到的标准，它是编制各种计划的基础。定额是否合理、正确程度如何，关系到计划的科学性，影响到计划能否正确指导生产经营活动和调动企业职工的积极性。定额水平

要既先进又合理，即在一定的生产技术水平和组织措施的条件下，大部分职工经过努力都可以达到，少数先进者能够超过。

（2）确定经营方针和经营目标。

经营方针是经营思想的具体化，主要表现为企业处理一些重大生产经营问题时的态度，包括确定企业的经营方向方针、发展速度方针、品种发展方针、技术发展方针、开拓市场方针、市场销售方针，以及处理企业与国家、企业与企业、企业与用户关系的方针等。

经营目标是企业在计划期内生产经营活动预期要达到的主要目标，大致可以分为贡献目标、利益目标、发展目标和市场目标。

制定经营目标是企业的一项重大决策，一定要坚持实事求是、量力而行、留有余地的原则，既要体现积极进取的奋斗精神，又不能脱离实际。目标定得太低会束缚企业的发展；目标定得太高实现不了，会造成人力、物力的浪费，会挫伤职工的积极性。

（3）编制计划草案。

① 试算平衡，提出计划设想。为了供企业领导参考和各方面讨论，企业计划部门要根据经营目标和在计划准备阶段收集整理的资料，提出计划设想，并根据初步试算平衡的情况，把各个设想方案的优缺点、利弊得失、主要矛盾找出来，以便讨论时参考。

② 广泛征求各方面的意见。计划设想提出之后，要组织讨论，广泛征求各方面的意见，沟通思想，统一认识。

③ 进行综合平衡，制订计划草案。在广泛征求各方面意见的基础上，经过对各种方案的比较，权衡利弊，从中选择一个切实可行的方案。

方案确定以后，就要着手编制计划草案。计划草案的编制过程，也就是综合平衡的过程，其内容主要包括四个方面：一是人、财、物、产、供、销等企业的生产经营活动的各种要素、各个环节的平衡；二是生产、销售、技术、质量、资金、劳动、设备、物资、基建、技术改造等专业计划及其指标的综合平衡；三是企业的技术准备过程、基本生产过程、辅助生产过程和生产服务过程等的综合平衡；四是年度计划与中长期计划的平衡。这些平衡中的重点是要达到以销售为中心的产销平衡，以利润为中心的成本利润平衡和以资金为中心的财务收支平衡。

（4）经营计划的落实。

落实经营计划，主要应做好以下两方面的工作。

① 制定保证计划实现的各种具体措施和防止风险出现的对策。经营计划的实

现，需要许多具体措施作为保证。但制定措施时，重点一定要放在实现企业的总目标和解决企业的薄弱环节上，决不能不分主次，使主要矛盾得不到解决。同时，还要制定防止风险出现的对策。

② 对经营计划进行分解。经营计划的总目标和具体目标都需要一一进行分解，落实到部门、车间、班组、岗位，直到个人，并把完成计划的好坏与其经济利益挂钩，使每个部门、生产单位和职工都各司其职、各尽其责，既严格分工，又紧密协作，为实现计划努力奋斗。

许多包装企业近几年来采取"方针目标展开图"的管理方式，对经营计划层层分解和落实，明确规定具体项目、目标值、对策、负责单位、完成时间及其检查等内容，取得了良好效果。

3. 经营计划的实施控制

要实现经营计划，必须对经营计划的执行过程进行控制。应根据各种计划指标、计划进度、各种定额对计划的执行进行调度和检查，并及时对某些不完善的计划进行修订，以保证实现主要的计划目标。计划控制的方法有以下几种：

（1）对计划的执行过程进行强有力的调度。经营计划的实现需要人、财、物、产、供、销的平衡衔接，因此必须进行统一的指挥和调度，以发现问题，分析原因，及时采取有效措施，解决计划执行过程中出现的问题；并协调各部门、各生产单位之间的关系，使各项工作有条不紊地进行。

（2）对计划完成情况进行检查。通过检查和分析，发现计划执行过程中的好经验和存在的问题，并及时推广好经验，解决存在的问题。

（3）对计划进行调整。在计划执行过程中，如果主客观条件发生大的变化，或者计划确实不符合实际，就要及时修改计划，真正起到指导实际的作用。

第六节　包装企业形象策划

良好的企业形象是一种无形资产，对于企业的发展具有重要作用。企业产品在质量、价格等方面日趋同质化，因而企业必须面对市场，不断调整经营策略、营销策略与传播策略，以及实施与此息息相关且三位一体的企业形象策略，以塑造企业的品牌优势。国外企业管理实践证明，企业形象竞争最为有效的方法就是实施 CIS 战略。

企业形象作为企业市场营销的重要组成部分，是企业精神文化的一种外在表现形式，人们通过企业的各种标志（如产品特点、营销策略、人员风格等）而建立起对企业的总体印象。企业形象塑造的主体是企业自身，感知的主体则是社会公众，在现代市场经济中，企业形象是一种无形的资产和宝贵的财富，它可以与"人、财、物"并列，其价值还可以超过有形的资产，其对企业内部管理和对外经营方面的影响和作用巨大而深远（图2-3）。

图2-3　企业形象的层次

企业形象识别系统（Corporate Identity System，CIS 或 CI）是企业为了塑造自己的形象，通过统一的视觉设计和整体传达，将企业的理念文化、行为方式及视觉识别传递给公众，以凸显企业的个性和精神、赢得公众信任与支持的一种经营战略。CIS 的目标是塑造企业形象，手段是运用统一设计的整体传达系统进行信息传播，职能是处理好企业与内外公众的关系，效果是长期的、全局的、战略性的。CIS 是现代企业走向整体化、形象化和系统管理的一种全新的概念，是建立与传达企业形象的完整和理想的方法，也是企业大规模化经营而引发的企业对内对外管理行为的体现。CIS 对内规范企业行为，强化员工的凝聚力和向心力，形成自我认同，提高工作热情，降低经营成本；对外传播企业理念和树立品牌形象，使社会公众对企业确立牢固的认知与信赖，提高沟通的效率和效果，为企业带来更好的经营绩效。

企业形象识别系统的构成

CI 起源于欧洲，20 世纪 60 年代由美国首先提出，70 年代盛行于欧美，80 年代深化于日本，80 年代后期引入我国。

CI 直译为企业形象识别系统，意译为企业形象设计，指企业有意识、有计划地将自己企业的各种特征向社会公众主动地展示与传播，使公众在市场环境中对某一个特定的企业有一个标准化、差别化的印象和认识，以便更好地识别并留下良好的印象。CI 源于美国的汽车文化、高速公路的快速发展，美国企业家们受到交通标志牌的启发创造出了企业标志 CI。20 世纪 60 年代，CI 进入日本后，一开始也只是视觉形象识别，后来通过研究如何体现民族精神和民族文化，将企业形象推进到内在的精神、文化、价值层面，创造了"CIS"的概念，完成了 CI 向 CIS 的转变，即形成了企业识别系统（形象识别系统）。

CIS 被称为企业识别系统，由企业理念识别（Mind Identity，MI）、行为识别（Behavior Identity，BI）以及视觉识别（Visual Identity，VI）三个有机整合运作的子系统构成。MI、BI、VI 三位一体，被比喻为企业的心、手、脸。

① 理念识别（MI），是指企业在长期生产经营过程中所形成的企业共同认可和遵守的价值准则和文化观念，以及由此决定的企业经营方向、经营思想和经营战略目标。理念识别是 CIS 的核心，是企业形象的基本精神所在，是 CIS 系统运作的理论基础与精神思想，行为识别和视觉识别都必须围绕理念识别开展。要建立完整的企业形象识别系统，首先应确定企业的经营理念。

② 行为识别（BI），是动态的识别形式，是企业理念的行为表现。包括在理念指导下的企业员工对内和对外的各种行为，以及企业的各种生产经营行为。企业行为识别对内的活动包括干部培训、员工教育（内容包括服务态度、工作精神、应对技巧与礼貌等）、工作环境、职工福利及研究开发项目等；对外的活动包括市场调查、产品推销、公共关系、促销活动、与公众沟通及社会公益活动等。

③ 视觉识别（VI），是静态的识别符号，是企业理念的视觉化。通过企业形象广告、标识、商标、品牌、产品包装、企业内部环境等媒体及方式向大众表现、传达企业理念，是企业的外表。VI 最容易被社会大众所接受，占有主导的地位，其从视觉上表现了企业的经营理念和精神文化，从而形成独特的企业形象，具有形象价值。VI 包括的项目最多、涉及面较广、传播的效果最直接。VI 应用于产品、包装、事务用品、办公用具、办公环境、设备、招牌、旗帜、告示板、建筑外观、交通工具、衣着制服、橱窗、广告及陈列展览等一切展示企业形象的场所与场合，其传播和感染力量最为具体，通过 VI 能够充分表现企业的基本精神和独特性，从而达到识别的目的。

一、企业形象识别 CI 设计

企业推行 CI 涉及企业经营的方方面面，CI 设计是企业经营总体战略的一部分，必须与企业经营战略协同。同时，应贯穿四个导向：一是从企业的兴衰关系到国家经济、文化的兴衰来看，CI 应当民族化；二是从在市场应形成差别来看，CI 应当个性化；三是从企业形象应被社会所接受和传播来看，CI 应当社会化；四是从便于企业实施来看，CI 应当标准化。

1. 企业理念识别（MI）设计

企业在导入 CIS 战略时，要对企业原有的经营思想、经营原则、行为规范进行检查和反省，判断在现阶段能否继续发挥有效作用，从而构筑新的企业理念。

企业理念识别（MI）设计的基本程序包括：一是要设定企业的理念诉求，通过对企业内外环境的调查和分析，对企业现有的理念信条、方针进行进一步的明确和调整；二是确立企业理念设计的基本要素，涉及企业的基本宗旨、方针、价值观等多方面，同时涉及企业的经济社会行为、整体文化行为等多个系统，应将这些要素加以归纳整理，再根据设定的企业理念诉求方向，确定其基本含义和象征意义；三是确立企业理念要素的语言表征，企业理念设计的基本要素一旦确定，就要求用语言的形式对其进行恰当的表征；四是语言表征的精练与概括。要用最精练的语言文字对所要表达的全部理念设计要素和内涵进行高度概括，以提高企业理念的识别力和表征力。

2. 企业行为识别（BI）设计

BI 设计应把企业的理念，通过对内、对外的活动，点点滴滴地渗透，以表企业之"心"。企业内部活动识别开发包括增强企业内部组织的活化性，强化企业内部的宣传、教育、培训工作，具体活动有编写制作 CI 说明书、制作员工教育录像带及幻灯片、企业报、企业歌、员工手册、宣传海报、设置企业留言板及意见箱和推行礼貌运动等；企业外部活动识别开发包括产品形象塑造（如产品命名的文化味、形象感、可视性，注入高附加值，传递出产品可爱、可亲、可视形象）、服务规范制定、促销活动策划和社会公益活动策划等。

3. 企业视觉识别（VI）设计

在 CI 设计系统中，视觉识别设计（VI）是最外在、最直接、最具有传播力和感染力的部分，VI 设计包括基本要素系统设计和应用要素系统设计两方面。基本要素系统主要包括：企业名称、企业标志（LOGO）、标准字、标准色、象征图案、宣传口语、市场行销报告书等。VI 设计的基本要素系统严格规定了标志图形标识、中英文字体、标准色彩、企业象征图案及其组合形式，从根本上规范了企业的视觉基本要素，是企业形象的核心部分。应用系统主要包括：办公事务用品、生产设备、建筑环境、产品包装、广告媒体、交通工具、衣着制服、旗帜、招牌、标识牌、橱窗、陈列展示等。

VI 设计以 MI 为核心，应把握统一性、差异性（个性化）、人性化、民族性和实施性等基本原则。VI 设计时必须保证企业形象对外传播的统一性，统一的企业理念和设计风格，这不仅可以强化企业形象，还可以保证信息的快速有效传递；为了获得社会大众的认可，企业的形象必须是具备独特魅力的，因此 VI 设计的视觉元素必须是个性化的、与众不同的。与此同时，其视觉形象也必须是一种人性化的原创视觉元素，应通过对消费者生活习惯的把握来展开 VI 设计，使它的各个功能层面都能尽量满足消费者的功能需求与心理需求；优秀的企业形象塑造离不开民族文化的支持，在 VI 设计中融入了民族文化元素，使许多企业形象独具特色，它是企业形象塑造和传播的动力；只有便于运作并能发挥其主要功效的 VI 系统才具有可实施性。VI 是视觉元素，不是一个简单的装饰，不仅要考虑是否符合审美标准，还要注意其内涵和深度、形式和意义的结合，这样才能保证 VI 的实施性。

在 CI 设计过程中，以标志、标准字、标准色的创造最为艰巨，是整个 CI 系统的核心，也是视觉形象设计（VI）中的核心，最能表现设计能力。标志、标准字和标准色三要素，是企业地位、规模和理念等内涵的外在集中表现，构成了企业的第一特征及基本气质。同时，也是广泛传播，取得大众认同的统一符号，在设计中应重视其传播性。

二、CI 导入

1. CI 导入的时机

CI 导入时机关系到企业导入 CI 的质量和成本，只有选准时机才能使 CI 得到全面贯彻落实。CI 设计是配合企业长期经营策略进行整体传达的系统工程。由于各企业经营状况各不相同，开发与实施 CI 的方式与时机也不尽相同。企业导入 CI 的内部时机有：新公司设立、合并成企业集团时；原有企业改组，发行股票，公司上市时；企业文化重组，企业经营理念改变时；企业创业周年纪念。企业导入 CI 的外部时机有：企业新产品开发上市时，配合新产品的上市而实施 CI，既可收到促销产品的广告效应，又发挥了 CI 塑造企业形象的功能；企业市场定位不准、产品个性不明显时；企业规模扩大，向多元化经营方向发展时；企业危机事件之后，需要重新扭转、树立形象时；企业进军国际市场，迈向国际化经营，接受全新市场的考验时。

2. CI 导入的策略

（1）调查市场，了解消费大众。要使消费者认识企业，必须要了解消费者，应调查市场需求，才知道如何满足其需求。通过调查，也能帮助企业查证预先所做的假设是否正确，以及确定产品在市场中所处的位置。

（2）结合企业专长与顾客需求，做好企业定位。应明确企业在市场中应处的地位，或者明确企业经营的市场面，结合企业专长与顾客需求两方面的因素而做好企业定位，这样能清楚地让消费者明确区分企业与其他竞争企业的不同，加强顾客对企业及其产品的信心。

（3）运用与众不同的策略，远离竞争者。企业必须运用与众不同的策略，引起消费者的注意，才能吸引他们来购买你的商品。

（4）应用广告宣传，让人记住你。企业应设法让消费者看见你、听到你、记住你。

（5）树立一致形象，满足消费者感性需求。CIS 必须具有连续性、一致性、可信度和信心这四个要素，才能让消费者记住企业的整体印象。同时，消费者购买任何产品或服务的动机，受企业产品印象及满足消费者的感性需求影响，这正是良好的设计与促销策略附加在商品上的价值。

3. 导入 CI 的工作步骤

（1）制定明确的目标。企业要应用企业形象作为有力的竞争手段，必须着重在与其他企业相比的差异上，这就要求企业通过对经济、技术、社会等因素的分析，制定出明确的自己所特有的发展目标，并按这个目标去奋斗。

（2）设定形象概念。在企业目标制定后，需将全体员工动员起来，齐心协力地按企业目标来行动，并需与外界沟通，让社会大众了解企业的努力方向和方针，这就需要根据目标设定出一流形象的概念。

（3）使形象概念具体化。在形象概念设定后，要将已制定完成的企业理念应用于企业标志、标准字、商标等企业形象上。

（4）扩散识别系统的应用。把标准字、商标等基本的识别要素，应用到海报、广告、事务用品、室内摆设、杂物、展示及展览会、招牌、运输工具等方面，将所设计的识别系统加以全面的具体的应用。

（5）企业内全面贯彻实施 CI。将 CI 深入贯彻到企业的各个部门，而不仅限于作为企业对外拓展的手段，使 CI 发挥最大的效能。主要工作有：拟定评价和考核标准，并明确告示全企业所有人员；通过对员工进行教育和培训，加强其对建立 CI 的认识；将实行 CI 与奖惩制度、人事升迁制度挂钩；建立推行 CI 的组织机构，各部门的 CI 工作应按 CI 工作组提出的模式进行；办公室的规划与配置；制定企业文化与职工形象规范；规定业务文件及其他资料格式。

案例分析：包装企业经营战略

案例：基于 SWOT 分析的某包装企业经营战略制定

1. 企业经营环境分析

SWOT 分析模型是一种综合考虑企业内部的优势和劣势、外部的机会和威胁，进行系统评价，从而选择最佳经营战略的方法。SWOT 即 Strengths（优势）、Weakness（劣势）、Opportunities（机会）、Threats（威胁）的简称，优势（S）是能给企业带来重要竞争优势的积极因素或独特能力；劣势（W）是限制企业发展有待改进的消极方面；机会（O）是企业外部环境变化带来的有利于企业发展的时机；威胁（T）是随着企业外部环境改变而产生的不利于企业发展的因素。其中，优势和劣势主要是针对企业自身的素质分析，与同行竞争者进行对比分析；机遇和威胁侧重分析企业面临的外部环境。通过 SWOT 分析，可以明确企业自身的实力及其与竞争对手的比较，机会和威胁分析可以明确外部环境的变化及对企业可能的影响，从而为企业制定长期合理的经营战略打好基础。

该案例中的企业是从事防伪产品研发和生产的企业，主要产品（防伪纸）应用于各种纸包装产品，下面利用 SWOT 分析模型对企业经营环境进行分析。

（1）优势（S）。

① 主要产品差异性优势。针对纸包装产品大多是通过包装印刷环节使包装具有防伪功能，该企业的主要产品防伪纸将包装的防伪功能在造纸阶段实现，生产周期短，能节约包装的储运费用，回避了与包装印刷企业间的竞争。

② 成本优势。该企业的防伪技术先进，拥有较强的技术壁垒，研发及制作的成本具有竞争力；在造纸阶段一次性完成防伪要求，节约成本；直接撕开进行验证，节省了客服和网站建设的投入；防伪纸生产采取喷印方式，生产效率高成本低。

③ 技术优势。该企业主要产品防伪纸有较高程度的防伪功能，市场上短时间难以仿制，减少了同种产品的竞争。

④ 使用、兼容优势。该企业主要产品防伪纸的防伪方式极为特殊，真伪验证撕开即可，规避采取电话、网络、扫码等复杂的验证方法。同时，特有的防伪技术仅需改变纸张本身，包装设备、印刷工艺等无须改变。

（2）劣势（W）。

① 品种规格少。鉴于撕开验证方式的特殊性，纸张的克重要求大，低克重防伪纸尚需开发。

② 客户存在选择性。受打样成本高及造纸机之后完成快速印刷的限制，要求客户订单需在几十吨左右，量小的订单受到限制。

③ 清晰度低于常规的印刷，验证方式采取撕开的形式，需要加大对目标客户的宣传。

④ 营销途径少。主要产品销售依赖于与造纸厂的客户取得合作。

（3）机会（O）。

① 防伪包装市场前景好。一是随着市场竞争加剧，企业在品牌（产品）保护上意识越发强烈；二是互联网贸易日益繁荣，企业及客户对防伪包装需求增加；三是该企业主要产品（防伪纸）符合附加值高的香烟包装在防伪与外观方面的要求，烟盒打开（撕开）的同时就能进行防伪验证；四是食品与药品行业防伪需求增加带来的新市场。

② 契合国家创新驱动发展战略。该企业作为新型防伪包装材料技术公司，致力把科技转化成生产力，符合国家发展战略。一方面低克重防伪纸张伴随着科学技术的持续进步将变成现实，重要会议材料与保密书刊用纸等将会是新的目标市场；另一方面多色与混色喷印持续研发，将使该企业防伪包装纸更为完美。

（4）威胁（T）。

① 防伪增加包装成本。该防伪纸包装虽然成本增加不到10%，但在竞争激烈、成本控制加强的时代，对那些本身利润较低的企业，市场推广任务艰巨。

② 印刷防伪技术的发展威胁。印刷防伪技术的不断创新将加剧与该企业的竞争。

③ 原料、纸价节节持续走高。这将使该企业防伪纸生产成本相应增加。

④ 环保再生纸包装将更加受到重视。环保产业的发展，大量使用再生纸包装将对目前企业防伪纸生产带来严重影响（再生纸喷印效果差、撕开性也较差）。

2. 企业经营战略的制定

经过SWOT分析有4类战略供选择：增长型战略（SO）重在抓住内部的优势和外部的机会，在面临内部、外部条件都非常好时，靠扩大经营规模和范围，以增加销售量和提高利润；扭转型战略（WO）重在抓住外部机会的情况下，改进内部的不足，在外部条件很好、内部有问题时，把握机会，调整方向；防御型战略（WT）重在消除内部劣势和外部威胁，在外部、内部条件均不如意时，不能进攻，也无力扭转，应减少各项开支，缩小规模，选择性放弃业务，以挽救企业因为偏离预期目标产生的危机；多元经营战略（ST）重在利用内部优势并兼顾外部威胁，在内部资源丰富、外部有威胁时，为分散外部风险而实施多元化的战略，即"不把鸡蛋放在一个篮子里"。

战略的选择必须把握好SWOT分析中最核心的部分，即正确评价企业的优势和劣势、判断企业所面临的机会和威胁，并做出决策。也就是在企业现有的内外部环境下，如何最优地运用自己的资源，并且考虑建立企业未来的资源。根据前面对该企业发展状况的分析发现：现有纸质防伪市场并不存在垄断型行业，而该企业拥有明显技术优势和很好的市场前景，应当抓住机遇，扩大市场，实施增长型（SO）战略：一是要发挥自身明显的技术优势，实施产品创新战略；二是要抓住防伪包装市场良好前景的机遇，实施市场拓展战略；三是结合自身的技术优势和良好的外部机遇，实施企业竞争战略。

（1）产品创新战略。即以产品开拓市场，通过创新生产工艺和研发先进技术改进并提高产品质量，丰富产品层次和结构，开拓产品种类。该企业在生产技术和工艺上有优势，但防伪纸规格少、产品种类单一存在经营风险。因此，可以加大新产品研发力度，扩大产品种类，增加使用范围。可进一步研究低克数纸张防伪等技术，开发具有针对性的产品抢占互联网贸易市场，使企业始终处于技术领先地位。

（2）市场拓展战略。通过企业联合，扩大规模，节约成本，优化资源，保持企业在激烈市场竞争中的综合实力。不仅要立足好烟草行业，还可以向食品、药品等行业发展，可以入股印刷和造纸企业，扩大企业主动权。

（3）企业竞争战略。通过实施企业竞争战略提高企业竞争力。一方面整合现有的技术力量、人才力量和营销资源，拓宽营销渠道；另一方面借助互联网贸易的优势，大力推广企业品牌，提升品牌价值。

思考题：

1. 企业经营管理的特征及主要任务是什么？

2. 什么是企业经营战略？按竞争态势不同有哪几类经营战略？各自有何特点？制定企业经营战略的步骤是什么？

3. 包装企业应树立哪些经营观念？制定经营目标的原则有哪些？

4. 什么是市场营销战略？有哪些主要战略类型？各有什么特点？

5. 市场营销组合的基本策略是什么？具有什么特点？

6. 什么是企业经营决策？决策方法有哪些类型？简要说明线性规划法、量本利法和决策树法。

7. CIS 的内涵是什么？简要说明如何进行 CI 设计。

主要参考资料：

[1] 戴宏民，等. 包装管理（第三版）[M]. 北京：印刷工业出版社,2013.

[2] 刘吉波，等. 包装市场营销管理学 [M]. 北京：北京大学出版社,1991.

[3] 周三多，等. 管理学 —— 原理与方法（第四版）[M]. 上海：复旦大学出版社,2007

[4] 杜素生. 浅议工业企业经营管理及经营思想 [J]. 财经界,2014(26):28-29.

[5] 韩永生. 包装管理、标准与法规 [M]. 北京：化学工业出版社,2003.

[6] 汪海兰，李希文. 有效制定企业经营战略的探讨 [J]. 社会科学家,2009(10):116-119.

[7] 黄思婧. 国有企业经营计划与管理的分析 [J]. 商讯,2021(19):102-104.

[8] 李小玉，薛有志，牛建波. 企业战略转型研究述评与基本框架构建 [J]. 外国经济管理,2015(11):65-66.

[9] J. Ignacio Canales, Adrián Caldart. Encouraging Emergence of Cross-business Strategic Initiatives[J]. European Management Journal, 2016:15-22.

[10] 李鹏. 深圳凯力诚实业发展有限公司发展战略研究 [D]. 哈尔滨：哈尔滨

工业大学,2017.

[11] 陈英梅,孔伟,张华.SWOT 矩阵分析法在企业战略中的应用：沈阳优力维特电梯制造公司的实践 [J]. 北京航空航天大学学报（社会科学版）,2005(4):20-23.

[12] 李慧.企业形象策划的现状与成因分析 [J]. 现代营销（信息版）,2019(12):142.

[13] 叶万春,万后芬,蔡嘉清.企业形象策划 [M].大连：东北财经大学出版社,2011.

第三章　包装企业生产管理

本章从狭义的角度介绍生产过程的组织、生产计划和生产作业计划等内容；帮助读者了解企业如何组织好各种产品的零部件生产，使之在时间上平衡衔接、空间上紧密配合，按期、按量、按质，均衡有节奏地完成产品的生产任务。

第一节　包装企业的生产过程组织

一、生产过程及其组成

任何包装产品的生产都需要一定的生产过程。这一过程的基本内容是人的劳动过程，即在劳动分工和协作的条件下，劳动者按照一定的方法和步骤，利用一定的工具直接或间接地作用于劳动对象，使之成为具有使用价值的产品的过程。在某些生产技术条件下，生产过程的进行还需要借助自然力的作用，使劳动对象发生物理的或化学的变化，这时生产过程就表现为劳动过程与自然过程的结合。

包装机械制造工业与包装材料加工工业作为包装行业两类不同生产性质的企业，各有自己的产品特点或生产特色，其生产过程的特点也是不一样的。但企业生产过程的结构按照它的组成部分的地位和作用来划分却是基本相同的，主要包括生产技术准备过程、基本生产过程、辅助生产过程与生产服务过程（见图3-1）。这4个部分既有区别，又有联系，核心和关键部分是基本生产过程。

科学合理地组织生产过程（合理地安排工序，是指一个或几个工人，在一个工作地上对一个或几个劳动对象连续进行的生产活动），就是组织好各工序之间的衔接和协作的过程。合理安排工序，需要考虑劳动分工和提高劳动生产率的要求，工序的划分对于生产过程的组织、劳动定额的制定、工人的配备、质量的检验和生产作业计划编制等工作有着重要的影响。工序应按照采用的工艺方法和机器设备来划分，相同的工艺方法和机器设备的生产活动化为同一道工序。一件或一批相同的劳动对象，依次经过许多工作地，这时在每一个工作地内连续进行的生产活动就是一道工序。工作地是工人使用劳动工具对劳动对象进行生产活动的地点。它是由一定的场地面积、机器设备和辅助工具组成的。

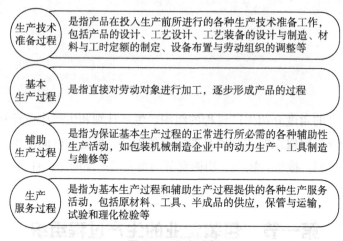

图 3-1　生产过程

二、生产过程组织的要求

科学合理地组织生产过程，要求各生产单位在空间和时间上密切配合与衔接。为了使企业整个生产的各个环节相互衔接，紧密配合，构成一个协调的系统，包装企业也不例外地像其他企业一样要进行生产过程的组织工作，用来保证企业的人力、物力、财力都得到更加充分的合理利用，缩短生产周期，以尽可能小的劳动耗费获取尽可能高的生产经济效益。组织生产过程的基本要求主要有：比例性、均衡性、平行性、连续性和经济性，详见表 3-1。

表 3-1　合理组织生产过程的基本要求

要求	特点及描述
比例性	比例性是指生产过程各阶段、各工序之间在生产能力上要保持一定的比例关系，以适应产品生产的要求。保证生产过程的比例性是保证生产顺利进行的前提，主要是指各个生产环节的工人人数、设备数量、生产速率、开动班次等都必须互相协调；有利于充分并合理地利用企业设备、生产面积、人力和资金，减少产品在生产过程中的辅助时间，缩短生产周期

要求	特点及描述
均衡性	就是为了保证各工作地有均匀的负荷，不出现前松后紧或时松时紧的不均衡生产状况；要求企业在其各个生产环节的工作按计划有节奏地运行
平行性	是指生产过程的各项活动、各个工序在时间上实行平行作业；是实现生产过程连续性的必要条件
连续性	连续性是指产品在生产过程各阶段、各工序之间的流动，在时间上是紧密衔接的，连续不断的，产品在生产过程中始终是处于运动状态。保持和提高生产过程的连续性，可以缩短产品生产周期、减少在制品的数量、加速流动资金的周转；可以更好地利用物资、设备和生产面积，减少产品在停放等待时可能发生的损失；有利于改善产品的质量
经济性	以尽可能少的劳动耗费取得尽可能多的生产成果。影响生产过程经济性的因素很多，前面讲述的生产过程的比例性、均衡性、平行性、连续性，最终目的都是达到生产过程的经济性

三、生产类型

生产类型（生产过程类型）是设计包装企业生产系统首先要确定的问题。这里是指广义生产过程的类型。鉴于各个工业企业在产品结构、生产方法、设备条件、生产规模、专业化程度等方面，都有着各自不同的特点，而这些特点又都直接或间接地影响着企业生产过程的组织。具体的生产类型划分见表3-2。

表3-2 生产类型分类表

分类方式	分类名称	特点及描述
按产品的生产数量	大量生产	品种少，每种产品产量大，生产过程稳定重复。工作地专业化程度较高，常采用流水线组织方式
	单件小批量生产	产品品种繁多，每种产品产量较小。生产对象经常变化，工作地专业化程度较低
	批量生产	特点介于大量生产与单件小批量生产之间。品种较多，每种产品产量不大，工作地为成批地、轮番地进行生产，一批相同零件加工结束之后，调整设备和工装，再加工另一批其他零件
按接受生产任务的方式	订货生产	根据用户提出的订货要求进行产品的生产，生产出的各种产品在品种、数量、质量和交货期等方面不同。大型设备（特制设备、船舶、飞机等）的生产属于订货型生产
	备货生产	即在对市场需求量进行科学预测的基础上，有计划地组织生产。一般消费品的生产大多数是这种类型的

续表

分类方式	分类名称	特点及描述
按生产工艺	合成型	将不同零件装配成成套产品或将不同成分的物质合成一种产品，如机电产品的生产
	分解型	将单一的原材料经过加工处理生产出多种产品，如石油化工或焦化企业的生产
	调制型	通过改变加工对象的形状或性能而制成的产品，如炼钢厂、橡胶厂、电缆厂的生产
	提取型	从矿山、海洋或地下挖掘提取产品的企业。如矿山、油田或天然气企业的生产
按生产连续程度	连续生产	在计划期内连续不断地生产一种或很少几种产品。生产的工艺流程、生产设备以及产品都是标准化的，车间和工序之间没有在制品储存，如石油化工厂、手表厂或电视机厂
	间断生产	生产中输入的各种要素是间断地投入，设备和运输工具能够适应多品种加工的需要，车间和工序之间有一定的在制品储存，如机床厂、机修厂或重型机器厂等

四、生产过程的空间组织

在生产过程的空间组织层面上要解决的主要问题是：如何划分生产场所，并对其内部进行合理布置。生产场所划分与布置合理与否对企业的生产效率乃至企业的经济效益都有着非常大的影响。

生产场所的布置主要是工厂总平面、车间平面以及车间内部机器设备的布置。目的是使企业的厂房、加工设备、工作场地、生产方法、运送设备、辅助设施、生产流程、劳动作业、休息服务、逃生通道等各个环节配置科学合理。

1. 工厂总平面规划布置

工厂总平面布置是指工厂的总体规划，是根据选定的厂址地形，对工厂的各项功能组成部分，如各类生产车间、仓库、公用服务设施、物流设施、动线、绿化设施等进行合理布置，确定其平面和立面的位置。

（1）工厂总平面规划的原则。工厂总平面规划是一个复杂的大系统，由如图 3-2 所示的 8 个子系统构成。各系统之间、一个系统内部各要素之间都存在着相互制约、相互依存的关系，并处于变动状态，不断地有各种资源、信息的输入和输出。工厂总平面规划应遵循的原则有如下 3 点：

① 安全和健康原则。有利于保证安全和增进职工的健康。在规划时要充分考虑

国家有关防火防盗规范、建筑规范、抗震等级规范、易燃易爆品规范、卫生标准等法律法规要求。还要认真考虑 "三废" 的处理问题，严格遵守国家环境保护法，为了给职工创造良好的工作环境，工厂布置应注意整洁美观，做好厂区绿化，建设花园式工厂环境。

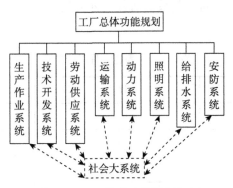

图 3-2　工厂总体功能规划内容

② 经济效益原则。工厂总平面规划要注重实用，以提高总体经济效益为目标。充分地利用地面和空间；使布置具有最大的灵活性和适用性。

③ 工艺原则。规划中以关键产品的工艺需求为核心，物流与动线规划必须满足生产工艺过程的要求，使物流运输路线尽可能短，避免迂回和往返运输。同时兼顾企业的长远发展需要。

（2）工厂总平面规划的程序。进行工厂总平面规划首先要调查研究，充分了解并明确企业与外界的联系，企业内部各组成部分的关联，结合各个系统的目标任务，梳理并协调好各方面的关系。再经过反复试验、比较和验证。布置时一般可以根据经验先安排主要生产车间和某些由特殊需要决定其位置的作业（兼顾区域内的动线及消防车通道的设置）。然后，确定主要过道的位置。厂区内的人行道、车行道应平坦、畅通、有足够的宽度和照明设备。主要过道的两端尽可能与厂外公路相连接，中间与各车间的大门相连接。最后，根据各组成部分的相关程度，确定其他辅助部门和次要过道的位置。利用模型在纸上进行布置，可以形成几个不同的布置方案，对不同的布置方案进行技术经济评价（可以采用优缺点列举、经济效益比较、要素比较等方法），从中选择出一个最适合企业目标和需要的方案（有条件的还可以采用计算机仿真法进行验证）。

（3）工厂平面布置方法[1]。常用的工厂平面布置设计方法主要有以下两种：

① 物料流向图法：是指按照生产过程中物料（原材料、在制品及其他物资）

的流动方向及运输量来布置工厂的车间、设施以及生产服务单位，并绘制物料流向图的方法。该法适用于物料运量很大的企业。

② 生产活动相关图布置法：是一种图解法，就是指通过图解来判断工厂组成部分之间的关系，然后根据关系的密切程度来安排各组成单位，得出较优的布置方案。工厂各组成部分之间的关系密切程度分类见表3-3；关系密切程度的原因见表3-4[2]。

表3-3　关系密切程度分类 [2]

关系密切程度	代号	评分
绝对必要	A	
特别重要	E	
重要	I	
一般	O	
不重要	U	
不能接近	X	

表3-4　关系密切程度的原因 [2]

代号	关系密切程度的原因
1	使用共同的记录
2	人员兼职
3	共用场地
4	人员联系密切
5	文件联系密切
6	生产过程的连续性
7	从事相似的工作
8	使用共同的设备
9	可能的不良秩序

2. 车间、办公室布置

以工厂总平面布置对工厂的各个组成部分的总体安排为基础，进行车间布置和办公室布置；其基本形式有以下4种（以包装企业图例说明如下）：

（1）按工艺原则布置。依据不同工艺阶段进行布置，将同类型的机器设备集中在一个区域内完成相同的工艺加工，即机群式布置，其特点是：成品的加工要经过许多工段才能完成。相对来说运输路线长、运送量多、管理复杂，停留在各生产阶段的在制品多。此外，生产面积和资金的占用相对增加，但优点在于能较好地适应多品种生产的需要，适用于单件小批生产。如图3-3所示。

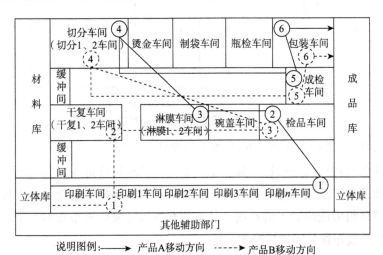

图 3-3　按照工艺原则布置

（2）按照对象原则布置。是以生产的产品为对象，集中生产所需要的各种设备，并按照其加工顺序进行布置，实行封闭式生产。因为产品生产的工序相对集中，这样就大大缩短了运输路线，减少了运输量，节省生产面积，并可集中和减少管理，间接起到节约流动资金作用。但如果产品产量不大，品种规格经常变化，这种布置就难以很好适应，会导致设备利用不足，所以该法适用于产量品种稳定的大量或大批量生产。如图3-4所示。

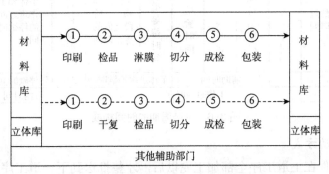

图 3-4　按照对象原则布置

（3）按照混合原则布置。根据产品生产的特点，吸收按工艺原则布置和按对象原则布置两种方式的优点而组成混合结构。如图 3-5 所示。

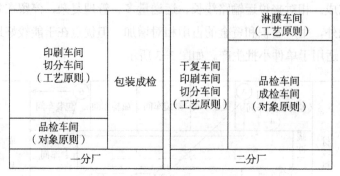

图 3-5　按照混合原则布置 [3]

（4）按照成组加工布置。成组加工是指建立在相似性原理基础上，按产品、部件和零件在几何形状、结构、加工工艺等方面的相似性进行分类编组，合理组织生产技术准备和产品生产过程的一种加工方法。比如将相似的旋转体零件、铸件、轧件和模锻件组成成组加工流水线。其车间布置以对象原则布置为基础，按成组加工单元或生产线布置车间的生产组织形式。

五、生产过程的时间组织

生产周期的时间构成如图 3-6 所示。生产过程的时间组织就是研究劳动对象在工序间的移动方式。一批产品在工序间的移动，归纳起来主要有以下 3 种方式（特点比较详见表 3-5；选择时应考虑的因素详见表 3-6）。

有效时间					停歇时间			
	劳动过程时间							
自然过程时间	工艺工序时间	准备结束时间	运输时间	检验时间	成批等待时间	工序之间和工艺阶段之间的等待时间	节假日停歇时间	午休和工作班之间的停歇时间
	辅助时间			工作班内停歇时间		工作班外停歇时间		
	工作班内时间					非工作班内时间		

图 3-6　生产周期的时间构成

1. 顺序移动方式

指一批零件在上道工序全部加工完以后，才整批送到下一道工序去加工的零件在工序间的移动方式。即零件从一个工作地转到另一个工作地之间的运动形式及所涉及的相关环节，为简化计算，假设，零件在工序间无停顿时间、工序间的运输时间也忽略不计（后续几种移动方式计算中的假设与此相同），则这批零件在全部工序上加工的时间总和（工艺周期）计算公式为

$$T_{顺} = N \cdot \sum_{i=1}^{m} t_i (i=1,2,\cdots,m) \tag{3-1}$$

式中　$T_{顺}$——每批零件的加工周期（工艺周期）；

　　　N——每批零件的批量；

　　　t_i——零件在第 i 工序的单件加工时间；

　　　m——工序数量。

2. 平行移动方式

指每个零件在前道工序加工完毕，就立即转到下一道工序去加工，形成各个零件在各道工序上平行地进行加工的工序间移动方式。在平行移动方式下，一批零件的加工周期（工艺周期）计算公式为

$$T_{平} = \sum_{i=1}^{m} t_i + (N-1)t_L \tag{3-2}$$

式中　$T_{平}$——一批零件的加工周期（工艺周期）；

　　　t_L——工艺流程中单件加工时间最长工序的加工时间。

3. 平行顺序移动方式

将上述两种方式的优势相结合，平行顺序移动方式既考虑了相邻工序上有平行交叉的加工时间，又保留了该批零件顺序地在工序上连续加工。其特点是：零件在各道工序间的移动，有单件和集中按小批量地运送两种方式，平行顺序移动方式的加工周期（工艺周期）的计算公式为

$$T_{平顺} = \sum_{i=1}^{m} t_i + (N-1)(\sum t_L - \sum t_S) \tag{3-3}$$

式中　$T_{平顺}$——批零件的加工周期（工艺周期）；

　　　t_L——在前后相邻的工序中，单件加工较长工序的加工时间；

　　　t_s——在前后相邻的工序中，单件加工较短工序的加工时间。

例 3-1：假设，某种零件的批量为4，即 $N=4$ 件，共有4道工序需要加工，其对应的单件加工时间分别为 10 min、5 min、20 min、5 min。试求：此零件按照顺序移动方式、平行移动方式、平行顺序移动方式的加工周期各是多少？

解：根据已知：$N=4$，$t_1=10$，$t_2=5$，$t_3=20$，$t_4=5$，$t_L=20$，$t_S=5$。

（1）此零件的顺序移动方式（见图1-7）的加工周期为

$$T_{顺} = N \cdot \sum_{i=1}^{m} t_i (i = 1, 2, \cdots, m)$$

$$= 4 \times (10 + 5 + 20 + 5) = 160 \text{（min）}$$

工序号	t_i	单件加工时间/min	时间/min							
			20	40	60	80	100	120	140	160
1	t_1	10	t_1							
2	t_2	5		t_2						
3	t_3	20			t_3					
4	t_4	5								t_4
			$T_{顺}$=160							

图 3-7　顺序移动方式 [3]

（2）此零件的平行移动方式（见图3-8）的加工周期为

$$T_{平} = \sum_{i=1}^{m} t_i + (N-1)t_L$$

$$= (10 + 5 + 20 + 5) + (4-1) \times 20 = 100 \text{（min）}$$

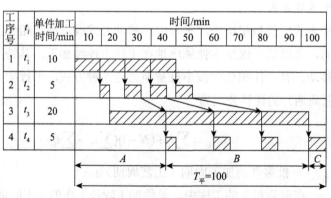

工序号	t_i	单件加工时间/min	时间/min									
			10	20	30	40	50	60	70	80	90	100
1	t_1	10										
2	t_2	5										
3	t_3	20										
4	t_4	5										
			A				B					C
			$T_{平}$=100									

图 3-8　平行移动方式 [3]

（3）此零件的平行顺序移动方式（见图3-9）的加工周期为

$$T_{平顺} = \sum_{i=1}^{m} t_i + (N-1)(\sum t_L - \sum t_S)$$

根据 $= 4 \times (10 + 5 + 20 + 5) - (4-1) \times (5 + 5 + 5) = 115 \text{（min）}$

总之，选择零件的移动方式，需要考虑的因素大致可以归纳为：批量的大小，零件加工的工序时间长短，车间和小组的专业化形式等。批量小、工序相对时间比较短时，可以采用顺序移动方式；批量大、工序时间相对比较长的情况下，宜于采用平行移动或者平行顺序移动的方式。工艺专业化的车间、工段、小组比较适合采用顺序移动方式；对象专业化的车间、工段、小组则比较适合采用平行移动方式或者平行顺序移动方式，因为这种情况下，设备往往都是按照工艺过程的顺序排列的。生产实际中，需要综合考虑企业的产品和生产线的具体情况选择适合的方式，才能实现科学合理组织生产的目标。

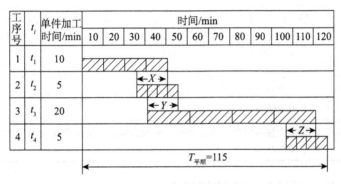

图 3-9 平行顺序移动方式 [3]

三种移动方式的特点及选择时应该考虑的因素见表 3-5 及表 3-6。

表 3-5 三种移动方式的特点比较

移动方式	特点及描述
顺序移动方式	生产组织简单易行；在一批零件加工过程无设备停歇的情况下，每个零件都有等待运输的时间，因此，零件的加工周期与其他两种移动方式相比较是最长的
平行移动方式	可以使每个零件在当前加工工序加工完成就及时转移到下一道工序加工，加工周期是三种方式中最短的一个；需要注意的是这种最短的获得付出的代价是零件的频繁运送带来的制造期间的成本大幅度上升，并且在前一道工序时间大于后一道工序时间的情况下，设备就会出现间歇性的停歇现象
平行顺序移动方式	结合了前两种方式的优点：消除了设备的间歇现象，同时减少了零件等待运输的时间，能使工作地的负荷相对充分，适当地缩短了零件的加工周期；不足的是，这种方式使得生产的组织工作变得复杂

表3-6　选择三种移动方式应该考虑的因素

考虑的因素	适用性及描述
企业的生产类型	大量大批生产，一般可按照产品专业化来组织，运输距离短，建议采用平行移动或平行顺序移动方式；流水生产，更适合采用平行移动方式。单件小批量生产，一般可按照工艺专业化来组织，因为这种情况下，同一品种零件数量少、运输路线较长而又往返交叉，所以，适合采用顺序移动方式，以减少运输工作量，并且由于数量少，等待的时间也不长
生产单位的专业化原则	按照对象专业化原则组织的生产，因工作地是按照产品的工艺过程排列的，适合采取平行移动或者平行顺序移动方式；若是按照工艺专业化原则组织生产，考虑到运输条件的限制，更适合采用顺序移动方式
零件的重量及工序劳动量	如果零件重量轻，从有利于组织零件的运输，节约运输费的角度考虑，宜采用顺序移动方式。如果零件重量大、工序劳动量大、需要逐件地进行加工，则适合选择平行移动或者平行顺序移动方式
加工对象改变时调整设备所需要的劳动量	如果设备更换，工序调整设备所需要的劳动量小，可以考虑采用平行移动或者平行顺序移动方式。如果调整设备所需要的劳动量大、时间长，则应优先考虑采用顺序移动方式
生产任务的缓急程度	如果生产任务较急，应采用平行移动方式；如果生产任务不急，则应考虑采用顺序移动方式

六、流水生产线及自动线的组织形式

1.流水生产线

流水生产是生产效率较高的一种先进的生产组织形式，能有效地提高企业生产的产出效率。流水生产是指劳动对象按一定的工艺路线和设定匹配的生产速度一件接一件地、流水般地通过所有工序，顺序地进行加工并出产产品的一种生产组织形式。流水生产线的特征见表3-7。

表3-7　流水生产线的特征

特征	描述
生产过程的连续性	固定连续地生产一种或少数几种产品（零件）
单向移动、专业化	工作地按照产品生产工艺过程的顺序排列，产品按运输路线单向移动。每个工作地，固定完成一道或少数几道工序，工作地高度专业化
节拍	按规定的节拍进行生产，各工序单件作业时间等于节拍或节拍的倍数
一致性	各道工序的工作地设备数同各道工序单件作业时间的比例相一致

组织流水线生产的主要条件是：产品产量要大、产品结构要稳定；工艺要先进，而且各个工序要便于分解与合并；各道工序的劳动量要近似相等；工作地的专业化程度要高

（1）流水生产线分类。

工业企业中根据流水生产线的特点和组织流水线的条件可按照不同的标准进行分类。按照机械化程度可分为手动流水线、机械化流水线和自动流水线；按照达到的节奏程度不同分为强制节拍流水线、自由节拍流水线和粗略节拍流水线；按照生产过程的连续程度分为间断流水线和连续流水线；按照生产对象的移动方式分为固定流水线和移动流水线；按照生产对象的数目可分为单一对象流水线和多对象流水线，归纳结果详见图 3-10 流水生产线分类。

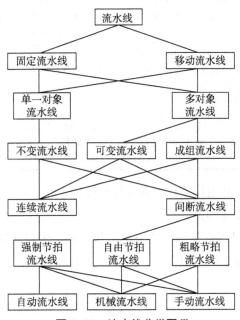

图 3-10　流水线分类图 [3]

（2）流水生产线设计。

流水线的形式有很多种。这里以单一品种（对象）流水线的组织设计来说明流水线的设计计算，如表 3-8 所示。

表 3-8　流水线组织设计的准备工作

准备工作	具体内容
进行产品零件的分类	根据产品零件的加工工艺特征，将企业或车间内生产的产品、零部件进行分类，根据不同的标志进行分组，从而确定适于流水生产方式制造的产品、零件或部件及其所适合的流水线形式
改进产品结构	在产品和零件的结构上进行检查和改进以满足流水生产的条件
提高产品的工艺性	按规定的节拍进行生产，各工序单件作业时间等于节拍或节拍的倍数
审查工艺规程	按分类后的零件组进行工艺规程的审查

①单一品种（对象）流水线的组织条件。

必须先做好流水线的设计，才能开始建立流水线。而且流水线设计正确与否，决定着流水线投入生产以后能否顺利运行并完成企业的技术经济指标。流水线设计的准备工作和设计工作内容见表3-8和表3-9。

表3-9　流水线的组织设计和技术设计

设计类别	详细描述
流水线的技术设计	通常是指流水线的"硬件"设计，设计内容包括工艺路线和工艺规程的制定、专用设备与专用工夹具的设计、设备改装设计、运输传送装置的设计、信号装置的设计等
流水线的组织设计	通常是指流水线的"软件"设计，设计内容包括流水线的节拍和生产速度的确定、工序同期化设计、设备需要量和负荷的计算、生产对象运输传送方式设计、工人数量的配置设计、流水线平面布置设计、流水线工作制度、服务组织和标准计划图表的设计等
总之，流水线的"硬件"设计和"软件"设计密不可分。"软件"设计是进行"硬件"设计的必要条件（"软件"设计时要充分考虑"硬件"设计实现的可能性），"硬件"设计应当保证"软件"设计的每一个项目的实现	

②单一品种流水线的组织设计步骤与计算过程。

具体有以下几个步骤和计算过程：

A. 流水线节拍的计算。流水线的节拍，是指顺序生产两种相同产品之间的时间间隔。它表明了流水线生产率的高低。其计算公式为

$$r = \frac{F}{N} \tag{3-4}$$

式中　r —— 流水线的节拍，分钟/件；

　　　N —— 计划期的产品产量，件；

　　　F —— 计划期内有效工作时间，min。

当被加工的产品，体积很小，节拍很短（只有几秒或几十秒），不适于单件运输时，可以规定一个运输批量，按运输批量运输。这时，流水线上出现两个运输批量之间的时间间隔，称为节奏。它等于节拍与运输批量的乘积。

$$r_g = Q_n \cdot r \tag{3-5}$$

式中　r_g —— 流水线节奏；

　　　Q_n —— 运输批量；

　　　r —— 流水线的节拍。

正确制定节奏，对于合理使用运输工具，减少运输时间等有重要意义。

B. 工序同期化——计算设备或工作地需要量。工序同期化是组织连续流水线的必要条件，也是提高设备利用率和劳动生产率、缩短生产周期的重要方法。工序同期化的措施见表 3-10。

表 3-10 工序同期化的措施

措施	具体描述
提高设备的生产效率	通过改装和改变设备、同时加工多个产品来提高生产效率
改进工艺装备	采用快速安装卡、模、夹具，减少装夹的辅助时间
改进布置	改进工作地布置与操作方法，减少辅助作业时间
培训	通过培训提高工人的工作熟练程度和效率
进行工序的合并与分解	先将工序分成几部分，然后根据节拍重新组合工序，以达到同期化的要求（这是装配工序同期化的主要方法）

根据工序同期化以后新确定的工序时间来计算各道工序的设备需要量，它可以用下列公式计算

$$S_i = \frac{t_i}{r} \qquad (3\text{-}6)$$

式中　S_i —— 第 i 道工序所需的设备或工作地数；

　　　t_i —— 第 i 道工序的单件时间（包括工人在传送带上取放制品的时间）定额，min/件。

通常计算的设备数不是整数，所取的设备数量只能是整台数（S_{in}），用它们的比值表示设备的负荷系数（y）为

$$y = \frac{S_i}{S_{in}} \qquad (3\text{-}7)$$

如果 $y>1$，表明设备负荷过高，需转移部分工序到其他设备上或增加工作时间。流水线的总负荷系数（Y）为

$$Y = \frac{\sum_{i=1}^{m} S_i}{\sum_{i=1}^{m} S_{in}} \qquad (3\text{-}8)$$

式中　m —— 流水线的工序数。

流水线的负荷越高，生产过程的中断时间越小，当 y 为 0.75～0.85 时适合组织间断流水线；当 y 为 0.85～1.05 时适合组织连续流水线；当 y 低于 0.75 则不适合

组织流水线生产。（工序同期化和流水线设备或工作地数量的计算往往是同时进行的，即是寻求每道工序及整个流水线设备或工作地数量最小的过程）

C. 计算用工量，合理配备工人。流水线上工人需要量是根据流水线的工序数计算获得的。

第1种情况：在人主机辅（以手工劳动和使用手工工具为主）的流水线上工人需要量可用以下公式计算：

$$P_i = S_i \cdot g \cdot w_i \tag{3-9}$$

式中　P_i—— 第 i 道工序工人需要量；

　　　S_i—— 第 i 道工序工作地数；

　　　g—— 日工作班次；

　　　w_i—— 每个工作地同时工作人数，人。

$$P = \sum_{i=1}^{m} P_i = \sum_{i=1}^{m} S_i \cdot g \cdot w_i \tag{3-10}$$

式中　P—— 流水线操作工人总数，人。

第2种情况：在机主人辅（以设备加工为主）的流水线上工人需要量可采用下列公式计算：

$$P = (1 + \frac{b}{100}) \cdot \sum_{i=1}^{m} \frac{S_i \cdot g}{f_i} \tag{3-11}$$

式中　b—— 后备工人百分比；

　　　f_i—— 第 i 道工序每个工人的设备看管定额。

D. 流水线上传送带的速度与长度的计算（机主人辅）。

传送带运行的速度（v）可由下式计算：

$$v = \frac{\Delta}{r} \tag{3-12}$$

式中　Δ —— 产品间隔长度。

由上式可知，节拍为定值时，产品间隔长度 Δ 越大，传送带运行速度越大；Δ 越小，亦越小。

产品间隔长度的选取要根据具体情况来确定，其最小限度为 $0.7 \sim 0.8m$，为照顾其他原因，还要给予附加的宽裕长度。

流水线传送带的长度公式可由下式计算：

$$L = mB + x \tag{3-13}$$

式中　*L* —— 传送带的长度；

　　　m —— 工序数；

　　　B —— 工序间隔长度；

　　　x —— 传送带两端附加宽裕量。

E. 流水线平面布置设计。流水线平面设计应综合考虑：流水线之间的相互衔接、零件的运输路线最短、作业方便、辅助服务部门协调顺畅，有效地利用生产面积。为此，在流水线平面布置时应考虑流水线的形状、流水线内工作地的排列方法等问题。

流水线的形状有直线形、直角形、开口形、环形等，如图 3-11 所示。

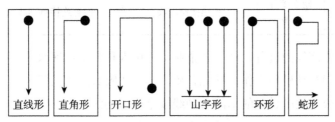

图 3-11　流水线平面布置形状 [2]

流水线的位置要根据加工部件装配要求的顺序排列，整体布置要认真考虑物料流向问题，减少运输工作量。

F. 制定流水线标准计划指示图表。流水线上每一个设备或工作地都按一定的节拍重复地生产，可制定出流水线的标准计划指示图表（含：期量标准、工作制度和工作程序等），为作业计划编制提供依据。

2. 自动线的组织形式

在包装企业中，采用自动线的生产组织形式的居多，比如瓦楞纸箱生产线等。自动线是通过采用一套能自动进行加工、检测、装卸、运输的机器设备，组成高度连续的、完全自动化的生产线，来实现产品的生产。是在连续流水线基础上发展形成的一种先进的生产组织形式。自动线优缺点、采用条件及自动线的分类详见表 3-11 和表 3-12。

表 3-11　自动生产线优缺点及采用条件

项目	内容	采用自动线的条件
优点	能消除笨重的体力劳动，减少工人数量，缩短生产周期，提高生产效率，加强产品质量的稳定性，加快流动资金的周转速度，降低产品成本，其经济效益是非常明显的	产品产量要有相当的规模，产品结构和工艺要稳定。宜于在需要减少大批人工的场合采用，或者用于制造技术特别复杂，尤其是工作速度太快和产品有危险性的不易控制的场合采用
缺点	投资较大，回收期较长，自动线上出现一个小故障，就会造成整条线停车	

表 3-12　自动生产线分类

分类方式	分类			
工件移动的方式	脉动式自动线		连续式自动线	
运输装置的性质	分配式自动线		工作式自动线	
工序集中程度	分散工序自动线		集中工序自动线	
工艺封闭程度	完全自动线	工艺阶段自动线	工种自动线	
连接方式	硬连接自动线	软连接自动线	混合连接自动线	转子连接自动线

　　实施自动生产线的过程，是一个企业工艺技术和组织管理水平不断提高的过程。一般是先从个别联动机与操作自动化开始，熟悉适应后过渡到部分生产过程自动线，再进一步发展成为生产过程的车间自动线或全厂自动线。

第二节　包装企业的生产计划

　　包装企业生产计划是包装企业经营计划的重要组成部分，也是企业组织和指挥生产管理的依据。它是根据对需求的预测，从企业能适应的生产能力出发，为有效地满足预测和订货所确定的在计划期内产品生产的品种、数量、质量和进度等指标及交货周期，制订应该在何时、何地、以何种方式生产的最经济合理的计划。也是对包装企业的生产任务做统筹安排。（企业的生产计划一般分为 3 种：长期计划、中期计划和短期计划）

　　生产计划制订的基本原则是：以需定产、以产促销；合理利用产能；综合平衡；生产计划安排最优化等"四项基本原则"。

一、生产计划的主要指标

　　编制包装企业生产计划最主要的是确定生产指标。年度和季度的主要生产计划指标如表 3-13 所示。

二、生产计划编制的步骤

　　包装企业编制生产计划的主要步骤，大致可以归纳为如下 5 步。

表 3-13　生产计划的主要指标

指标名称	指标概念	说明
产品品种指标	是指企业在计划期内应该生产产品的品种、规格名称和数量	品种的表示形式随企业、产品的不同而不同。例如，瓦楞纸箱厂可以按板纸楞型将产品分为 A 型和 B 型；按瓦楞纸板层数将产品分为三层、五层、七层等；按产品用途可分为出口和内销等。包装机械厂可以有不同型号的设备、打包机、灌装机等。品种指标表明企业在品种方面满足社会需求的程度，反映企业的专业化水平、技术水平和管理水平
产品质量指标	是指企业在计划期内所生产的每种产品应该达到的质量标准	在实际生产中可以通过：产品品级指标（合格品率、一等品率、优等品率等）和工作质量指标（废品率、不良品率、成品一次交验合格率等）来衡量。例如，瓦楞纸箱厂的产品质量指标有抗压强度、耐破强度、戳穿强度、尺寸误差、脱胶面积等；这些指标有国家标准、行业标准，企业可根据自己的实际技术水平确定本年度的质量指标。产品质量指标是反映企业产品使用价值的重要标志，同时体现出企业的技术水平和管理水平
产品产量指标	是企业在计划期内应当生产的可供销售的包装产品的实物数量和工业性劳务数量	这个指标是企业进行产销平衡、计算成本和利润，以及编制生产作业计划和组织日常生产活动的重要依据。产量指标是以实物量来表示的。比如瓦楞纸箱厂的瓦楞纸箱产量用平方米表示，包装机械企业的产品产量用台表示等
产品产值指标	综合反映企业生产成果的价值指标，即产值指标	企业产品的种类繁多，各种包装产品的实物计量单位不同，甚至差异很大（包装企业产值指标同其他企业一样，细分也有总产值、商品产值和净产值三种形式）
产品出产期指标	是指为了保证按期交货确定的产品出产日期	产品出产期是确定生产进度计划的重要条件，也是编制生产计划、物料需求计划、生产作业计划的依据

第 1 步：调查研究，收集资料。见图 3-12。

资料内容	用途
（1）上级下达的国家计划指标	确定指标
（2）企业长期战略、发展规划	确定产品产量
（3）市场预测	确定产品、产量与进度
（4）销售计划与协议、合同	确定产品与进度
（5）库存储备量	确定产品产量
（6）生产技术准备情况	落实准备工作
（7）材料、外购件、配套件、外协件供应情况	落实准备工作
（8）生产计划能力	平衡生产
（9）劳动定额	核算依据
（10）期量标准	确定批量与进度
（11）外协情况	落实进度
（12）统计资料	计算指标

图 3-12　需要收集和研究的资料

第2步：统筹安排，拟定生产计划指标方案。见图3-13。

> 指标方案应着眼于更好地满足社会需要和企业实际生产能力，对全年的生产任务做出统筹安排。其中包括：
> （1）产品品种、数量、质量和利润等指标的确定以及出产进度的合理安排；
> （2）各个产品品种的合理搭配；
> （3）将生产指标分解为各个分厂、车间的生产指标等。
> 计划部门拟定的指标和方案应该是多个，以便于通过定性和定量分析、评价选择确定优化后的可行方案。

图3-13　生产计划指标

第3步：综合平衡，确定最佳方案。见图3-14。

> 对计划部门拟定的指标和方案，在充分考虑使企业的生产能力和现有的资源能够得到科学合理的利用的基础上，保障实施、获得良好的经济效益。为此，综合平衡的内容主要有：
> （1）测算企业设备等条件对生产任务的保证程度，确保生产任务与生产能力的平衡；
> （2）测算劳动力的工种、数量用以核查劳动生产率水平与生产任务是否适应，确保生产任务与劳动力的平衡；
> （3）测算原材料、动力、工具、外协件等对生产任务的保证程度及生产任务同物资消耗水平的适应程度，确保生产任务与物资供应的平衡；
> （4）测算产品设计、试制、工艺工装、设备维修、技术措施等与生产任务的适应和衔接程度，确保生产任务与生产技术准备的平衡；
> （5）测算流动资金对生产任务的保证程度和合理性，确保生产任务与资金占用的平衡。

图3-14　综合平衡的主要内容

第4步：编制年度生产计划表（报请上级主管部批准或备案）。

企业的生产计划，经过反复核算和平衡，最后编制出包装产品产量计划和企业产值计划表。包装企业的产品产量计划表和产值计划表的格式见表3-14和表3-15。

表3-14　XX包装制品XXXX年产品产量计划

产品名称（型号及规格）	单位	上年预计		计划年度					备注
		全年	1—9月实际	全年	一季度	二季度	三季度	四季度	
主要产品： 五层瓦楞板 三层瓦楞板 …… 合　计	m² m²								

表 3-15　XX 包装制品 XXXX 年产品产值计划

| 项目 | 上年预计 | 本年计划 | | | | | 计划年度 | 备注 |
		全年	一季度	二季度	三季度	四季度	为上年预计的 %	
一、总产值 包括：主要产品 　　　来料加工 　　　……								
二、商品产值								
三、净产值								

根据行业的不同情况，包装企业的生产计划，有的需要报请上级主管部门审查批准；有的则可由企业自主决定，报送上级备案。

第 5 步：实施计划，评价结果。

最后一个环节就是，将生产计划付诸实施，同时，建立监控和评价指标或系统，确保计划实施的基础上，还要进行各个阶段的结果的总体评价，为下一个计划周期奠定基础。使企业的生产计划的制订运行在一个良性循环不断发展并完善的过程中。

三、生产任务的统筹安排

包装企业生产任务的统筹安排、平衡调整的过程，要进行下列主要工作。

1. 产量选优

包装企业的产量任务的确定，同其他行业一样，利用盈亏平衡分析法来确定界限产量（保本点），也是通常所说的盈亏平衡点（见图 3-15）。从而确定计划产量。

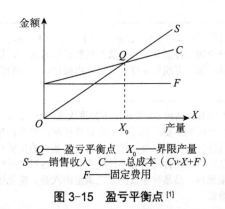

Q——盈亏平衡点　X_0——界限产量
S——销售收入　C——总成本（$Cv \cdot X + F$）
F——固定费用

图 3-15　盈亏平衡点 [1]

如图 3-15 所示：盈亏平衡点是 Q 点，与其对应的产量 X_0，叫界限产量。当企

业的产量恰好为 X_0 时，生产收支相抵，不盈不亏。当产量小于 X_0 时，企业亏损。当产量大于 X_0 时，企业盈利。在产量为 X_0 时，有下列等式存在

$$S = (P \times X_0) = C_v \cdot X_0 + F \tag{3-14}$$

$$X_0 = \frac{F}{P - C_v}$$

式中　　P —— 产品销售价格；

S —— 销售收入；

F —— 固定成本；

C_v —— 可变成本；

X_0 —— 界限产量。

根据计算，企业可选择一定的产品生产并达到一定产量，以保证企业获得适当利润。

企业实际生产过程中，在确定产量与利润的关系时，还常常牵涉到人力、设备、材料供应、资金、时间等条件的制约，需要加以综合考虑。这种情况下，可以运用线性规划等决策方法来辅助进行选择，确定最优的产量方案。

2. 品种搭配

编制生产计划的重要环节之一就是确定产品品种的合理搭配生产。

多品种生产的企业，生产任务的安排不仅要确定产品品种，而且要搞好品种搭配工作。产品品种搭配要点详见表 3-16。科学合理地计划各种产品搭配的生产，有利于按期、按品种完成订货合同的同时，对稳定企业的生产秩序、提高企业生产的经济效益都有着很重要的作用。

表 3-16　产品品种搭配要点

要点	说明
细水长流	对于安排经常生产的和产量较大的产品（本章中以下简称主要产品），采用"细水长流"的办法，在符合国家计划并满足订货合同要求的前提下，使各个季度、月度都能生产一些这种产品；即尽可能在年度计划周期内做比较均衡的安排以保持企业生产上的均衡稳定性
集中轮番	对于企业生产的其他品种（本章中以下简称次要产品），实行"集中轮番"的排产方式。例如，在生产全面的主要产品时，集中轮番搭配次要产品生产，可以在较短时间内完成一种（或几种）次要产品全年任务，然后轮换别的次要产品品种。这样可以做到在不减少全年总的产品品种的前提下，减少各季、各月甚至每周生产的品种数，而减少生产线因频繁更换产品品种导致的工艺调整的次数，简化生产管理工作，提高企业全年总体经济效益

要点	说明
新老交替	在新老产品交替过程中预留一定的交叉时间。可以避免由于"齐上齐下"带来的新老产品产量过大波动对生产各个环节带来的冲击和影响，也有利于工人逐步提高生产新产品的熟练程度。在交叉时间内，新产品产量逐渐增加，老产品产量逐渐减少；实现平稳过渡（各个品种轮换时，谁先谁后，应当考虑生产技术准备工作的完成期限、关键材料和外协件的供应期限等因素）
合理搭配	目的是使在全年的生产过程中企业的各种生产资源（各个工种、设备及生产面积）得到均衡负荷。通过搭配，即将尖端产品与一般产品、复杂产品与简单产品、大型产品与小型产品进行科学合理的搭配

3. 产品出产期安排

编制生产计划，除了上述计划之外，还要根据能力状况，合理地进行分季、分月的合理安排产品出产期。为完成国家计划和用户订货合同提供数量和交货期限上的根本保证。产品出产期的安排方法，因企业的不同特点而有所不同。如表 3-17 所示。

表 3-17　出产期安排形式

需求特点	安排形式	说明
需求稳定或任务饱满	平均分配	将全年生产任务等量分配到各季、月，使各季、月的日均产量相同
	分期递增	每隔一段时间日均生产水平有所增长，产量分期分阶段增长，而在每个阶段内日均生产水平大致相同
	抛物线递增	从小批生产开始，随着市场需求逐步增多而逐渐扩大批量以至大量生产。初期阶段产量提高较快，随着市场需求的逐步稳定，日产量也逐步趋于稳定。这种抛物线递增法更适合新产品
产品需求有季节性	均衡排产方式	这种使各月产量相等或基本相等的安排方式的优点是：有利于充分利用人力和设备，有利于产品质量稳定，也有利于管理工作的稳定。其主要缺点有：成品库存量大，占用企业流动资金多
	变动排产方式	各月生产量的安排，随着市场销售量的变动而变动。销售量增长，生产量也随之增长。变动排产方式的优点是：成品库存量小，节省库存保管费用，占用企业流动资金少；能够加快企业对市场的响应速度并及时满足市场的需求。缺点是需要经常跟随市场变化的节奏调整企业产能（包括设备和人力等的调整），一方面不利于产品质量的稳定；另一方面要求企业的管理者具有很高管理水平
	折中排产方式	将均衡排产与变动排产相结合，根据一年中季节性变化的规律，分成几个阶段，每个阶段中是均衡排产，各个阶段之间是变动排产方式。这样就适当地减少了前两种排产方式的主要缺点对企业的不利影响

具体企业适合采用哪一种方式，需要进行成本（费用）上的比较。主要是比较生产调整费用和库存保管费用的大小。（生产调整费用需要考虑：设备和工艺工装的调整改装费用及其调整引起的停工损失和废品损失增加额、加班加点费用、人员培训费用等。库存保管费用需要考虑：资金占用的息费、仓库和运输工具的维修折旧费用、物资存贮损耗费用、仓库人员工资等）

4. 分配车间生产任务

分季、分月安排的产品出产期，需进一步分解落实到各个车间，使各个车间每个涉及生产的环节都能够及早地做好各种生产准备工作。

分派车间任务的三项基本原则是：

第一，必须保证整个企业的生产计划得以实现；

第二，缩短生产周期、减少资金占用量，提高经济效益；

第三，充分利用车间的生产能力。

车间生产任务的分派顺序，采用"先基后辅"原则，即先基本生产车间后辅助生产车间，辅助车间的任务要根据基本车间的任务来最后确定。安排任务的具体方法，取决于各基本生产车间在产品生产中的相互关联的方式。概括起来有两种：

（1）无紧前紧后工序关系。是指各个车间平衡地完成相同的或不同的产品生产任务，彼此之间没有紧前或者紧后的工序关系。对于这种联系方式，只需根据各车间的产品分工、生产能力和各种具体生产技术条件，把不同的或相同的产品生产任务分配给各个车间即可。

（2）有紧前紧后工序关系。是指各个车间之间顺序完成一种或几种产品，彼此之间有着紧前或者紧后的工序关系。在这种情况下，需用反工艺过程的连锁方法来安排，以保证各车间生产的品种、数量和时间的平衡衔接。

四、生产能力的核定及其与生产任务的平衡

1. 生产能力指标

包装企业的生产能力，是指一定时期（年度、季度、月度）内，企业的全部生产性固定资产在先进合理的生产技术组织条件下所能生产给定质量的一定种类的产品的最大数（或所能加工处理一定原材料的最大数）量。生产能力是表明企业生产潜力的一项综合性指标，核算生产能力对企业挖掘潜力编制科学合理的生产计划，对提升企业生产的经济效益具有重要的意义。

生产能力分为：设计能力、查定能力、实现能力（计划能力）3 种。如图 3-16 所示。这三种能力是确定企业生产规模、编制长远计划、安排基建计划以及确定重

大的技术改造措施项目的依据。计划能力则是企业编制年度生产计划，确定生产指标的依据。

影响企业生产能力的因素很多，也很复杂，但归纳起来决定企业生产能力水平的基本因素主要有 3 个，见图 3-17。

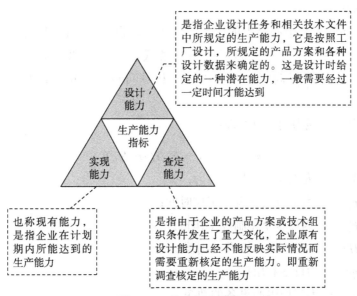

图 3-16　生产能力指标

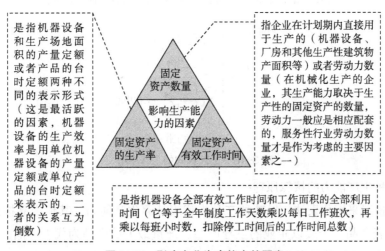

图 3-17　影响企业生产能力的因素

2.核算生产能力的原理及生产任务的平衡

企业各个环节生产能力的综合构成其生产能力，因而企业应依次按主导环节由下而上地逐级分别核定小组、工段、车间等环节的生产能力，综合平衡后核定出企业的生产能力，即综合生产能力。

（1）生产能力的核算方法。

这里将企业常用的生产能力核算方法归纳为工艺导向工作中心能力和产品导向工作中心能力两大类。

① 工艺导向工作中心能力的核算：特点是，设备种类相同，各个工作地并联组合形成工作中心；设备之间可以相互替代，中心可以面对多品种生产。如图 3-18 所示。工艺导向工作中心能力的核算可以分为单一品种和多品种两种情况进行核算。

单一品种生产能力的核算原理：

$$M = F_e \cdot S / T = F_o \cdot H \cdot \eta \cdot S / T \tag{3-15}$$

式中　　M —— 为工作中心生产能力；

　　　　F_e —— 为单位设备有效工作时间；

　　　　F_o —— 为设备全年制度工作日；

　　　　H —— 为每日制度工作小时数；

　　　　η —— 为设备利用率；

　　　　S —— 为工作中心设备的数量；

　　　　T —— 为产品工序时间定额（制造单位产品所需要的这种设备台时数）。

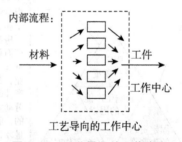

图 3-18　工艺导向的工作中心

多品种生产能力的核算原理：

这种情况采用代表法：以某种产品为代表计算生产能力，其他产品按照工作量折算成代表产品。一般以企业的主导产品、产量最大的产品为代表产品。

例 3-2：某包装设备生产企业的一个工作中心有 8 台设备，生产 A、B、C、D 4 种产品。全年有效工时为 4650h。先假设各个产品的计划产量和各产品在该中心加工的台时数分别如下（为便于计算，将实际生产数据做了调整）：$N_A=280$ 台，$N_B=200$

台，N_C=120 台，N_D=100 台；T_A=25 h/件，T_B=50h/件，T_C=75h/件，T_D=100h/件；设 A 产品为代表产品，核算生产能力并将其他产品换算成代表产品标识。

解：根据已知，代表产品 A 的生产能力 M_A=M_o

$$M_o = F_e \cdot S / T_o \tag{3-16}$$
$$= 4650 \times 8 \div 25 = 1448（台）$$

为此，其他非主导产品的换算见表 3-18。

表 3-18　多品种生产能力核算表（换算表）

产品	N_i / 台	T/h	$\alpha_i = T_i / T_A$	$N_{0i} = N_i \cdot \alpha_i$	$\beta_i = N_{0i} / \sum N_{0i}$	$M_i = M_o \cdot \beta_i / \alpha_i$
A	280	25	1	280	0.194	289
B	200	50	2	400	0.278	206
C	120	75	3	360	0.250	124
D	100	100	4	400	0.278	103

② 产品导向工作中心能力的核算：

产品导向的工作中心的生产能力以关键工序（设备）的生产能力来核算。如图 3-19 所示。

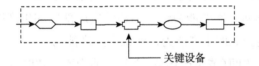

关键设备

图 3-19　产品导向工作中心关键工序（设备）

则

$$M = F_e \cdot S / t_0 \tag{3-17}$$

式中　M —— 为工作中心生产能力；

　　　F_e —— 为有效工作时间；

　　　S —— 为关键工序的设备数；

　　　t_0 —— 为关键工序的设备数。

例 3-3：某包装机械生产流水线，有 7 道工序。各个工序的单件定额时间分别为 t_1=2.20，t_2=3.50，t_3=3.54，t_4=2.41，t_5=3.50，t_6=9.93，t_7=9.93（单位：min）；其中第 6 和第 7 道工序各有 3 台加工设备，其他工序均为 1 台加工设备；每天工作 8h，一年按 300d 计算，设备利用率为 η=0.9，求此流水线每年的生产能力是多少？

解：根据题意可知，第3道工序为关键工序，那么按照第3道工序来计算的结果就是此流水线每年生产的能力。具体计算如下

$$F_e = 300 \times 8 \times 60 \times 0.9$$

$$M = F_e \cdot S / t_0$$

$$= F_e \cdot S / t_3$$

$$= 300 \times 8 \times 60 \times 0.9 \times 1 \div 3.54 = 36610 \text{（件）}$$

③生产能力取决于生产面积时的生产能力的核算：

有一些包装企业的生产能力取决于生产面积，这时车间或工段的生产能力需要按照生产面积确定，其计算公式如下：

$$M = F \cdot A / (a \cdot T) \tag{3-18}$$

式中　　M—— 为车间或工段的生产能力；

　　　　F—— 为生产面积有效时间；

　　　　A—— 为生产面积数量；

　　　　a—— 为单位产品占用生产面积；

　　　　T—— 为单位产品占用时间。

（2）企业生产能力的确定。

在各个生产环节的生产能力核定以后，需要根据企业生产实际需求进行综合平衡（各个基本生产车间之间的能力综合、辅助生产部门的生产能力对基本生产部门的配合情况），核定企业的生产能力，即综合生产能力。

在各个基本生产车间（或生产环节）之间的能力不一致时，按主导的生产车间（生产环节）来核定。出现基本生产部门的能力与辅助生产部门的能力不一致时，按基本生产部门的能力来确定，同时查定验算辅助、附属部门的生产能力。辅助生产环节能力同基本生产环节的能力的计算方法原理是一样的。

（3）生产能力和生产任务之间的平衡。

为使生产能力得到充分利用，企业在编制年度、季度生产作业计划和编制月度生产作业计划时，都要核算现有生产能力并同计划的生产任务进行平衡、比较和落实。

进行各项核算的目的是发现生产任务与生产能力之间的不平衡状况，有计划地采取措施来保证计划任务的落实和生产能力的充分利用。在平衡时，应当注意把当前同长期结合起来。如果一家企业当前的生产能力不能满足生产任务需求，为此就盲目引进设备扩大产能，这只有在市场的长期预测一直保持需求旺盛的情况下是可行的方案，但是一旦长期销售预测市场需求将趋于呆滞或不断下滑，必然对未来生产经营活动带来灾难性的影响。表3-19用矩阵形式给出了短期与长期

的生产能力同需求量之间的多种组合情况。在表 3-19 的各种不同情况下，可以采取下列一些方法和措施（见表 3-20）。

表 3-19　生产能力同需求量组合情况

长期 ＼ 短期	能力 > 需求	能力 = 需求	能力 < 需求
能力 > 需求	A	D	G
能力 = 需求	B	E	H
能力 < 需求	C	F	I

表 3-20　方法和措施

代号	状态描述	方法和措施
A	当长期和短期的生产能力都大于需求量	考虑到充分利用生产能力，可采取部分改产（或者调出多余设备和工人）
B	当短期生产能力大于需求量，长期生产能力与需求量基本适应	考虑到充分利用生产能力，可采取承接一些临时性协作任务或来料加工任务（或提前进行一些生产准备工作）
C 与 F	当短期生产能力富余或接近，长期生产能力小于需求	可采取承接一些临时性协作任务或来料加工任务（或提前进行一些生产准备）；同时抽出时间和力量进行职工培训、技术改造等，为今后扩大的生产能力打好基础
D	当短期生产能力与需求量基本相等，长期生产能力大于需求量	可将重心放在新产品的研制和开发，以便充分利用企业的生产能力，满足社会需求
E	当短期和长期的生产能力都同需求量相一致	这是最理想的情况
G 与 H	当短期生产能力不足，长期生产能力有富余或等于需求	为了解决当前能力不足问题，可以采取合理的加班、临时外协、同用户协商推迟交货期等措施来解决
I	当短期和长期的生产能力都满足不了需要	短期可以通过签订产期外包合作合同等措施来解决。同时进行技术改造、（在资金等各方面条件许可的情况下）引进先进生产设备或组织专业化生产等措施保证未来的产能与需求同步

第三节　包装企业的生产作业计划

生产计划还需进一步分解到各个生产环节、班组和各工作地，具体规定这些环节生产作业的品种、数量和期限，形成生产作业计划以利于生产计划的有效实施。

企业组织日常生产活动都是围绕着生产作业计划这一中心环节进行的，作为执行计划，生产作业计划也是企业实现均衡生产，建立正常生产秩序和工作秩序，落实生产岗位责任制，调动职工积极性的重要手段。

一、编制生产作业计划的工作内容

核心内容：把企业的生产计划（年度、季度）规定的月度生产任务以及临时性的生产任务具体分解到车间、工段、班组以至每个工作地或个人，规定在月、旬、周、日、轮班（甚至到小时内）的具体生产任务；同时按照工作日历的顺序安排生产进度。两大特点如下：

（1）计划周期短——规定了月、旬、周、日、轮班甚至到小时内的计划；

（2）任务具体明确——生产作业计划中详细规定了各种产品及其所需要的投入时间和产出日期与进度；一般采用图表的形式表达完成任务，各种资源利用情况或配置人力、设备的时间、进度、节点的详情。

二、期量标准的制定

期量标准，也叫作业计划标准；是编制生产作业计划的重要依据。

由于包装企业的生产类型和生产组织形式不同，生产过程各个环节在生产期限和生产数量方面的联系形式也不同，其期量标准也有差异。具体分类见表3-21。

表3-21　期量指标分类

规模	期量指标					
单件小批生产	产品生产周期			总工作日历进度计划		
成批生产	批量	生产间隔期	生产周期	提前期	标准计划	在制品定额
大量大批生产	节拍		在制品定额		流水线工作指示图表	

1. 单件小批的期量标准

在单件生产条件下，企业主要是按照用户的订货要求来组织生产，生产计划安排的主要依据是产品的生产周期和产品的交货期的要求。因此，单件生产因品种多、产量少、专业化程度低，它的期量标准表示在产品生产周期图表和劳动量日历分配图表上（有的情况也有生产提前期），详见图3-20。

（1）劳动量日历分配图表

把产品的总劳动量按工种和生产日历进度分配到生产周期的各个阶段而编制的图表，用以平衡各车间的生产能力

（2）生产周期图表

产品生产周期图表是单件小批生产最基本的期量标准，它规定各工艺阶段的提前期、生产周期及其相互衔接关系等内容（具体就是对产品装配、零件加工、毛坯制造等的作业次序和作业日历时间进行总体安排的图表，是编制各工艺阶段作业计划的主要依据。对于结构复杂和零件种类繁多的产品，通常采用简化方法，即以关键件或成套件作为编制生产周期图表的单位）

图 3-20　单件小批的期量标准

2. 成批生产的期量标准

主要包括：批量和生产间隔期、生产周期、生产提前期、在制品定额等。

（1）批量和生产间隔期。

批量，就是相同产品（或零件）一次投入（或出产）的数量。生产间隔期，是指前后两批相同产品（或零件）投入（或出产）的时间间隔。影响批量的因素详见图 3-21。

因素1：组织管理因素

如刀具寿命、作业制度、生产面积等都影响批量的确定

因素2：零件、部件和产品价值的高低

批量越小，在制品占用量越少，有利于加速资金周转

因素3：设备调整时间的长短和工人熟练程度

批量越大，单位零件所分摊的设备调整费用越少，越易于提高工人的熟练程度

图 3-21　影响批量的主要因素

批量与生产间隔期两者的关系可用下式表示

$$批量 = 生产间隔期 \times 平均日产量$$

$$生产间隔期 = \frac{批量}{平均日产量}$$ 　　　　（3-19）

$$平均日产量 = \frac{计划期产品产量}{计划期工作日数}$$

在生产任务已定的情况下，批量和生产间隔期只要有一个确定下来，另一个也随之而定，如表 3-22 所示。

表 3-22　确定批量和生产间隔期的方法

方法	概念	描述
定期法	先确定生产间隔期，后求批量的方法	由于主要是凭经验按价值、体积、加工劳动量及生产周期等来确定各组零件的生产间隔期，未经过计算，经济效果较差。一般贵重零部件的生产间隔期应短些
经济批量法（最小批量法）	是从经济原则综合考虑各种因素对费用影响来确定批量的方法	经济批量法批量的大小对费用的影响主要有两个因素：设备调整费用和库存保管费用；前者和批量大小成反比，后者和批量大小成正比。用数学方法求得上述两项费用之和为最小的批量，即为经济批量

　　批量确定可以采用最小费用法，是指从经济原则综合考虑各种影响因素对费用的影响来确定批量的方法，也称经济批量计算法。如设：Q 为经济批量，N 为计划期产量，A 为每次设备调整费用（或采购一次所需要的采购费用），C 为产品单价（或单位成本），I 为在制品占用资金损失率；则最小费用法的计算公式如下

$$Q = \sqrt{\frac{2AN}{CI}} \tag{3-20}$$

　　（2）生产周期。

　　生产周期是指从原材料或半成品投入生产开始到制品完工验收入库为止所经历的全部日历时间。缩短产品制造的生产周期，有利于缩短产品交货期、降低成本。

　　（3）生产提前期。

　　生产提前期是指一批产品在各车间的投入或出产的时间，比成品出产的日期所应提前的时间。又可分为投入提前期和出产提前期。生产提前期是以成品出产为起点，按反工艺顺序的方向加以确定。又可细分为两种情况：

　　① 前后车间生产批量相等的情况下：

　　每一工艺阶段投入提前期的计算公式为

$$D_{投} = D_{出} + T \tag{3-21}$$

　　式中　$D_{投}$——某工艺阶段的投入提前期；

　　　　　$D_{出}$——同一工艺阶段的出产提前期；

　　　　　T——该工艺阶段的生产周期。

　　每一工艺阶段出产提前期的计算公式为

$$D_{前出} = D_{后投} + T_{保} \tag{3-22}$$

　　式中　$D_{前出}$——前一工艺阶段的出产提前期；

　　　　　$D_{后投}$——后一工艺阶段的投入提前期；

$T_{保}$ —— 两工艺阶段之间的保险期。提前期与生产周期、保险期的关系图如图 3-22 所示，期量标准列表此处 $T_{保} = 2d$，如表 3-23 所示。

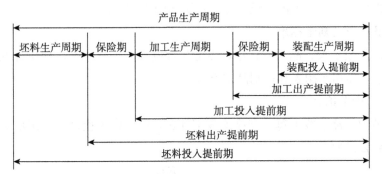

图 3-22　提前期与生产周期、保险期的关系

表 3-23　期量标准列表　　　　　　　　　此处 $T_{保} = 2d$

期量标准	装配车间	机加工车间	毛坯车间
批量 / 台	50	100	200
生产周期 /d	5	5	10
生产间隔期 /d	5	10	20
出产提前期 /d	0	5+（10-5）+2 = 12	17+（20-10）+2 = 29
投入提前期 /d	5	12+5 = 17	29+10 = 39

② 前后车间批量不等的情况下：$R_{前} = \theta R_{后}$，$n_{前} = \theta n_{后}$，此时每一工艺阶段投入提前期的计算公式为

$$D_{投} = D_{出} + T \tag{3-23}$$

每一工艺阶段出产提前期的计算公式为

$$D_{前出} = D_{后投} + R_{前} - R_{后} + T_{保} \tag{3-24}$$

（4）在制品定额。

在制品占用量定额是指在一定技术组织条件下，各生产环节上为了保证生产正常进行必须保有的在制品数量标准，简称在制品定额。成批生产中的在制品占用量，可分为车间内部在制品占用量和库存在制品占用量（含流动占用量和保险占用量）两个部分。车间在制品占用量包括正在加工、等待加工，及处于运输或检验过程中的在制品数量。车间在制品占用量需按照各工艺阶段分别计算。

（5）标准计划。

根据生产间隔期、生产周期与提前期标准，确定各车间各种制品每批的投入和出产的标准日期，然后用编制成批生产的标准计划（工作地负荷图表，它包括批量、生产间隔期、每个工作地加工批制品的工序时间、制品工序的进度表和设备负荷进度表）来指导生产。间断流水线工作指示图如图 3-23 所示。

3. 大量生产的期量标准

对于产品数量大、品种变化小、专业化程度高的大量生产，期量标准包括生产节拍、标准工作指示图表和在制品定额等。

（1）生产节拍。

生产节拍是流水线上每一产品或零部件在各道工序上投入或产出所规定的时间间隔。计算公式如下

$$r = F/Q \qquad\qquad (3\text{-}25)$$

式中　F —— 计划期有效工作时间；

　　　r —— 节拍；

　　　Q —— 计划期制品的投入量。

生产线名称	轮班数	每日出产量/件	节拍/（分/件）	节拍/（分/件）	运轮批量/件	看管周期
中轴加工线	2	160	6	6	1	2小时

工序号	计算的轮班任务性	时间定额/（分/件）	工作地号码	负荷百分率	工人个	该道工序完毕后工人转到哪一工作地（工作地号）	每一看管期内（2小时）的工作指示图表	每一看管期间的产量/（件）
1	80	12	01	100	1	—		10
			02	100	2	—		10
2	80	4.0	03	67	3	06		20
3	80	5.2	04	87	4			20
4	80	5.0	05	83	5			20
5	80	80	06	33	3	03		5
			07	100	6			15
6	80	5.6	08	94	7	—		20
7	80	3.0	09	50	8	10		20
8	80	3.0	10	50	8	09		20
9	80	6.0	11	100	9	—		20

（工作指示图表横轴刻度：10 20 30 40 50 60 70 80 90 100 110 120）

图 3-23　间断流水线工作指示[2]

（2）标准工作指示图表。

连续生产的流水线通常是品种单一不变的流水线；间断生产流水线是指品种多变的可变流水线。流水线标准工作指示图表（见图 3-23）是为间断流水线编制的。间断流水线由于各工序节拍与流水线的节拍不同步，各道工序的生产率不协调，生产实际中常常规定一段时间（如一个工作班或半个工作班），使流水线的各道工序能在该短时间内生产相同数量的在制品。这一事先规定的能平衡工序间生产率的时间，通常称为间断流水线的看管期。按照看管期来编制间断流水线的标准计划。

（3）在制品定额如表 3-24 所示。

表 3-24　在制品定额分类表

分类	流水线内在制品占用数量		流水线之间在制品占用数量
流水线类型	连续流水线	间断流水线	
占用量类型	① 工艺占用量	① 工艺占用量	① 运输占用量
	② 运输占用量	② 周转占用量	② 周转占用量
	③ 保险占用量	③ 保险占用量	③ 保险占用量
备注	合理的在制品定额，应既能保证生产的正常需要，又能使在制品占用量保持较少的水平		

三、生产作业计划的编制

企业的生产作业计划通常分为车间之间和车间内部生产作业计划 2 种。

1. 车间之间生产作业计划

车间之间生产作业计划是具体落实各个车间的生产任务和计划进度；保证各车间之间的生产任务在时间上和数量上的衔接。

编制作业计划时，需逐级安排作业计划的品种、数量与期限的任务，并规定各车间的数量任务。数量任务的确定方法常用的有在制品定额法、累计编号法、生产周期法、定货点法等。

（1）在制品定额法。

在制品定额法是根据在制品实际结存量的变化，按产品生产的工艺顺序，来确定各个车间的计划投入量和产出量的方法。该法可以发现前后车间可能发生的脱节情况，保持在制品定额水平，就能起到保证车间之间的协调衔接，适用于大批量生产。

车间之间生产的联系主要表现在数量上，而且大批大量生产的在制品占用量比较稳定，可用在制品定额法计算各车间的产出量和投入量。具体计算公式如下

$$\text{本车间} \atop \text{投入量} = \text{本车间} \atop \text{出产量} + \text{本车间可能} \atop \text{发生废品量} + \left(\text{本车间期末} \atop \text{在制品定额} - \text{本车间初期} \atop \text{在制品结存量} \right) \qquad (3-26)$$

$$\text{本车间} \atop \text{出产量} = \text{后车间} \atop \text{投入量} + \text{本车间（半）} \atop \text{成品外销数量} + \left(\text{车间之间库存} \atop \text{在制品定额} - \text{初期库存预计} \atop \text{在制品结存量} \right) \qquad (3-27)$$

（2）累计编号法。

累计编号法也叫提前期法，是根据各车间的生产提前期来规定车间应该比装配出产提前期完成的数量，从而确定各车间任务的方法。该方法适用于多品种成批轮番生产的企业，具体做法是：各种产品分别编号，每一成品及其对应的全部零部件都编为同一号码，并随着生产的进行，依次将号数累计，不同累计号的产品可以表明各车间出产或投入该产品的任务数量。计算公式（实际运用公式应注意：按各个零件批量进行修正，是车间出产、投入的数量和批量相等或是整数倍的关系）如下

$$\text{本车间出产} \atop \text{（投入）累计号} = \text{产品出产} \atop \text{累计号数} + \text{本车间出产} \atop \text{（投入）提前期定额} \times \text{本车间成品} \atop \text{平均日产量} \qquad (3-28)$$

$$\text{计划期车间} \atop \text{出产（投入）量} = \text{计划期末出产} \atop \text{（投入）累计号数} - \text{计划期初已出产} \atop \text{（投入）累计号数} \qquad (3-29)$$

（3）生产周期图表法和网络图法。

适合单件小批生产条件。在单件小批条件下，不需要制定批量和在制品定额，主要的标识就是交货日期和生产周期。生产计划是根据用户订货的交货期来组织生产的。

2. 车间内部生产作业计划

车间内部生产作业计划则是把车间的生产任务和出产进度具体落实到工段、班组以至每个工人。其编制方法主要取决于车间生产组织形式和生产类型。

车间安排工段（或小组）的生产任务应遵循的原则：当工段（或小组）是按对象专业化组织生产的，工段（或小组）能够独立完成产品的全部工艺过程，车间就可以把月度计划任务直接分配到工段（或小组）。当工段（或小组）是按工艺专业化组织生产的，车间内部也要按反工艺顺序计算各工段（或小组）的生产任务。但不论采用何种方法，都必须做到生产任务与生产能力相适应，尤其是关键的加工设备的负荷要均匀。

工段（或小组）安排各工作地的生产作业就是将生产任务具体落实到机台和个人。确定各机台和个人生产任务的基本方法有标准计划法、日常分配法与定期计划法等。

四、生产调度工作

生产调度是以生产作业计划为依据，对企业日常生产活动进行控制和调节的工作，即对生产作业计划执行过程中已出现和可能出现的偏差及时了解、掌握、预防和处理，保证整个生产活动协调地进行。有关内容、原则与制度见表3-25。

表 3-25　生产调度工作的内容、原则与制度

1. 生产调度工作的主要内容	
（1）检查各个生产环节的零部件、半成品的投入和出产进度，及时发现生产作业计划执行过程中的问题，并积极采取措施加以解决	
（2）检查、督促和协助有关部门及时做好各项生产作业准备和相关服务工作	
（3）根据生产需要合理调配劳动力，督查动力、原材料、工具等供应工作	
（4）对轮班、昼夜、周、旬或月计划完成情况进行统计分析工作	
2. 生产调度工作遵循的原则	
（1）计划性	必须以生产作业计划为依据，保证作业计划规定的任务和进度
（2）统一性	各级调度部门根据生产作业计划和上级指示行使调度权力，下一级生产单位和同级的有关职能部门必须坚决执行
（3）预见性	生产调度工作要以预防为主。积极采取措施预防或缩小生产作业计划中可能发生的偏差和障碍造成的影响
（4）及时性	生产调度部门对生产中出现的有关问题及时采取措施解决，避免造成损失
（5）群众性	生产调度工作要从实际出发，贯彻群众路线
3. 加强生产调度工作的制度（或措施）	
（1）值班制度	建立和健全统一的强有力的生产调度系统，设置调度机构，各车间也要相应配备调度专职和兼职人员
（2）报告制度	如调度报告制度、调度会议制度、现场调度制度等
（3）会议制度与调度方法	生产调度部门每周开一次调度会议解决生产中的横向衔接问题；并坚持正确的调度工作方法，比如以预防为主的工作方法和现场调度方法等
（4）专用制度	根据企业的条件配备各种必要的和先进的调度技术设备。例如，专用调度电话、无线电话机、调度专用通信网等

第四节　包装企业设备管理

一、设备的磨损和故障发生的规律

设备管理和其他管理一样，首先必须掌握设备出故障的规律，这样才能对症下药，比较准确地判断设备发生故障的原因，有利于安排生产与维修的时间，避免生产与维修的冲突。

1.设备的磨损

机器设备在使用或闲置过程中会逐渐发生磨损而降低其原始价值，这种磨损主要分为有形磨损和无形磨损两种。

（1）有形磨损。

有形磨损又称物质磨损，是指设备在实物形态上的磨损。按其产生的原因不同，有形磨损可分为两种。

① 第一种有形磨损。这种磨损是在设备使用过程中产生的，表现为设备零部件原始尺寸、形状发生变化，公差配合性质改变以及精度降低，零部件损坏等。这种磨损有一般性规律，大致可分为三个阶段，如图 3-24 所示。

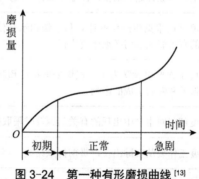

图 3-24　第一种有形磨损曲线 [13]

第一阶段为初期磨损阶段。在这个阶段，设备各零部件表面的宏观几何形状和微观几何形状都发生明显变化。原因是零件在加工制造过程中，其表面不可避免地具有一定的粗糙度。此阶段磨损速度很快，一般发生在设备调试和初期使用阶段。

第二阶段为正常磨损阶段。在这个阶段，零件表面上的高低不平及不耐磨的表层已被磨去，故磨损速度减慢，磨损情况稳定，磨损量基本随时间均匀增加。此时，设备处于最佳技术状态，生产的产品质量稳定。这个阶段延续时间较长。

第三阶段为急剧磨损阶段。在这个阶段，零部件的磨损达到一定限度，有些零部件的疲劳强度已达到极限，设备的磨损急剧增加，磨损量急剧上升，设备的性能和精度迅速降低，生产效率明显下降。

② 第二种有形磨损。设备在闲置或封存过程中，由于自然力的作用而腐蚀，或由于管理不善和缺乏必要的维护而自然丧失精度和工作能力，使设备遭受有形磨损，这种磨损为第二种有形磨损。

在实际生产中，除去封存不用的设备，以上两种有形磨损形式往往不是以单一形式表现出来，而是共同作用在机器设备上。有形磨损的后果是机器设备的使用价值降低，到一定程度可使设备完全丧失使用价值。设备有形磨损的经济后果是生产效率逐步下降，消耗不断增加，废品率上升，与设备有关的费用也逐步提高，从而使所生产的单位产品成本上升。当有形磨损比较严重时，如果不采取措施，会引发事故，进而造成更大的经济损失。

（2）无形磨损。

无形磨损又称经济磨损，是指由于出现性能更加完善、生产效率更高的设备，而使原有设备价值贬值的现象。设备的无形磨损分为两种形式。

① 第一种无形磨损。也称为经济性无形磨损，是由于相同结构设备重置价值的降低而带来的原有设备价值的贬值。随着科技的进步，新工艺的采用和劳动生产率的提高，虽然机器设备的结构没有改变，但是再生产这种设备所花费的社会必要劳动量却相应地减少了，因而使原有设备的价值相应贬值。

② 第二种无形磨损。也称为技术性无形磨损，是指由于不断出现性能更完善、效率更高的设备而使原有设备在技术上显得陈旧和落后所产生的无形磨损。

（3）设备磨损的补偿。

机器设备遭受磨损以后，应当进行补偿。设备磨损形式不同，补偿的方式也不一样。常见的补偿方式如表 3-26 所示。

表 3-26　设备磨损补偿方式 [16]

磨损形式	具体磨损种类	补偿方式
有形磨损	可消除的有形磨损	对零部件进行修理
	不可消除的有形磨损	更换磨损零件或设备
无形磨损	第一种无形磨损	对原有设备进行现代化改装使之得到局部补偿
	第二种无形磨损	采用结构相同的设备或更先进的设备来更换原有设备

2. 设备故障发生的规律

由于设备磨损各阶段磨损速度的不同，设备故障率也随之不同。一般机器设备故障的发生也是有规律的，机器设备典型故障率曲线如图 3-25 所示，其图形类似浴盆，故又称为浴盆曲线，设备的故障率变化可分成三个阶段。

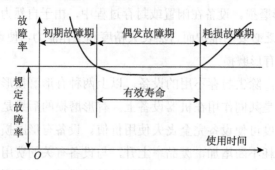

图 3-25　设备典型故障率曲线 [13]

　　第一阶段为初期故障期。这段时期的故障主要是由于设计上的原因、操作上的不熟悉、新装配的零件没有磨合、质量不好、制造质量欠佳、搬运和安装的随意以及操作者不适应等原因引起的。开始时故障率较高，随后逐级降低，再过一段时间故障率就比较稳定了。这一阶段的特点是由于零部件磨损的速度较快，零部件易松动，设备的故障率较高，但呈逐渐下降的趋势。减少这段时期故障的措施是：慎重搬运及安装设备，严格进行试运转并及时消除缺陷；细致研究操作方法；将由于设计和制造造成的缺陷情况反馈给设备制造单位以便改进。这一时期的工作主要是抓好岗位培训，让操作者熟悉设备的操作。

　　第二阶段为偶发故障期。设备正常运行后的故障特征属于正常磨损，故障率比较低，接近常数。发生故障的原因是设备维护不好和操作失误引起的偶然故障。设备的故障率取决于组成设备各个零件的故障率。零件的可靠性越高，故障率越低，偶发故障期越长，设备使用寿命越长，利用率越高。偶发故障期反映了设备设计水平和制造质量，但与操作、日常保养和工作条件也有关，操作和保养不当或超负荷运行都会加大故障出现的频次。这一阶段持续的时间较长，主要管理工作是抓好日常维护和保养工作，掌握设备性能，定期维修。

　　第三阶段为耗损故障期。这段时期，设备经过长时间运行的磨损，磨损强度急剧增加，零件配合间隙和磨损量急剧增加，故障率很快上升。这时设备经过很长时间的使用，某些零件开始老化，故障率逐渐上升，而后加剧。此时，应采取调整、维修和更换零件等措施来阻止故障上升，延长设备或零件的使用寿命，防止发生事故性故障。

　　故障发生率的统计描述是决定设备维修管理的重要依据。在初始故障期，主要找出设备可靠性低的原因，进行调整和改进，保持设备故障率稳定。在偶发故障期，应注意提高操作人员与维修人员的技术水平。在耗损故障期，应加强设备的日常维护保养、预防检查和计划修理工作。把设备故障分成三个不同的阶段，有助于对设备管理起到指导作用，管理人员可以根据设备故障在不同时期的特点和规律，采取不同的措施。

二、设备的维护保养

设备的维护保养是指设备使用人员和专业维护保养人员，在规定的时间及维护保养范围内，分别对设备进行预防性的技术护理。通过设备的维护保养，可以减少设备的磨损，提高企业生产效率。设备维护保养应坚持"预防为主，保、修并重"的原则，达到"整齐、清洁、润滑、安全"的维护保养要求。

1. 设备维护保养的内容

设备维护保养工作有日常维护保养和定期维护保养两类。

① 日常维护保养。包括每班维护保养和周末维护保养两种，由设备操作人员负责进行。每班维护保养要求操作人员在每班生产中对设备各部位进行检查，按规定进行维护保养。周末维护保养主要是在周末和节假日前对设备进行较彻底的清扫、擦拭和润滑等维护保养。

② 定期维护保养。它是在维修人员辅导配合下，由操作人员进行的定期维护保养工作。定期维护保养是由设备管理部门以计划形式下达执行的，一般两班制连续生产的设备 2 ~ 3 个月进行一次，作业停机时间按每一修理复杂系数为 0.3 ~ 0.5 小时计算。精密、重型、稀有设备另有规定。

2. 设备维护保养的级别

设备维护保养的级别是按维护保养工作的深度、广度和工作量来划分的。我国目前多数企业实行"三级保养制"，即日常维护保养、一级维护保养和二级维护保养。

① 日常维护保养。也称日保或例行保养，即操作人员每天在班前、班后进行的日常保养。班中出现的故障应及时排除，并做好交接班工作。

② 一级维护保养。一级维护保养以操作人员为主，维修人员为辅，对设备进行局部检查、清洗及定期维护。设备一般运行 500 ~ 700 小时，进行一次一级维护保养。其主要内容是根据设备使用情况，确定维护范围和间隔期，对零部件进行拆卸清洗，清理油污，畅通润滑油路，更换油毡、油线，调整设备各部位配合间隙，使防护装置安全可靠，紧固设备有关部分等。

③ 二级维护保养。二级维护保养以维修人员为主，操作人员参加。其主要工作内容是根据设备使用情况，对设备进行部分解体检修，局部恢复精度、润滑和调整。一般设备运行 2500 ~ 3500 小时，进行一次二级维护保养。

三、全员设备维修体系

全员设备维修体系也称全员生产维修体系，英文缩写为 TPM（Total Productive Maintenance）。TPM 就是以提高设备的综合效率为目标，建立以设备整个生命周期为对象的生产维修体系，实行全员参与管理的一种设备管理制度。

1. TPM 的内容及特点

TPM 的作用主要是围绕产量（Productivity）、质量（Quality）、成本（Cost）、交货期（Delivery）、安全（Safety）、士气（Morale）展开的。

（1）TPM 的内容。

TPM 是以 5S 活动为基础，以自主维护为核心，包含各种改善活动的设备管理机制。其内容如下：

① 自主维护活动。自主维护（PM）活动是通过员工自主参与对场所、设备、工厂的维护活动，追求工作场所的高水平维护，即自己的设备自己维护，自己的工厂自己管理。

② 5S 活动。5S 活动包括整理（Seiri）、整顿（Seiton）、清扫（Seiso）、清洁（Seiketsu）、素养（Shitsuke）五项内容。

③ 专业维护活动。为了完善企业及设备的维护体制，必须提高专业设备维护部门的水平，建立一支值得信赖的专业设备维护队伍，以指导和帮助自主维护活动的开展。

④ 个别改善。个别改善是为了达到企业的经营方针和经营目标，需要进行的一些具体且重要的大课题改善活动。

⑤ 初期改善。设备的初期改善是指实现易于制造的产品设计过程，如何将顾客的需求和生产现场的需求反映到设计中去，是设备初期管理的重要内容。

⑥ 品质改善。品质改善活动是将通过检查来确保产品质量的现行做法，改为以控制生产制造过程的各项条件来达到质量目标的新方法。

⑦ 事务改善。事务改善主要是间接部门效率改善活动。活动的内容包括生产管理、销售管理、行政后勤管理以及其他间接管理业务的改善活动。其目的主要是消除各类管理损耗，减少间接人员，改进管理系统，提高办事效率，更好地为生产活动服务。

（2）TPM 的特点。

TPM 的特点是"三全"，即全效率、全系统和全员参加。

① 全效率。全效率也称设备的综合效率，是指设备整个寿命周期的输出与输入之比。要求设备一生的寿命周期费用最小，寿命周期输出最大，即设备综合效率最高。

② 全系统。全系统是指以设备的整个寿命周期作为对象进行系统的研究和管理，并采取相应的生产维修方式。

③ 全员参加。凡是涉及设备的各方面有关人员，从经理到生产员工都参加设备管理。纵的方面，从企业最高领导到生产操作人员，全都参加设备管理工作，组织形式是生产维修小组。横的方面，把凡是与设备规划、设计、制造、使用、维修等有关的部门都组织到设备管理中来，分别承担相应的职责，具有相应的权利。

2. 5S 活动的开展

5S 活动不仅是 TPM 的基础，还是企业管理的基础，也是开展各项改善活动的前提条件。

（1）5S 活动的具体内容。

① 分类。将工作场所内的物品分类，区分要与不要的物品，将不要的物品坚决清理掉。其目的是腾出空间，防止物品混用，创造干净工作环境，提高生产效率。

② 整顿。将必要的物品以容易找到的方式放置于固定场所，并做好适当的标志，最大限度减少寻找工作。

③ 清扫。工作场所、设备彻底清扫干净，使工作场所保持一个干净明亮的环境。其目的是维护生产安全，保证品质。

④ 清洁。经常做整理、整顿、清扫工作，并对以上三项活动进行定期与不定期的监督检查，使现场保持干净整洁。

⑤ 素养。每个员工都养成遵章守纪的良好工作习惯，并且具有积极主动、富有团队合作精神。

（2）5S 活动的开展程序。

5S 活动的开展程序如图 3-26 所示。

（3）检查监督 5S 活动。

定期举行研讨会、集思广益，以达到事半功倍的效果。不定期、不定时组织现场巡查，发现缺失，做好记录。由推行委员会针对不同的部门，提出改善点，以推动活动深入开展。

3. PM 活动的开展

PM（Productive Maintenance）活动即自己的设备自己维护，由操作人员参加对自己的设备的维护工作。PM 活动是 TPM 活动的核心，企业推行 PM 活动的目的，是不断扩展自主维护的范围，减少专业维护的分量，降低对外委托维护的费用。

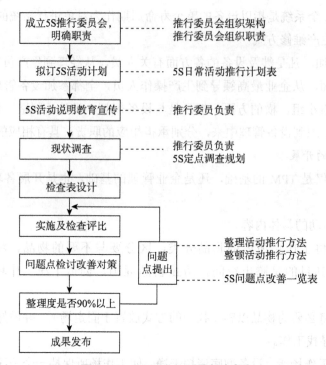

图 3-26　5S 活动的开展程序[15]

PM 活动的开展以 PM 小组活动的开展为基础。PM 小组即生产维修小组，它由工人、管理人员、技术人员为减少设备故障、提高设备利用率为目的而自动组织起来主动活动的集体。PM 小组的主要活动，不受上级命令、指示，自主地为设备一生的各个阶段分担责任，为设备生产率达到最高水平开展活动。

PM 活动开展的步骤如下：① 初期清扫（5S 活动）；② 找出发生源头与难点问题的对策；③ 总检查；④ 提高检查效率（目视管理）；⑤ 自主管理体制的建立。

4. TPM 活动的推进

TPM 活动的推进，可以分为导入准备阶段、启动实施阶段和总结升华阶段三个阶段。

（1）TPM 活动的导入准备。

① 企业高层宣布导入 TPM 活动。企业高层的认识、意志、热情是决定 TPM 活动能否成功开展的关键，同时，还会影响到企业全体员工推进 TPM 活动的热情。

② 制定 TPM 的基本方针及目标。TPM 的基本方针及目标的确定，取决于企业生产经营上的需要，确定质量、成本、产量、安全、环境哪个为重点，据此再决定相关的问题。

　　③ 企业需建立 TPM 的各级委员会，确定相应的负责人。TPM 活动组织应包括全企业范围的推进委员会（主要由高层和各部门负责人组成）、推进事务局、各分部推进组织及各部门内部的活动推进组织。

　　④ 建立 TPM 体制。建立以设备一生为对象的"无维修设计"的体制，即进行 MP（维修预防）、PM（生产维修）、CM（改善维修）系统管理。

　　⑤ 制订 TPM 活动计划。制订一个为达到 TPM 目标的活动计划是相当重要的。

　　⑥ 培训 TPM 成员。让成员理解 TPM 活动的基本内容和推进程序，理解开展 TPM 活动的重要性，重点是提高操作人员和维修人员的技术水平。

　　（2）TPM 活动的启动实施。

　　① TPM 活动的正式启动。准备阶段是以管理层为主体开展活动的，而活动的正式启动则需要对全员进行说明和动员，为日后的 TPM 活动推进打下良好的基础。

　　② 开展 5S 活动。

　　③ 开展提案改善活动。在 5S 活动取得初步成果之后，应立即推出提案活动，通过各种办法激励全体员工积极参与，促进所有员工关注身边的问题并提出改善方案。

　　④ 开展自主维护活动。作为 5S 活动的延续，可以继续推进自主维护活动，逐步提升自主维护水平，最终达成在工厂建立自主管理体系的目的。

　　⑤ 推进效益改善活动。随着提案改善活动和自主维护活动的进一步开展，员工的改善意识和改善能力将逐步得到提高，时机成熟的时候，就要不失时机推出效率改善活动。效率改善活动的推进要与企业的方针（目标）管理活动进行必要的整合。效率改善活动要取得预期的成果，建立一套课题登录、活动推行、进度管理以及总结提高的体系非常重要。

　　（3）TPM 活动的总结升华。

　　TPM 活动成果的体现形式是多方面的，总结的模式也是多样化的。常用做法有：① TPM 活动事例收集成册；② TPM 活动专栏制作；③ 优秀 TPM 活动交流；④ TPM 活动课题的总结及报告会；⑤ 改善财务统计。

　　TPM 活动总结的目的，是提升企业的管理水平。由于不同部门负责人和员工认识水平的不同，以及各部门的客观条件所限，改善水平肯定是参差不齐的。企业管理层应认识到这一点，并且学会运用这种差异，激发后进部门赶超先进部门的热情。在这个过程中，一方面，企业要不断总结优秀事例，推广先进经验，促进更多的部门提升水平；另一方面，企业应设定更高的挑战目标，促进先进部门的持续提升。

　　总之，改善活动是无止境的，要追求优良企业的企业管理水平，保持改善活动的持续和活动水平的不断提高是关键。而建立企业自主管理、自主改善的机制，更是推进 TPM 活动的最终目的。

第五节　包装生产环境管理

一、环境管理体系 ISO14000

自工业革命以来，"高生产、高消耗、高污染"的粗放生产模式实现了国民生产总值的迅速增长，使人类生活质量迅速提高；然而前所未有的物质财富创造所付出的代价也是巨大和惨重的：由于不合理地开发利用资源，不重视治理工业化过程中产生的废气、废水和废物，进入自然生态环境的废物和污染物越来越多，超出了自然界自身消化吸收的自净能力，造成地球资源日益匮乏、能源日益短缺，还造成了一系列生态环境问题，如酸雨、臭氧层破坏、全球变暖、水污染、水体富营养化、光化学烟雾、垃圾堆积等，使环境日趋恶化，对人类的生存与健康发展造成极大影响。

面对在人口、资源、环境与经济发展关系方面所出现的一系列尖锐矛盾，人们不得不反思过去所走过的传统工业发展模式，重新审视自己的社会经济行为，探索新的发展战略。经过 20 多年的探索，人们逐渐地找到了一条能够摆脱传统发展模式的发展道路，这就是 1992 年联合国环境与发展会议所确立的可持续发展道路，并于 1996 年 9 月 1 日由 ISO 正式颁布了 ISO14000 系列标准。

ISO14000 是一个系列的环境管理标准，它包括了环境管理体系、环境审核、环境标志、生命周期分析等国际环境管理领域内的许多焦点问题，旨在指导各类组织（企业、公司）取得和表现正确的环境行为。ISO14000 系列标准共预留 100 个标准号。该系列标准共分七个系列，其编号为 ISO14001～14100，统称为 ISO14000 系列标准（见表 3-27）。其中 ISO14001 是环境管理体系标准的主干标准，它是企业建立和实施环境管理体系并通过认证的依据。

表 3-27　ISO14000 系列标准标准号分配表

组别	名称	标准号
SC1	环境管理体系（EMS）	14001～14009
SC2	环境审核（EA）	14010～14019
SC3	环境标志（EL）	14020～14029

组别	名称	标准号
SC4	环境行为评价（EPE）	14030 ～ 14039
SC5	生命周期评估（LCA）	14040 ～ 14049
SC6	术语和定义（T&D）	14050 ～ 14059
WG1	产品标准中的环境指标	14060
	备用	14061 ～ 14100

SC1 ～ SC6 六个子系统按标准的功能，可以分为两类。第一类评价组织（企业）环境行为：① 环境管理体系；② 环境行为评价；③ 环境审核。第二类评价产品环境性能：① 生命周期评估；② 环境标志；③ 产品标准中的环境指标。

ISO14000 系列标准强调在自愿性基础上建立 EMS 体系并申请认证，其基本思想是从根本上解决发展生产与保护环境和资源相结合的有效途径。它的实施对改善组织的生产环境、地区环境以至全球环境均有重大意义。

二、环境管理体系的审核认证

1. 环境管理体系 ISO14001

ISO14001 环境管理体系标准作为 ISO14000 系统标准的核心，是企业建立环境管理体系并开展审核认证的根本准则，也是唯一的能用于第三方认证的标准。目前，国内外进行的 ISO14000 认证即指 ISO14001 环境管理体系认证。ISO14001 标准由环境方针、策划、实施与运行、检查和纠正措施、管理评审 5 个部分的 17 个要素构成，各要素之间有机结合，紧密联系，形成 PDCA（戴明环，将质量管理划分为策划、实施、检查、处理四个阶段）循环的管理体系，并确保企业的环境行为持续改善。

17 个要素指：① 环境方针；② 环境因素；③ 法律与其他要求；④ 目标和指标；⑤ 环境管理方案；⑥ 机构和职责；⑦ 培训、意识和能力；⑧ 信息交流；⑨ 环境管理体系文件；⑩ 文件控制；⑪ 运行控制；⑫ 应急准备和响应；⑬ 监视和测量；⑭ 不符合、纠正与预防措施；⑮ 记录；⑯ 环境管理体系审核；⑰ 管理评审。

2. 环境管理体系审核的主要内容

在 ISO14001 环境管理体系审核程序的标准中，规定了环境管理体系审核的定义，即"环境管理体系审核是客观地获取审核证据并予以评价，以判断一个组织的环境管理体系是否符合环境管理体系审核准则的一个系统化和文件化的验证过程，包括将这一过程的结果呈报委托方"。环境管理体系审核是判定一个组织的环境管理体系是否符合环境管理体系审核准则，进而决定是否给予该组织认证注册的一个重要步骤。所以环境管理体系审核首先应以客观事实为依据，审核证据必须真实可靠；其次审核工作要遵循严格的程序，审核内容应覆盖环境管理体系标准的 17 个要素；最后审核中各个步骤的工作内容都需形成文件，以保持可追溯性。

3. 环境管理体系审核认证程序

环境管理体系认证程序大致上分为以下四个阶段：

（1）受理申请方的申请。

申请认证的组织首先要综合考虑各认证机构的权威性、信誉和费用等方面的因素，然后选择合适的认证机构，并与其取得联系，提出环境管理体系认证申请。认证机构接到申请方的正式申请书之后，将对申请方的申请文件进行初步的审查，如果符合申请要求，与其签订管理体系审核 / 注册合同，确定受理其申请。

（2）环境管理体系审核。

在整个认证过程中，对申请方的环境管理体系的审核是最关键的环节。认证机构正式受理申请方的申请之后，迅速组成一个审核小组，并任命一个审核组组长，审核组中至少有一名具有该审核范围专业项目种类的专业审核人员或技术专家，协助审核组进行审核工作。审核工作大致分为文件审核、现场审核和跟踪审核 3 个步骤。

（3）报批并颁发证书。

根据注册材料上报清单的要求，审核组组长对上报材料进行整理并填写注册推荐表，该表最后上交认证机构进行复审，如果合格，认证机构将编制并发放证书，将该申请方列入获证目录，申请方可以通过各种媒介来宣传，并可以在产品上加贴注册标识。

（4）监督检查及复审、换证。

在证书有效期限内，认证机构对获证企业进行监督检查，以保证该环境管理体系符合 ISO14001 标准要求，并能够切实、有效地运行。证书有效期满后，或者企业的认证范围、模式、机构名称等发生重大变化后，该认证机构受理企业的换证申请，以保证企业不断改进和完善其环境管理体系。

三、产品生命周期评价和环境标志简介

企业建立环境管理体系，改善环境行为后，还要实现对产品进行生命周期评价，提高产品环境性能，使产品获得环境标志的目标。

生命周期评价是对一种产品及其包装物在生产工艺、原材料、能源或其他某种人类活动行为的全过程，包括原材料采掘、原材料加工、产品生产、运输销售、产

品使用和回收处置的全过程，进行资源和环境影响分析与评价。生命周期评价作为一种环境管理工具，不仅对产品生产过程的环境影响进行有效的定量化分析评价，而且对产品"从摇篮到坟墓"的全过程所涉及的环境问题进行评价，是"面向产品环境管理"的重要支持工具。

ISO 在 1997 年用 ISO14040 ～ 14043 将生命周期评价规范为四个有机联系的部分。即目的与范围界定、清单分析、影响评价和结果解释。确定研究的目的和范围是 LCA 的第一步，也是 LCA 最重要的环节；清单分析是指对生命周期全过程各阶段的能源与资源投入以及向环境（大气、水、土地）的废物排放进行识别和量化，并将输入输出的数据以清单形式列表示之；影响评价是对清单分析中列出的各项环境影响数值进行定量或定性的评估，即确定产品系统的物质、能量交换对其外部环境的总影响；结果解释是根据 LCA 前几个阶段的研究和清单分析、影响评价的发现，来分析结果、形成结论、解释局限性、提出建议、完成报告。

环境标志又称绿色标志或生态标志，是一种印贴在产品或其包装上的图形。环境标志制度是指由政府管理部门依据一定的环境标准，向符合环境保护要求的某些产品颁发特定标志的一种环保措施，是一种产品的证明性商标，它标明该产品除在质量方面符合质量标准外，其在生产、使用及回收处置整个过程中也符合特定的环境保护要求，与同类产品相比，具有低毒、少害、节约资源与环保的优势。

环境标志有三种类型：Ⅰ、Ⅱ、Ⅲ型。Ⅰ型环境标志是经过第三方认可而颁发的生态标志，它是经科学和严格的评定，符合生命周期评估，是产品质量指标与环境指标双优的标志。Ⅱ型环境标志：是经过验证方验证后的企业自我声明的标志，所进行的 12 条环境声明包括：可堆肥、可降解、可拆解设计、延长寿命产品、使用回收能量、可再循环及再循环含量（指产品再循环材料的质量"物理量的比例"）、节能、节源、节水、减少废物量等。Ⅲ型环境标志：以数字形式表明产品在全生命周期的环境质量。它是经第三方严格按生命周期清单审查、验证、评估认可而向公众提供的环境信息。美国采用Ⅲ型环境标志。Ⅲ型环境标志由于以数字指标表征产品环境质量，与质量指标融为一体，故最先进，它是推动循环经济和可持续发展的市场化手段。

四、实施清洁生产

（一）清洁生产的由来及发展

20世纪60年代和70年代初，发达国家经济快速发展，但忽视对工业污染的防治，致使环境污染问题日益严重，公害事件不断发生，如日本的米糠油事件（多氯联苯引起，1968 年）、日本的富山骨痛病（镉废水引起，1931—1972 年）、意大利塞维索化学污染（二噁英引起，1976 年）以及再早的美国洛杉矶光化学污染（汽车尾气在紫外线作用下引起，1943 年）、英国的伦敦烟雾（烟尘、SO_2 引起，1952 年）均对人体健康、生态环境造成极大危害，社会反响非常强烈。工业环境问题逐渐引起各国政府的重视和关注，相继采取了增大环保投资、治理建设污染、制定污染物排放标准、实行环境立法等环保措施和对策，取得了一定成效。但是，这种出了问题再治理，着眼于控制末端排污口，使排放的污染物通过治理达标排放的办法，虽在一定时期内或在局部地区起到一定的作用，但并不能从根本上解决工业污染问题，这是因为：① 一般末端治理的办法是先通过预处理，再进行生化处理后排放，而有些污染物不能生物降解，只能稀释排放，造成二次污染；有的末端治理只是将污染物进行形态转移，如使废气变废水，废水变废渣，废渣堆放填埋，最终仍要污染土壤和地下水，形成恶性循环，故仅靠末端污染治理很难达到彻底消除污染的目的。② 随着生产的发展和产品品种的增加，排放污染物的种类也越来越多，规定控制的污染物特别是有毒有害污染物的排放标准也越来越严格，从而对污染治理与控制的要求越来越高，企业为达到排放标准的要求就要花费大量资金，同时还会使一些可以回收的资源，包括未反应的原料得不到有效的回收利用而流失，致使企业原材料消耗增高，产品成本增加，经济效益下降，从而影响企业治理污染的积极性和主动性。

一些工业国家的实践已证明：预防优于治理。美国环保署 EPA 于 20 世纪 70 年代提出污染预防和废物最小化的策略，其主要含义是最大限度减少生产厂家产生的废物量，改变产品和改进工艺，从源头减少废物量，同时提高能源资源效率，重复使用投入的原料。1989 年，联合国环境规划署在"污染预防""废物最小化"和"无废工艺"的基础上提出了"清洁生产"概念，迅速得到国际社会普遍响应，从而使环境保护战略由被动转向了主动的新潮流。

（二）清洁生产的定义及内涵

清洁生产在不同的发展阶段或者不同的国家有不同的叫法，如"废物减量化""污染预防""无废工艺"等。但其基本内涵是一致的，即对产品和产品的生产过程、产品及服务采取预防污染的策略来减少污染物的产生。

1.联合国环境规划署定义

清洁生产是指将综合预防的环境策略持续地应用于生产过程和产品中，以便减少对人类和环境的风险性（伤害性）。

对生产过程而言，清洁生产包括节约原材料和能源，淘汰有毒原材料并在全部排放物和废物离开生产过程以前减少它的数量和毒性。

对产品而言，清洁生产旨在减少产品在整个生命周期过程中（包括生产、使用、处置、原材料提取）对人类和环境的影响。

对服务和管理而言，要求将环境因素纳入设计和提供的服务之中。

2. 美国环保署 EPA 的定义

清洁生产在美国又被称为"污染预防"或"废物最小量化"。废物最小量化是美国清洁生产的初期表述，后用污染预防一词所代替。

美国对污染预防的定义是：污染预防是在可能的最大限度内减少生产场地所产生的废物量，它包括通过源削减，提高能源效率，在生产中重复使用投入的原料以及降低水消耗量来合理利用资源。

源削减指在进行再生利用、处理和处置以前，减少流入或释放到环境中的任何有害物质、污染物或污染成分的数量；减少对公共健康与环境的危害。常用的两种源削减方法是改变产品和改进工艺，包括设备与技术更新、工艺与流程更新、产品的重组与设计更新、原材料的替代以及促进生产的科学管理、维护、培训或仓储控制。

污染预防不包括废物的厂外再生利用、废物处理、废物的浓缩或稀释以及减少其体积或有害性、毒性成分从一种环境介质转移到另一种环境介质中的活动。

3.《中国 21 世纪议程》的定义

清洁生产是指既可满足人们的需要又可合理使用自然资源和能源并保护环境的实用生产方法和措施，其实质是对一种物料和能耗最少的人类生产活动的规划和管理，将废物减量化、资源化和无害化，或消灭于生产过程之中。

同时，对人体和环境无害的绿色产品的生产亦将随着可持续发展进程的深入而日益成为今后产品生产的主导方向。

清洁生产与循环经济的关系密不可分，清洁生产是循环经济的重要构成部分，而循环经济模式则须在实现清洁生产基础上建立。实施循环经济的操作原则是"3R"原则：即减量化（Reduce）、再利用（Reuse）、再循环（Recycle）。它也是实施清洁生产的重要原则。

（三）包装工业清洁生产的实现途径

清洁生产与末端治理的不同之处是：末端治理考虑环境影响时，把注意力集中在污染物产生之后如何处理；而清洁生产则重在预防，要求把污染物消除在它产生之前。清洁生产不包括末端治理技术，如空气污染控制、废水治理、固废物焚烧或填埋等最终处置技术。

清洁生产的内涵核心是实现"清洁"，即清洁的能源和原材料、清洁的生产工艺过程、清洁的产品，其中清洁的生产工艺过程最为关键。

包装工业实施清洁生产，应从产品的整个生命周期采取污染预防措施，除在消费环节对废弃物采取回收利用外；在整个生产过程，包括原料准备，加工工序，产品成型，产品包装等均应从工艺、设备、操作、管理等几个方面采取措施，实现节能、降耗、减污的目的。

1. 推行节能技术，提高资源和能源利用率

包装工业应用的能源，以电和燃煤为主。燃煤燃烧中释放大量的 CO_2、SO_2 和灰尘，对大气及人身造成严重污染及伤害；且能效利用率低，单位产值能耗高，故应大力推行各种节能技术和清洁能源，对锅炉（窑炉）进行节能改造，采用洁净煤或天然气，努力降低能耗，减少对环境的污染。

包装企业中消耗水资源大，应充分回用中水，对各种工艺废水进行沉淀后循环再用，既能节约水资源，又减少对环境的污染。

在生产过程中，应对生产过程、原料及生成物情况进行全面检测，对物料流向、物料产生及废弃物产生的状况进行科学分析，据此优化生产程序，改进和规范操作过程，提高每一道工序的原材料和能源利用率，减少生产过程中资源的浪费，同时也减少了污染物排放。

2. 选用环保原材料，对产品进行可拆卸、减量化、易回收的绿色设计

包装企业实行清洁生产，在产品设计之初就应注意未来的可修改性、可拆卸性，做到只需要重新设计一些零件就可更新产品，从而能减少固体废物排放；产品设计时还应考虑在生产中使用更少的材料或更多的节能成分，优先选择无毒、低毒、少污染的原辅材料替代原有毒性较大的原辅材料，防止原料及产品对人类和环境的危害。

产品设计要十分重视从源头减量化，如我国一直采用 1.2 ~ 1.5mm 厚的钢板制造 200L 钢桶，而国外已采用 0.8 ~ 1.0mm 钢板制造 200L 钢桶。我国北京奥瑞金制罐有限公司通过减量化努力，在 21 世纪之初，已成功将制造三片罐的马口铁薄板从原 1.8mm 降至 1.5mm，从源头上节约了大量的制罐原材料。

原辅材料在选用上应易回收利用或能自行降解，同时又应是无毒无害的。比如纸包装或塑料包装，在满足使用功能的前提下，应尽量避免选用不易回收利用的复合材料；对不易回收的塑料袋，农用薄膜或医疗塑料器材，则应选用在短期内能自行降解的降解塑料作为原材料；食品包装不能选用在高温条件下能自行析离出有毒元素的聚氯乙烯作为材料；选用辅助材料如黏结剂、油墨、涂料时，应采用水溶剂型，而不用对人体有害的有机溶剂型。

3. 实施生产全过程控制，建立生产闭合圈

清洁的生产过程要求企业采用少废、无废的生产工艺技术和高效生产设备；尽量少用、不用有毒有害的原辅材料；减少生产过程中的各种危险因素和有毒有害的中间产品；使用简便、可靠的操作和控制；建立良好的卫生生产规范（GMP）、卫生标准操作程序（SSOP）和危害分析与关键控制点（HACCP）；组织物料的再循环；建立全面质量管理系统（TQMS）和优化生产组织系统。

工业产生"三废"的来源是生产过程中物料输送，或加热中的挥发、沉淀、跑冒滴漏，以及误操作所造成物料的流失。因此包装企业要重视将流失的物料加以回收、返回到流程中或经适当的处理后作为原材料回用。建立起从原料投入到废物循环回收利用的生产闭合圈，让流失的物料或废物减至最少，从而使包装企业的生产不对环境造成危害。

包装企业内的物料循环，建立生产闭合圈一般可采用以下三种形式：① 将回收流失的物料作为原料，返回到生产流程中；② 将生产过程中产生的废料经过适当处理后再作为原料，返回到生产流程中；③ 废料经过处理后作为其他生产过程或其他企业的原料应用，或作为副产品收回。

4. 实施材料优化管理，实现材料闭环流动

材料优化管理是企业实施清洁生产的重要环节，选择材料、评估化学成分变化、估计生命周期的过程是提高材料优化管理的重要方面。企业实施清洁生产，应选择易再使用和可循环使用的材料，具有再使用与再循环性的材料可以通过提高环境质量和减少成本获得经济与环境收益；要重视实现材料使用、回收及处理的合理闭环流动。

在材料消耗的所有环节里，都要将废弃物减量化、资源化和无害化，或消灭在生产过程之中，实现生产过程的无污染或不污染。

5. 建立环境管理体系，加强企业环境管理

包装企业推行清洁生产的过程应与 ISO14000 的贯彻达标结合起来，建立起企业的环境管理体系。实践表明，凡建立起环境管理体系，加强环境与生产管理的企业，一般可削减 40% 的污染物产生量。

强化企业的环境与生产管理，还可收到如下的效果：① 通过安装必要的高质量监测仪表，加强计量监督，可以及时发现物料流失的问题；② 加强设备的检查维护，杜绝设备及管道的跑、冒、滴、漏损失；③ 建立起有环境考核指标的岗位责任制，强化岗位的环境及生产管理责任，从而有效防止环境及生产事故的发生。

案例分析：包装生产计划编制

案例：产能确定方法与负荷平衡分析

在实际生产过程中，对生产设备加载超过产能的工作负荷，将造成过高的在制品库存；太少的工作负荷又会导致因产能的不足形成的成本上升。因此合理地决定产能对企业的生产是很重要的课题。下面就以一家成立已有二十多年的包装企业的数据为基础，说明产能决定的基本内容和步骤。

1. 决定毛产能（即设计产能）

最高产能确定：是指所有条件都在最理想的状态下的产能。即，假定所有的机器每周工作 7d，每天工作 3 班，每班 8h 且没有任何停机时间（每天 24h 连续运转不停机），这是生产设备在完全发挥最理想的状态下的最高生产潜能。毛产能仅仅是个理论值（理想值）或者可以说是个制定实际产能的参考值，也是以后计算实际产能的基准。下面以确定 1 周毛产能的计算方法为例来说明。

以印刷机为例，可用印刷机 30 台（其中印刷 1 和印刷 2 是企业实际上在使用的不同型号印刷机，配套不同的产品，对应的切分也是同理），每台印刷机配置操作工 3 人，总人数为 90 人。按每周工作 7d，每天 3 班，每班 8h，90 人 1 周毛产能标准工时为 90×7×3×8=15120（工时）。其余，详见表 3-28。

表 3-28　一周毛产能的计算结果

部门	可用机台数/台	人员编制/人	总人数/人	可用天数/天	每天班数/班	每班时数/小时	毛产能标准直接工时/小时
印刷 1	20	3	60	7	3	8	10080
印刷 2	10	3	30	7	3	8	5040
分切 1	20	1	20	7	3	8	3360
分切 2	6	1	6	7	3	8	1008
瓶标	45	1	45	7	3	8	7560
制袋三封	4	2	8	7	3	8	1344
制袋背封	3	1	3	7	3	8	504
烫金	1	2	2	7	3	8	336
复卷	5	1	5	7	3	8	840
碗盖裁张	2	0.5	1	7	3	8	168
碗盖裁断冲模	3	1	3	7	3	8	504
复合 2	8	2	16	7	3	8	2688

部门	可用机台数/台	人员编制/人	总人数/人	可用天数/天	每天班数/班	每班时数/小时	毛产能标准直接工时/小时
包装2	2	1	2	7	3	8	336
合计			201				33768

2. 决定计划产能

基于每周计划的工作天数、每台机器计划排定的班数和每班计划的工作时数来确定计划产能,对前面计算的毛产能进行切合实际工作情况的修正。这个产能由于还没有考虑到停机检修等环节的因素,所以,仍不是生产设备在目前实际人力等资源配备下的有效产出的实际产能。同样,这里也只通过计算,决定1周计划产能。假设实际印刷机每周计划开5d(5天工作制),每天2班,每班开8h,因此计划产能标准工时为90×5×2×8=7200(工时)。见表3-29。

表3-29　一周计划产能的计算结果

部门	可用机台数/台	人员编制/人	总人数/人	可用天数/天	每天班数/班	每班时数/小时	计划标准直接工时/小时
印刷1	20	3	60	5	2	8	4800
印刷2	10	3	30	5	2	8	2400
分切1	20	1	20	5	2	8	1600
分切2	6	1	6	5	2	8	480
瓶标	45	1	45	5	2	8	3600
制袋三封	4	2	8	5	2	8	640
制袋背封	3	1	3	5	2	8	240
烫金	1	2	2	5	2	8	160
复卷	5	1	5	5	2	8	400
碗盖裁张	2	0.5	1	5	2	8	80
碗盖裁断冲模	3	1	3	5	2	8	240
复合2	8	2	16	5	2	8	1280
包装2	2	1	2	5	2	8	160
合计			201				16080

3. 决定有效（可用）的产能（即实际产能）

有效产能是以计划产能为基础，考虑因停机和不良率等因素所造成标准工时损失后得出的产能。这里停机因素采用工作时间目标百分比来换算，不良率损失（包括可避免和不可避免的报废品的直接工时）用不良率百分比来换算。决定1周有效产能如下：

机器生产有机器检修、保养、待料等时间，实际的工作时间达不到计划时间，且生产的产品有不良品，因此有效产能标准直接工时为：4800×85%×99%≈4039（工时），其余见表3-30。

表3-30　一周有效产能的计算结果

部门	计划标准工时/小时	工作时间目标百分比	不良率百分比	有效产能标准直接工时/小时
印刷1	4800	85%	99%	4039
印刷2	2400	88%	99%	2091
分切1	1600	95%	99%	1505
分切2	480	95%	99%	451
瓶标	3600	95%	99%	3386
制袋三封	640	95%	99%	602
制袋背封	240	95%	99%	226
烫金	160	95%	99%	150
复卷	400	95%	100%	380
碗盖裁张	80	95%	99%	75
碗盖裁断冲模	240	95%	98%	223
复合2	1280	95%	99%	1204
包装2	160	95%	100%	152
合计	16080			14484

4. 产能分析

产能的分析主要针对以下几个方面（以下主要以生产POP产品为例）：

生产何种产品及该产品的制造流程；制程中使用的机器设备（设备负荷能力）；产品的总标准时间，每个制程的标准时间（人力负荷能力）；材料准备的前置时间；生产线及仓库所需要的场所大小（场地负荷能力）。

（1）人力负荷分析。

① 依据计划产量、标准工时计算所需总工时（这里以计划生产 300tPOP 为例进行说明，POP 产品所使用的工艺只涉及：印刷、切分、复合、包装这 4 个环节，下面以这 4 个环节为例来加以说明。值得注意的是，前面分析的数据都是企业实际使用过程中的两大类产品的生产工艺放到一个表格内一起的。

② 设定每周工作 5d，每天工作时间为 8h，则其人员需求为

$$人员需求总数 = \frac{需要总工时数}{（每人每天工作时间 \times 每周工作日）} \times （1+时间宽放率） \quad (3-30)$$

$$时间宽放率 = 1 - 工作时间目标百分比（假设为 85\%）= 15\% \quad (3-31)$$

$$则：人员需求总数 = \frac{1000}{(8 \times 5)} \times (1+15\%) = 28.75 \approx 29（人）$$

表 3-31　计划生产 300tPOP 的总工时数

部门	标准工时单位产量	标准工时	计划产量	需要工时
印刷 1				
印刷 2	100kgPOP	4min	300tPOP	200h
分切 1				
分切 2	100kgPOP	5min	300tPOP	250h
瓶标				
制袋三封				
制袋背封				
烫金				
复卷				
碗盖裁张				
碗盖裁断冲模				
复合 2	100kgPOP	6min	300tPOP	300h
包装 2	100kgPOP	5min	300tPOP	250h
合计		20min	300tPOP	1000h

（2）机器负荷分析。

① 对机器进行分类：如印刷机、复合机、分切机、打包机等。

② 计算每种机器的产能负荷。

例：印刷机 4min 印刷 POP100kg，即 25kg/min

每天作业时间 =24h=1440min

工作时间目标百分比 =85%

时间宽松率 =1- 工作时间目标百分比 =15%

总印刷机数 =10 台（本例中这个总台数是指 10 台印刷 2 为 POP 产品配套的）

开机率 =90%

则 10 台印刷机 24h 总产能

= 每分钟生产量 × 每天作业时间 ÷（1+ 时间宽松率）× 印刷机台数 × 开机率

=25×1440÷（1+15%）×10×90%

=281739.13kg

即 10 台印刷机 24h 总产能为 281739.13kg。

③ 计算出生产计划期间，每种机器的每日应生产数。

每日应生产数 = 每种机器设备的总计划生产数 ÷ 计划生产日数

④ 比较现有机器设备生产负荷和产能调整。

每日应生产数小于此机器总产能者，生产计划可执行；每日应生产数大于此种机器总产能者，需要进行产能调整（加班、增补机器或外协等）。

有关瓶标和碗盖的产能分析，与 POP 产品的产能分析方法一样，这里就不再计算。

（3）短期的生产能力调整。

当出现临时的加单，生产数量有较大的变动，人力负荷与机器负荷均较为繁重时，调整的方法有：

① 加班、两班制或三班制，机器增加开机的台数、开机时间。

② 培训员工的熟练操作程度，增加临时性的工人。

③ 一些利润较低或制程较为简单的可以发外包。

思考题

1. 什么是狭义生产管理？简述瓦楞纸箱的生产工序。

2. 包装企业的生产过程由哪几个部分组成？

3. 简述合理组织生产过程有哪些基本要求，生产类型按产品的生产数量的分类及特点。

4. 试述生产设备按工艺原则和对象原则布置的特点，零件主要有哪几种移动方式，每种移动方式需要考虑的主要因素有哪些。

5. 编制生产计划的主要内容、主要指标及确定时需要统筹考虑的因素有哪些？简述工艺导向和产品导向工作中心生产能力核算。编制生产作业计划的主要任务和特点是什么？

6. 批量标准及影响成批生产批量的因素有什么？编制生产计划，通常采用什么优选方法确定产量指标？在编制生产作业计划时，为什么常用经济批量法确定生产批量？

7. 设备维护保养的原则是什么？什么是全员设备维修体系？它的内容和特点是什么？什么是 5S 活动？

8. 环境管理体系 ISO14000 是在什么背景下提出？包含几个系列？环境管理体系如何进行认证？

9. 什么是清洁生产？清洁生产与末端治理有什么不同？包装工业应从哪些方面实施清洁生产？

参考文献：

[1] 戴宏民，等 . 包装管理 [M]. 北京：印刷工业出版社，2007.

[2] 谢明荣 . 现代工业企业管理 [M]. 南京：东南大学出版社，2004.

[3] 杨乃定 . 企业管理理论与方法指引 [M]. 北京：机械工业出版社，2009.

[4] 姜巧萍 . 质量管理精细化管理全案 [M]. 北京：人民邮电出版社，2009.

[5] ［美］James A. Regh, Henry W. Kraebber. Computer-Integrated Manufacturing [M]. 北京：机械工业出版社，2004.

[6] 周朝琦，侯文龙 . 质量管理创新 [M]. 北京：经济管理出版社，2000.

[7] ［美］杰克•吉多，詹姆斯•P. 克莱门斯 . 成功的项目管理 [M]. 张金成，译 . 北京：机械工业出版社，1999.

[8] ［美］菲利普 . 市场营销管理 [M]. 北京：中国人民大学出版社，1997.

[9] 巩维才，等 . 现代工业企业管理 [M]. 徐州：中国矿业出版社，1999.

[10] 中国认证人员国家祖册委员会 . 质量管理体系国家注册审核员预备知识培训教程 [M]. 天津：天津社会科学出版社，2007.

[11] 杨祖彬 . 包装管理教学大纲 [D]. 重庆：重庆工商大学 .

[12] 戴宏民，等 . 包装管理学 [M]. 成都：西南交通大学出版社，2014.

[13] 钱静 . 包装管理 [M]. 北京：中国纺织出版社，2008.

[14] 赵有青，王春喜 . 现代企业设备管理 [M]. 北京：中国轻工业出版社，2011.

[15] 朱春瑞 . 做优秀的设备管理员 [M]. 广州：广东经济出版社，2008.

[16] 陈延德 . 图说工厂设备管理 [M]. 北京：人民邮电出版社，2011.

[17] 邓南圣，王小兵 . 生命周期评价 [M]. 北京：化学工业出版社，2003.

[18] 李蓓蓓 . 绿色包装的评价手段——生命周期评价法 [J]. 包装工程，2002（1）：150-152.

[19] 金晓辉，周丰，胡倩，等．快餐盒的绿色包装 [D]．北京：北京大学，2005．

[20] 陈黎敏．食品包装技术与应用 [M]．北京：化学工业出版社，2002．

[21] 戴宏民．绿色包装 [M]．北京：化学工业出版社，2002．

[22] 武书彬．造纸工业水污染控制与治理技术 [M]．北京：化学工业出版社，2001．

[23] 姜峰，李青海，李剑峰，李方义，魏宝坤，等．基于 LCA 法的包装材料环境友好性的评价 [J]．山东大学学报（工学版），2006，(6)：10-13．

[24] 秦凤贤，朱传第．用 LCA 方法评价牛奶包装对环境的影响 [J]．乳业科学与技术，2006，(4)：163-165．

[25] 任宪姝，霍李江．瓦楞纸箱生产工艺生命周期评价案例研究 [J]．包装工程，2010，(5)：54-57．

[26] Johanna Berlin. Environmental Life Cycle Assessment (LCA) of Swedish Semi-Hard Cheese[J]. International Dairy Journal, 2002(19)：939-953.

[27] G. Houillon, O. Jolliet. Life Cycle Assessment of Processes for the Treatment of Wastewater Urban Sludge：Energy and Global Warming Analysis[J]. Journal of Cleaner Production, 2005(13)：287-299.

[28] Tomas Ekvall, Goran Finnveden. Allocation in ISO 14041-A Critical Review [J]. Journal of Cleaner Production, 2001(9)：197-208.

[29] A. A. Burgess, D. J. Brennan. Application of life Cycle Assessment to Chemical Processes [J]. Chemical Engineering Science, 2001(56)：2589-2604.

[30] F. I. Khan, V. Raveender, T. Husain. Effective Environmental Management Through Life Cycle Assessment[J]. Journal of Loss Prevention in the Process Industries, 2002(15)：455-466.

第四章 现代生产计划管理

生产计划管理，一般是指企业对生产活动的计划、组织和控制工作。狭义的生产计划管理是指以产品的基本生产过程为对象所进行的管理，包括生产过程组织、生产能力核定、生产计划与生产作业计划的制订执行以及生产调度工作（见第三章内容）。广义的生产计划管理则有了新的发展，指以企业的生产系统为对象，包括所有与产品的制造密切相关的各方面工作的管理，也就是从原材料、设备、人力、资金等的输入开始，经过生产转换系统，直到产品输出为止，包括生产控制、物流管理、财务管理等的一系列管理工作。随着生产管理的推进，更有成效管理生产的先进理念相继涌现。以计算机和互联网为代表的先进信息技术更是将企业的生产、物流、财务三者管理及物质、资金和信息三流融为一体，产生出现代生产计划信息管理系统。本章将介绍精益生产、准时生产、目标管理、阿米巴管理、绩效管理和企业资源计划等先进理念的生产管理技术和建立在信息技术基础上的现代生产计划管理理论。

第一节 精益生产（LP）

一、精益生产理念

精益生产（Lean Production）又称精良生产，其中"精"表示精良、精确、精美；"益"表示利益、效益等。精益生产强调准时制造，消灭故障，消除一切浪费，追求零缺陷和零库存。它是美国麻省理工学院在一项名为"国际汽车计划"的研究项目中提出来的。该项目在做了大量的调查和对比后，认为日本丰田汽车公司的生产方式是现代制造企业最适用的生产组织管理方式，并称之为精益生产，以针砭美国大量生产方式存在的过于臃肿的弊病。精益生产综合了大量生产与单件生产方式的优点，力求在大量生产中实现多品种高质量低成本生产。

二、精益生产管理的特点

1. 精益生产以简化为手段，消除生产中一切不增值的活动，严格实行准时生产制

精益生产方式把生产中一切不能增加价值的活动都视为浪费。为杜绝这些浪费，它要求毫不留情地撤掉不直接为产品增值的环节和工作岗位。在物料的生产和供应中严格实行准时生产制（Just-in-Time）。

2. 组织生产线依靠看板的形式，即由看板传递工序间需求信息

看板管理亦称"看板方式""视板管理"。在工业企业的工序管理中，建立起可视化的看板拉动的信息流，通过卡片、图表、电子屏，对数据、情报等的状况一目了然，包括零部件名称、生产量、生产时间、生产方法、运送量、运送时间、运送目的地、存放地点、运送工具和容器等方面的信息和指令，以便任何人都能及时掌握管理现状和必要的情报，从而能够快速制定并实施应对措施。通过看板管理发现问题、解决问题，实现定时定点交货。看板管理主要用于固定的车间或生产线内部，也可应用于外协看板，在协作厂之间使用。

3. 精益生产强调人的作用，充分发挥人的潜力

不少企业在管理上普遍存在八大浪费：产品不良和修理的浪费、过分加工的浪费、动作的浪费、搬运的浪费、库存的浪费、制造过多过早的浪费、等待地浪费和忽视员工创造力。前面七种通过准时生产制和看板管理去减少，后面的一种也需高度重视。

精益生产方式就是把工作任务和责任最大限度地转移到直接为产品增值的工人身上。而且任务分到小组，由小组内的工人协作承担。为此，要求工人精通多种工作，减少不直接增值的工人，并加大工人对生产的自主权。当生产线发生故障，工人有权自主决定停机，查找原因，做出决策。小组协同工作使工人工作的范围扩大，激发了工人对工作的兴趣和创新精神，更有利于精益生产的推行。

4. 精益生产采用适度自动化，提高生产系统的柔性

精益生产方式并不追求一些大量生产企业所要求的制造设备的高度自动化和现代化，而强调对现有设备的改造和根据实际需要采用先进技术，按此原则来提高设备的效率和柔性。在提高生产柔性的同时，又不拘泥于柔性，以避免不必要的资金和技术浪费。

5. 精益生产以追求完美为最终目标

精益生产把完美作为不懈追求的目标，即持续不断地改进生产，消除废品，降低库存，降低成本和使产品品种多样化。通过富有凝聚力、善于发挥主观能动性的团队，高度灵活的生产柔性和六个西格码的质量管理原则（西格玛是统计学的一个单位，表示与平均值的标准偏差。西格玛的数值越高，失误率就越低）等一系列措施，去努力追求完美。完美就是精益求精，这就要求企业永远致力于改进和不断进步。

三、精益生产的实施步骤

1. 导入精益思想，选择要改进的关键流程

导入精益思想是重中之重，从领导到相关人员必须深入理解精益思想的五个原则，即价值、价值流、流动、拉动和尽善尽美。① 价值只有满足特定的用户需求才有存在的意义。② 价值流指从原材料到成品赋予价值的全部活动。识别价值流是精益生产的起步点，并按照最终用户立场寻求全过程的整体最佳状态。③ 流动强调要求各个创造价值的生产线活动需要流动起来，强调的是动。④ 拉动生产亦即按用户需求拉动生产，而不是把产品强行推给用户。⑤ 尽善尽美指用尽善尽美的价值创造过程为用户提供尽善尽美的价值。

精益生产方式不是一蹴而就的，它强调持续改进。首先应该选择关键的流程，力争把它建立成一条样板线。

2. 画出价值流程图，找出浪费根源

价值流包含物料流和信息流，它不同于制造流程，后者只注重物料流而忽略了信息流。

价值流程图（Value Stream Mapping，VSM）是丰田精益制造（Lean Manufacturing）生产系统框架下的一种用来描述物料流和信息流，旨在消除一切浪费的形象化工具。按照从顾客到供应商的顺序，跟踪一个产品制造从开始到结束的全过程，用图形化的方法仔细地画出表达物料流和信息流的每一个步骤，然后对这张图进行分析，找出浪费处消除之。它是一种了解产品生产周期、系统改善物料流程和信息（情报）流程的有效工具。

价值流程图可以作为管理人员、流程规划人员、供应商发现浪费、寻找浪费根源的起点。从原材料购进的那一刻起，VSM 就开始工作了，它贯穿于生产制造的所有流程、步骤，直到终端产品离开仓储。

价值流程图通常包括对生产方式当前状态和找出并消除浪费后的未来状态两个状态的描摹，以之作为精益生产的基础。价值流程如图 4-1 所示。

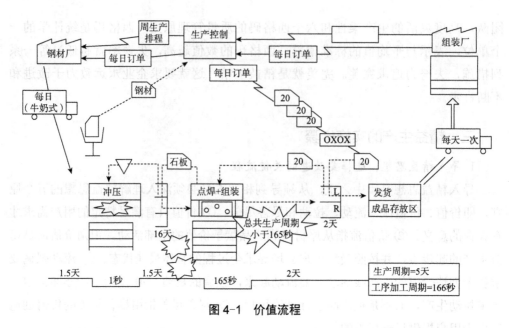

图 4-1　价值流程

3. 开展持续改进研讨会

精益远景图（价值流程图的未来状态）中对浪费的改进必须付诸实施。实施计划中包括什么浪费（What），什么时候（When）和谁来负责（Who），并且在消除浪费项目的实施过程中设立评审节点，要使全体员工都参与到全员生产性维护系统中来，使员工十分明确实施该项目的意义。

通常，消除浪费、持续改进生产流程的方法主要有以下几种：消除质量检测环节和返工现象；消除零件不必要的移动；消灭库存；合理安排生产计划；减少生产准备时间；消除停机时间；提高劳动利用率。

4. 营造企业文化

虽然在车间现场发生的显著改进，能引发随后一系列企业文化变革；但是积极的文化变革要比生产现场的改进难度更大，两者都是必须完成并且是相辅相成的。许多项目的实施经验证明，项目成功的关键是公司领导要身体力行地把生产方式的改善和企业文化的演变结合起来。

传统企业向精益化生产方向转变，不是单纯地采用相应的看板工具及先进的生产管理技术就可以完成，而必须使全体员工的理念发生改变，建立起"精益求精"的企业文化。精益化生产之所以产生于日本，而不是诞生在别国，其原因也正是因为日本和别国在企业文化上存在的不同。

5. 推广到整个企业

精益生产利用各种工程技术来消除浪费，着眼于整个生产流程，而不只是个别或几个工序。所以样板线的成功要推广到整个企业。操作工序缩短，使推动式的生产系统被以顾客为导向的拉动式生产系统所替代。

总之，精益生产是一个永无止境的精益求精的过程，它致力于改进生产流程和流程中的每一道工序，尽最大可能消除价值链中一切不能增加价值的活动，如提高劳动利用率，消灭浪费，按照顾客订单生产，最大限度地降低库存等。精益是企业长效经营最本质的要求，企业向精益企业的转变不会一蹴而就，需要付出一定的代价，并且有时候还可能出现意想不到的问题。但如果循序渐进，把精益生产的实施和人员素质的培训很好地结合起来，企业就会取得良好的成绩，成为竞争制胜的有力工具。

第二节　准时生产（JIT）

一、准时生产的理念和核心思想

准时生产（Just in Time，JIT）是日本丰田汽车公司首先创立的一种具有现代特色的生产组织方式。早在公司初建阶段，丰田喜一郎就提出了"非常准时"的基本思想，这一思想是实行丰田生产系统的原则和基础。20 世纪 50 年代初，看板管理的积极推行者，当时在丰田汽车公司工作的大野耐一，从美国超级市场的管理结构和工作程序中，找到了通过看板来实现非常准时思想的方法。他认为，可以把超级市场看作作业线上的前一道工序，把顾客看作作业线上的后一道工序。顾客（后工序）来到超级市场（前工序），在必要的时间就可以买到必要数量的必要商品（零部件）。超级市场不仅可以非常及时地满足顾客对商品的需要，而且可以非常及时地把顾客买走的商品补充上（当计价器将顾客买走的商品进行计价之后，载有购走商品数量、种类的卡片就立即送往采购部，使商品得到及时补充）。但流通领域与生产领域毕竟是两个不同的领域，要在工业企业中实行看板管理，丰田公司进行了多年的探索和实验，才于 1962 年在整个公司全面实行。

准时生产的出发点是不断消除浪费，进行永无休止的改进。这里所说的浪费，比通常所说的浪费的概念要广泛得多，深刻得多。什么是浪费？按照丰田汽车公司的说法，凡是超过生产产品所绝对必要的最少量的设备、材料、零件和工作时间的部分，都是浪费。这个定义有含糊之处，什么是"绝对必要"的，没有一定的标准。

美国一位管理专家对这个定义做了修正。他提出，凡是超出增加产品价值所必需的绝对最少的物料、机器和人力资源的部分，都是浪费。这里有两层意思：一是不增加价值的活动是浪费；二是尽管是增加价值的活动，但所用的资源超过了"绝对最少"的界限，也是浪费。

在生产过程中，只有实体上改变物料的活动才能增加价值，如加工零件、装配产品、油漆包装等活动都是增加价值。但是，很多常见的活动，如点数、库存、质量检查和搬运等不增加价值，有时还会减少价值（常常引起损伤），因而都是不断消耗的浪费。

JIT 的基本思想是，只在需要的时候，按需要的量，生产所需的产品。它又被称为准时制生产、适时生产方式。JIT 的核心是零库存和快速应对市场变化，所以 JIT 又称为"无库存生产"或"零库存生产"或"一个流"。无库存生产就是不提供暂时不需要的物料的生产，即提供的都是当时需要的。一个流是指需要一件，生产一件，零件一个一个地流动。JIT 认为库存不仅造成浪费，还将许多管理不善的问题掩盖起来，使问题得不到及时解决，就像水掩盖了水中的石头一样。比如机器经常出故障、设备调整时间太长、设备能力不平衡、工人缺勤、备件供应不及时等问题，由于库存水平高，不易被发现。JIT 是要通过不断减少各种库存来暴露管理中的问题，以不断消除浪费，进行永无休止的改进。

JIT 是一种理想的生产方式，有两个原因。一是它设置了一个最高标准和一种极限，就是"零"库存，实际生产可以无限地接近这个极限，但却永远不可能达到零库存。有了这个极限，才使改进永无止境。二是它提供了一个不断改进的途径，即降低库存－暴露问题－解决问题－降低库存……这个无限循环的过程。例如，通过降低在制品库存，可能发现生产过程经常中断，原因是某些设备出了故障，来不及修理，工序间在制品少了，使后续工序得不到供给。为使生产不发生中断，可以采取两种不同的办法：一种是加大工序间在制品库存，提供足够的缓冲，使修理工人有足够的时间来修理设备；另一种办法是分析来不及修理的原因，是备件采购问题还是修理效率问题。能否减少修理工作的时间。后一种办法符合 JIT 的思想。按 JIT 的思想，宁可中断生产，决不掩盖矛盾。找到问题，分析原因，解决问题，使管理工作得到改进，达到一个新的水平。当生产进行得比较正常时，再进一步降低库存，使深层次问题得到暴露，解决新的问题，使管理水平得到进一步提高。因此，推行 JIT 是一个不断改进的动态过程。

JIT 改进的途径并不一定从降低库存开始。当管理中的问题很明显时，可以先解决问题，然后降低库存。如果现存的问题很多，不去解决它，还要降低库存，那就会使问题成灾，甚至使企业瘫痪。降低库存要逐步进行，不能一次降得太多。否则，也会造成问题成堆，解决问题无从下手。但是，很多问题往往隐藏很深，尤其是当管理水平已达到较高水平时，就不大容易发现，在这种情况下通过降低库存来暴露问题是必要的。

二、准时生产的实现目标

准时生产的大致流程以及流程中的各主要环节如图4-2所示，其工作要点如下。

① 实现适时适量生产。JIT的实质就是在需要的时候生产所需的产品，实现产品的零库存和准时供给。面对市场需求的个性化、高技术化和高节奏变化的挑战，大批量地生产和周期性的产品开发已难以适应新的客户环境。客观环境的变化要求企业所生产的产品必须能够灵活地适应市场需求量的变化。否则，将造成生产产品过剩，不仅引起人员、设备、资源的浪费，而且将失去传统市场。正是基于市场需求与经营的变化，JIT摒弃了原有的生产组织模式，从客户需求出发适时生产出市场需要的适量产品，并依此进行资源配置。

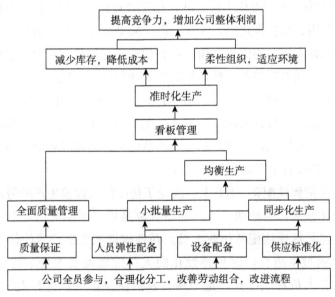

图4-2　准时生产流程 [6]

② 在流程组织上实现看板管理。看板管理指在工序管理中，以卡片为凭证，定时定点交货的管理制度。看板是一种类似通知单的卡片，主要传递零部件名称、生产量、生产时间、生产方法、运送量、运送时间、运送目的地、存放地点、运送工具和容器等方面的信息、指令。看板管理是适时适量生产中极其重要的管理方式。

其要点是通过适时适量生产要素分析，从均衡生产组织出发，进行即时生产调节，向各生产组织板块传递指令，反馈信息。在 JIT 生产方式中，生产的月度计划是集中制订的，同时下达到各个工厂及协作企业，而且生产指令只下达到最后一道工序或总装配线，对于其他工序的生产指令均通过看板来实现。由于生产不可能完全按月度计划进行，相对而言，月度计划着重于总体生产目标，而即时性的生产调配、调节和均衡，则由看板来完成。

③ 生产的小批量与同步化。小批量生产是现代企业生产组织的一个必然趋势。小批量生产要求物尽其用，尽量减少零部件的积压，因此，它与同步化生产的组织形式相对应。生产的同步化，即对于加工、装配作业来说，在工序之间不设置仓库，前一工序完成后，工件立即转到下一工序，装配线与零部件加工几乎一对一地进行，以此缩小工序生产量的差异，达到适应小批量生产需要的目的。在同步化生产实施中，后一道工序在需要的时候领取前一道工序的加工品，前一道工序只按后一道工序的需求数量进行生产加工；同步生产的最后一道工序则由准时化看板决定。这样，在生产组织中环环紧扣，最终实现生产的同步化。

④ 资源的全方位和标准化供应。准时化生产有充分的灵活性，对资源的利用和技术与设备的使用都是标准化的，这样有助于降低成本、节约资源。例如，包括丰田在内的国际上许多知名的汽车厂商，都有相对稳定的技术平台。它们个性化、小批量的汽车产品，基本的零部件都是标准化的通用件；各批次产品往往在标准化的基础上做出相应的技术变革和创新。在 JIT 中，准时化生产的产品有着共同的设备配置平台和标准化的原材料供应，只不过在生产过程中，生产均衡化，使通用设备专用化、专用设备通用化，从而可在小的改革中利用通用设备制造专用产品，利用小批量生产的专用设备生产其他通用产品。

⑤ 作业人员的弹性配备。JIT 生产改变了传统的大规模生产的劳动分工形式。由于产品的变化频繁，生产加工人员的组合总是处于不断变化之中。解决这一矛盾的有效办法是灵活性地配备作业人员，弹性地增减各生产线的作业人数，动态管理作业人员的技术组合。这种弹性化的人员配置彻底改变了传统大规模生产中的"定员制"人员管理模式，是一种全新的按流程组织进行人员管理的方法。在实行弹性化的人员管理中，要求实施独特的设备布置和劳动组合。从作业操作角度看，标准作业时间、作业内容、作业范围、作业组合和作业顺序均应随着生产产品的变化而变化，这就要求作业人员的综合技术素质与弹性作业需要相适应。

⑥ 全面质量管理的实现。一般说来，质量与成本之间存在一种负相关关系，

即要提高质量，就得花费大量的人力，增加质量保证投入。但在 JIT 生产方式中，却是相反的情况。它将质量管理贯穿于每一工序之中，以求实现质量与成本的统一。

JIT 的目标是彻底消除无效劳动和浪费，具体要达到以下目标：

① 废品量最低（零不良）。JIT 要求消除各种引起不合理的原因，在加工过程中每一工序都要求达到最高水平。

② 库存量最低（零库存）。JIT 认为，库存是生产系统设计不合理、生产过程不协调、生产操作不良的证明。

③ 准备时间最短（零切换）。准备时间长短与批量选择相联系，如果准备时间趋于零，准备成本也趋于零，就有可能采用极小批量。

④ 生产提前期最短（零停滞）。短的生产提前期与小批量相结合的系统，应变能力强，柔性好。

⑤ 减少零件搬运，搬运量低（零搬运）。零件送进搬运是非增值操作，如果能使零件和装配件运送量减少，搬运次数减少，可以节约装配时间，减少装配中可能出现的问题。

⑥ 机器损坏低（零故障）。运用全员设备管理使得设备的损坏降到最低，保持设备的高可动率。

⑦ 事故降低（零事故）。包含人员事故、设备事故、安全事故等。

JIT 的目标简称为上面的 7 个零，7 个零最终归结为零浪费。JIT 生产方式要做到用一半的人员和生产周期、一半的场地和产品开发时间、一半的投资和少得多的库存，生产出品质更高、品种更为丰富的产品。

JIT 生产方式是一个理想的生产方式，不断地追求零库存，零库存可以无限接近，但永远也达不到。这样，就可以不断地降低库存，对所暴露出的一些问题进行改进。经过如此周而复始的优化，将库存降到最低水平，降低库存的手段是减少看板张数。

三、实施准时生产的基本原则

准时制生产主要内容可以归纳为融七大管理为一体的生产模式，即六种管理方法和一种管理体制的综合。六种方法是生产管理、质量控制、劳动组织、工具管理、设备管理和现场 5S 管理。一种管理体制是指"三为"的现场管理体制，以生产现场为中心，以生产工人为主体和以车间主任为领导核心的现场生产组织管理模式，实现生产体系的高效运转和现场问题的迅速解决。实施准时生产的基本原则如下。

1. 物流准时原则

要求在需要的时间段内，一般指 15min 至 30min，所有的物料按照需要的规格、规定的质量水平和需要的数量，按规定的方式送到生产现场，或在指定的地点能提取货物。

2. 管理的准时原则

要求在管理过程中，能够按照管理的需要，遵照管理规定的要求收集、分析、处理和应用所需的信息和数据，并作为指令来进行生产控制。

3. 财务的准时原则

要求在需要时候，及时按照需要的金额调拨并运用所需的周转资金，保证企业的财务开支适应生产运行的需求。

4. 销售的准时原则

要求在市场需求的供货时间内，组织货源和安排生产，按照订单或合同要求的品种和数量销售与交付产品，满足顾客的需求。

5. 准时生产原则

企业通过实施劳动组织柔性化来坚持多机床操作和多工序管理。通过培训使操作工掌握一专多能的技艺，形成一支适应性强、技术水平高和富有创造性的工作团队，以保证各项特殊要求的生产任务能出色和按时地完成。并且在生产组织上实行工序间一个流的原则或成品/半成品储备量逐年下降的原则，最终实现零库存的管理目标。同时，生产准备工作和生产调度也必须适应多品种混流生产的要求，实现柔性化生产。

实施准时生产，除了需遵循以上基本原则外，还需具备如下准时生产方式的意识：

① 明确质量意识，"制作次品比不做事更坏"。最重要的是从预防开始，为做到品质保证而须进行生产技术改善；当发现三件不良品时，管理人员就须停止生产并找出问题的原因，直到彻底解决。

② 无论做什么改善，产品质量最终由操作工人掌握，因此工人的思想意识和技术水平是最重要的。

③ 建立团体精神，加强合作性。比如"我所做的产品，是否让下工序操作更简便""我传递到下工序的摆放是否能令下工序工人提取更方便？且能减少下工序工人出错""当上工序及下工序出现超手持量或缺货手持量为零时我如何帮助他们"等等。团体精神不仅指生产线的各员工，同时对于计划部、生产部、物料部、设备部、维修部等各个部门都需发扬精神，才能推行 JIT 生产管理系统。

④ 每位员工都应参与改善工作，包括操作改善、作业流程改善、设备改善等。

⑤ 养成整洁习惯，保持个人卫生，保持工场清洁。包括每次上班抹净自己所用的设备，不随便丢垃圾，如布碎、线头、废品等。

⑥ 用完的工具、物品按指定方式放回原位。

第三节　目标管理（MBO）

一、目标管理的提出和定义

美国管理大师彼得·德鲁克于 1954 年在其名著《管理实践》中最先提出"目标管理"的概念，其后又提出"目标管理和自我控制"的主张。德鲁克认为，并不是有了工作才有目标，而是相反，有了目标才能确定每个人的工作。所以"企业的使命和任务，必须转化为目标"，如果一个领域没有目标，这个领域的工作必然被忽视。因此管理者应该通过目标对下级进行管理，当组织最高层管理者确定了组织目标后，必须对其进行有效分解，转变成各个部门以及各个人的分目标，管理者根据分目标的完成情况对下级进行考核、评价和奖惩。

目标管理 MBO（Management by Objective）的定义是：以目标为导向，以人为中心，以成果为标准，使组织和个人取得最佳业绩的现代管理方法。目标管理俗称责任制，是在企业职工的积极参与下，自上而下地确定工作目标，并在工作中实行自我控制，自下而上地保证目标实现的一种管理办法。

二、目标管理的基本思想和特点

1. 目标管理的基本思想

（1）企业的任务必须转化为目标，企业管理层通过目标对下级进行领导，并以此保证企业总目标的实现。

（2）企业总目标可以按人或岗位逐级分解成分目标，分目标就是企业对每个职工或岗位的要求，也是企业管理层对下级进行考核和奖惩的依据。

（3）企业总目标由各级管理人员共同制定，并据此自上而下进行分解，确定上下级的责任和分目标。职务越高，责任和贡献应越大，完成目标要求的工作也应越重。

（4）企业管理人员和工人依靠目标来管理，其分目标就是企业总目标对他的要求，也是企业管理人员和工人对企业总目标的贡献。企业每个员工均以目标为依据，进行自我指挥、自我控制，而不是由他的上级来指挥和控制。

（5）企业管理人员根据达到分目标的情况对下级进行考核和奖惩。

2. 目标管理的特点

（1）重视人的因素。

目标管理是一种参与的、民主的、自我控制的管理制度，也是一种把个人需求与组织目标结合起来的管理制度。在这一制度下，上级与下级的关系是平等、尊重、依赖、支持，下级在承诺目标和被授权之后是自觉、自主和自治的。

（2）建立目标锁链与目标体系。

目标管理通过专门设计的过程，将组织的整体目标逐级分解，转换为各单位、各员工的分目标。从组织目标到经营单位目标，再到部门目标，最后到个人目标。在目标分解过程中，权、责、利三者已经明确，而且相互对称。这些目标方向一致，环环相扣，相互配合，形成协调统一的目标体系；只有每个人员完成了自己的分目标，整个企业的总目标才有完成的希望。

（3）重视成果。

目标管理以制定的目标为起点，以目标完成情况的考核为终结。工作成果是评定目标完成程度的标准，也是人事考核和奖评的依据，从而成为评价管理工作绩效的唯一标志。至于完成目标的具体过程、途径和方法，上级并不过多干预。所以，在目标管理制度下，监督的成分很少，而要求实现目标的动力却很强。

三、目标的性质及特征

目标表示最后结果，而总目标需要由子目标来支持。这样，组织及其各层次的目标就形成了一个目标体系或目标网络。作为任务分配、自我管理、业绩考核和奖惩实施的目标体系或目标网络具有如下特征：

1. 目标的层次性

整个组织的目标是一个有层次的体系。该体系的顶层是组织的远景和使命，是体系总目标和要求实现的战略；第二层次是组织的任务。总目标和战略为组织的未来提供行动框架，而实现组织的总目标和战略则需要进一步地细化为更多的具体的行动目标和行动方案。因此在目标体系的下面层次，应有分公司的目标、部门和单位的目标、个人或岗位的目标等。

在组织的层次体系中，不同层次的主管人员参与不同层次目标的建立。董事会和最高层主管人员参与确定企业的远景和使命等战略目标，也参与确定关键领域中更多的具体的总目标。中层主管人员如副总经理、营销经理或生产经理，主要是参与确定关键领域目标、分公司目标和部门目标。基层主管人员则主要关心部门和单位的目标以及制定下级个人或岗位的目标。

2. 目标网络

目标体系是从组织目标的整体考察而言，而目标网络则是从实现组织总目标的整体协调来考察，由各层次目标、计划方案与获得的结果形成一种网络。如果各层次目标互不关联，互不协调，互不支持，则组织的各部门或成员为实现各自的目标，就往往会采取对本部门有利，而对整个组织不利的举措，从而不利于组织总目标的实现。目标网络的内涵表现为以下四点：

（1）目标和计划很少是线性的，即并非一个目标实现后接着去实现另一个目标。各层次目标和计划是一个有机联系着的整体。

（2）部门主管人员在实现本部门目标时，应注意和目标网络中其他目标的联系，在执行举措和时间上均要协调进行。

（3）组织中的各个部门在制定目标时，也应与其他部门的目标相协调，避免出现与另一个部门目标相矛盾的情况。

（4）组织制定各层次目标时，必须要考虑各约束因素；不仅各目标之间要互相协调，而且还要注意与制约各目标的因素相协调。

3. 目标的多样性

组织要实现的目标往往是多种多样的，各层次实现的目标也可能是多种多样的。一般认为目标的数量以 2～5 个为宜，因为过多的目标会使主管人员应接不暇，从而顾此失彼，甚至可能会使主管人员过多注重于小目标而有损对主要目标的实现。故在考虑追求多个目标时，须对各目标的相对重要程度进行区分。

4. 目标的可考核性

目标的可考核性是将目标能尽量地量化。目标的量化对组织活动的控制、成员的奖惩会带来很多方便。如获取合理利润的目标，对"合理"的解释可能是不同的，下属人员认为是合理的利润，但可能不被上层接受；如将目标明确定量为"在本会计年度终了实现投资收益率 10%"，那么它对"多少？什么？何时？"都做出了明确回答。有时要用可考核的措辞来说明结果会有困难，但只要有可能，就应规定明确、可考核的目标。

5. 目标的可接受性

根据美国管理心理学家维克多·弗鲁姆的期望理论，人们在工作中的积极性或努力程度（激发力量）是效价和期望值的乘积。其中效价指一个人对某项工作及其结果（可实现的目标）能够给自己带来满足程度的评价，即对工作目标有用性（价值）的评价；期望值是指人们对自己能够顺利完成这项工作可能性的估计，即对工作目标能够实现概率的估计。因此一个目标对接受者要产生激励作用，那么这个目标对接受者须是可接受、可以完成的；相反，如果目标超过其能力所及的范围，则该目标对接受者是没有激励作用的。

6. 目标的挑战性

同样根据弗鲁姆的期望理论，如果完成一项工作对接受者没有多大挑战，轻而易举就能实现目标，那么接受者也没有动力去完成该项工作。目标的可接受性和挑战性是对立统一的关系。在实际工作中，我们必须把二者统一起来。

7. 目标的伴随信息反馈性

信息反馈是在目标管理过程中，把目标的设置、目标的实施情况不断地反馈给目标设置和实施的参与者，让有关人员时时知道组织对自己的要求和自己对组织的贡献。因此建立目标后再加上反馈，就能更进一步调动员工的工作热情。

综上所述，目标的数量不宜太多（多样性），内容应包括工作的主要特征、须完成什么和何时完成。如有可能应尽量将期望的目标实现量化（可考核性），目标还应促进个人和职业上的成长和发展，对员工具有挑战性（可接受性、挑战性），并适时地向员工反馈目标完成情况（伴随信息反馈性）。

四、目标管理的过程

目标管理的过程可以划分为三个阶段：第一阶段为目标设置过程；第二阶段为实现目标的过程管理；第三阶段为测定与评价所取得的成果。

1. 目标设置过程

这是目标管理最重要的阶段，第一阶段可以细分为四个步骤：

（1）高层管理预定目标。

这是一个暂时的、可以改变的目标预案。可由高层提出，再同下级讨论；也可以由下级提出，上级批准，无论哪种方式，必须共同商量决定。另外，领导必须根据企业的使命和长远战略，估计客观环境带来的机会和挑战，对本企业的优劣有清醒的认识，对企业应该和能够完成的目标心中有数。

（2）重新审议组织结构和职责分工。

目标管理要求每一个分目标都有确定的责任主体。因此预定目标之后，需要重新审查现有组织结构，根据新的目标分解要求进行调整，明确目标责任者和协调关系。

（3）确立下级的目标。

首先应由下级明确组织的规划和目标，然后商定下级的分目标。在讨论中上级要尊重下级，平等待人，耐心倾听下级意见，帮助下级发展一致性和支持性目标。分目标要具体量化，便于考核，分清轻重缓急，以免顾此失彼，既要有挑战性，又要有实现可能。每个员工和部门的分目标要和其他的分目标协调一致，支持本单位和组织目标的实现。

（4）上级和下级就实现各项目标所需的条件以及实现目标后的奖惩事宜达成协议。

分目标制定后，要授予下级相应的资源配置的权力，实现权、责、利的统一。

由下级写成书面协议，编制目标记录卡片，整个组织汇总所有资料后，绘制出目标体系或目标网络图。

2. 实现目标的过程管理

目标管理重视结果，强调自主、自治和自觉。但这并不等于领导可以放手不管，相反由于形成了目标体系，一环失误，就会牵动全局，因此领导在目标实施过程中的管理是不可缺少的。首先进行定期检查，利用双方经常接触的机会和信息反馈渠道自然地进行；其次要向下级通报进度，便于互相协调；最后是要帮助下级解决工作中出现的困难问题，当出现意外、不可测事件严重影响组织目标实现时，也可以通过一定的手续，修改原定的目标。

推行目标管理的过程中还要注重信息管理。在目标管理体系中，信息的管理扮演着举足轻重的角色。确定目标需要以获取大量的信息为依据；实施目标需要加工和处理信息；实现目标的过程也就是信息传递与转换的过程，所以信息工作是目标管理正常运转的基础。

3. 测定与评价，总结和评估

目标管理以达到目标为最终目的，同时也要十分重视实现目标过程中对成本的核算。要避免当目标运行遇到困难时，责任人采取一些应急的手段或方法去实现目标，从而导致实现目标的成本不断上升。所以管理者在督促检查的过程中，必须对运行成本做严格控制，既要保证目标顺利实现，又要把成本控制在合理的范围内。

任何一个目标的达成还必须要有一个严格的考核评估。考核、评估、验收工作必须选择执行力很强的人员进行。考核评估须严格按照目标管理方案或项目管理目标，逐项进行考核并做出结论。对目标完成度高、成效显著、成绩突出的团队或个人按章奖励；对失误多、成本高、本位主义、影响整体工作的团队或个人按章处罚。

达到预定期限后，下级首先进行自我评估，提交书面报告；然后上下级一起考核目标完成情况，决定奖惩；同时讨论下一阶段目标，开始新循环；如果目标没有完成，则应分析原因总结教训，切忌相互指责，以保持相互信任的气氛。

第四节　阿米巴管理（Amoeba）

一、阿米巴经营管理模式的理念提出

阿米巴经营管理模式是指将整个组织分成若干小的集团，通过与市场直接联系的独立核算制进行运营，培养具有管理意识的领导，让全体员工参与经营管理，从而实现全员参与的经营方式。它是日本京瓷集团自主创造的独特的经营管理模式。

1959 年，稻盛和夫和从松风工业辞职出来的 7 位同人一起创建了京都陶瓷公司（现在的京瓷）。当时稻盛和夫没有创业资金，他的朋友们为了让他向世人展示他的技术而出资成立了公司，稻盛和夫以他的技术作为投资入股。开始，稻盛和夫一直为"靠什么开展经营"而苦恼不已。后来他想到了以"人心"为基础开展经营。

阿米巴经营是以人心为基础的。人体内的数十万亿个细胞在一个统一的意志下相互协调，公司内的数千个阿米巴（小集体组织）只有齐心协力，才能够使公司成为一个整体。有时阿米巴之间也会出现竞争。但如果阿米巴之间不能互相尊重、互相帮助，就不可能发挥公司整体的力量。因此，前提条件就是从公司高层到阿米巴成员，必须用信任的纽带联结起来。

在公司创建的第二年，招收了 10 名刚从高中毕业的新职员。他们在工作了一年左右，开始熟悉工作的时候，向稻盛和夫提出要求改善待遇，而且还写了血书。经过三天三夜的谈判后，他们最终留在了公司。这场谈判让稻盛和夫重新思考公司存在的意义。公司不仅是为了实现个人的梦想，更重要的目的是保障员工及其家庭的生活，并为其谋幸福。随后，稻盛和夫把"应在追求全体员工物质与精神两方面幸福的同时，为人类和社会的进步与发展做出贡献"定为京瓷的经营理念，由此京瓷明确了其存在的意义。员工也把京瓷当作"自己的公司"，把自己当作一个经营者而努力工作。从那时开始，稻盛和夫和员工的关系不是经营者与工人的关系，而是为了同一个目的而不惜任何努力的同志，在全体员工中间萌生出了真正的伙伴意识。

1963 年，稻盛和夫和青山正道联合推出了"单位时间核算制度"方案。1964 年，为了保持公司的发展活力，稻盛和夫独创阿米巴经营模式。

二、阿米巴经营模式的优势和核心价值

阿米巴经营能够提高员工参与经营的积极性，增强员工的动力，而这些正是京瓷集团优势的根源。另外，阿米巴经营的小集体是一种使效率得到彻底检验的系统。同时，由于责任明确，能够确保各个细节的透明度。阿米巴经营模式的核心价值在于以下几个方面。

1. 以人为本

阿米巴模式的一个重要特点是"赋权管理模式"，换成我们熟知的话，就是"充分授权"。为什么这样的话我们听过无数遍，却始终做得并不太好呢？其实，还是

没有充分地信任员工，"我不相信他会把事情做好"。阿米巴模式中，充分授权的最终目的，在于培养阿米巴的领导人，激发每个员工的创业热情，挖掘员工的企业家精神。所谓"天生我材必有用"，每个员工必定都有一项最适合他的工作，只是看你是否将他放到了这个位置上。在一个大公司内，领导的岗位永远只有那么几个，一个员工能做到那个岗位的机会都很少。但阿米巴模式中，你可以有很多的机会去做一个小型组织的领导人，在这个舞台上，你可以发挥你的聪明才智。

2. 以理为先

中国有句俗语"天下之大理为大"。这样的道理，在阿米巴模式中也能看到，阿米巴模式将"做人何谓正确"当作判断一切事物的基准。工作中的许多问题，解决起来为什么困难？其实都在于我们没有回归到问题的本源去看，而更多地考虑了许多问题之外的因素，才导致问题解决起来太困难。如果将"公司的健康发展"作为组织内最大的道理，那么，在解决问题的时候，如果我们争执不下，不妨将这个最大的道理搬出来审视一番，然后从基本逻辑出发去判断，将事情退回到最本原、最原始的简单状态来看，往往就会发现问题的症结。在通常患有大企业病的组织中，每个人只死盯着自己的一亩三分地，只埋头自己的本职工作，所以就失去了全局观，遗忘了"公司的健康发展"才是最大道理。因此，在埋头苦干的时候，偶尔也要抬起头看看大家，爬到高处去看看全景，才能让自己更清楚自己的位置和角色。

3. 以家为根

高度透明，全员参与是阿米巴的另一个重要特点。但绝大部分企业经营者都认为，企业重要信息外漏会对公司不利，不能对员工透明。我们有时候可以发现一些有趣的现象，一辆车子，如果作为公车的话，无论是保养，还是费用，都会居高不下，但如果是一辆员工自己的车子，则会像宝贝一样地爱惜。两者的区别在于员工没有将组织当作自己的"家"看待。让员工"以厂为家"并非一件易事，但阿米巴模式却要求有这样的"大家庭主义"。在这样的大家庭里，尊重员工就是尊重自己；员工对重要信息不了解，就会有疏离感。试想，一个家庭之中，谁会对自己家里的情况不了解呢？如果一味地保密，就会让人有见外的感觉。阿米巴模式中的"单位时间核算"机制，也是同样地以家庭记账模式进行的，简单到让人觉得就是在家里记账一样，让人有亲近感。每个阿米巴，都像一个家庭，而企业就像一个更大的家庭，在这样的家庭背景下，谁人会不奋勇向前而努力工作呢。

4. 以梦为源

在阿米巴模式中，说到最多的就是激情。这样的激情，往往来自"尊重、放权、独立思考"。只有当员工将阿米巴当作自己的事业全身心投入的时候，才能迸发出无穷的激情，并奋力去实现自己的梦想。许多企业在出差费用控制这件事情上，往往都大伤脑筋。但有一种现象，却让人深思，如果是你自己出门办事，你会怎样花费。自己真正想去做一件事情的时候，产生的力量才是无穷的。要把工作交给真正有兴趣的员工去做，要想成就一番事业，首先要有激情，只有胸怀激情的人去努力才能取得成功。而阿米巴的经营模式核心就在于唤起每位员工心中的创业激情与企业家精神。在阿米巴经营模式下，阿米巴的领导人拥有绝对的经营权，领导人不能一味地等待上司的指示，要自主、迅速地做出判断。在这样的模式下，每个阿米巴都有企业家的气质。当我们许多的企业都深受大企业病、官僚主义滋生等一系列阻碍的时候，阿米巴经营模式意在最大限度地释放员工的创造力，把大公司的规模和小公司的好处统揽于一身。但我们如果不能深刻领悟上述四大核心力量，可能等待我们的依然是更严重的大企业病。

三、阿米巴经营模式的导入

阿米巴经营并不是单纯的利润管理手段，而是实现全员参与的经营模式。当然光靠单位时间核算衡量现场业绩是无法实现参与式经营的。参与式经营的实现需要如下的条件和步骤。

1. 阿米巴经营模式导入的条件

根据日本神户大学教授三矢裕《创造高收益的阿米巴模式》书籍中的介绍，阿米巴经营模式导入的条件主要有以下五点。

（1）企业经营者和员工应相互信任。

作为经营者，在相信员工能力的同时，要有企业发展需要依靠员工智慧的姿态。同样作为员工，必须抱有自己的努力和智慧关系到企业、客户甚至自己的长期利益的信念，才能实现全员参与式的经营。无论是经营者还是员工，必须把经营建立在互相信任的基础之上，这也是实现阿米巴经营的最基本的条件。如果缺乏这一条件，就无法把一些重要的经营信息公布给员工，在一种总担心企业信息遭到泄露的疑神疑鬼的状态下，是无法实现全员参与式经营的。员工不是单纯用来利用的工具，而是经营共同体中的一员，领导人必须要有这样的姿态。正是基于这一点，京瓷的阿米巴经营并没有把阿米巴的业绩和员工的金钱报酬挂钩。

（2）数据的严谨。

如果做不到这一点，阿米巴经营就无法真正发挥作用。保证数据严谨的关键是经营者严肃认真的态度。经营者只有踏踏实实认认真真进行经营，才能实现阿米巴经营。各阿米巴对待数字必须要有严谨、追究到底的精神。有了这种严谨和追究的精神，才能发挥员工智慧，实现阿米巴经营。全员参与式经营，也并不是把经营扔给现场不管。阿米巴经营对经营者来说是一种非常辛苦的制度，不适合想借此偷懒的经营者。

（3）及时把前线的数字反馈给现场。

阿米巴经营是一种让现场员工根据数字做出判断、采取措施的制度。因此，必须及时把生产或经营现场的数字反馈给现场。如果等到一切无法挽回的时候，再把数字反馈给现场并追究现场的责任，会严重打击现场的积极性。因此，必须建立一种能够及时把数字反馈给现场的体制。

（4）时常检查阿米巴是否符合工作特性（工作流程）。

现代企业经营越来越重视灵活性和速度。如果阿米巴的分割和工作特性不符，就有可能在某些环节出现差错或无法灵活处理发生的问题。因此，如果发现有比现在更利于发挥阿米巴潜力的编程办法，要毫不迟疑地进行分裂或合并，而且这项工作要由熟知现场的阿米巴领导人来做。为了保证阿米巴经营的正常运行，必须如此反复检测阿米巴状态，根据需要灵活改变阿米巴的编程。

（5）员工教育。

员工如果缺乏一定的知识，就无法根据经营数字发现问题并找到合理的解决方式，这就需要基于实际案例加强现场教育。高层管理人员或经营者要有和阿米巴成员一起解决问题的姿态。尤其在引进的初级阶段，这种教育必不可缺。把经营扔给现场撒手不管，是无法实现真正的全员参与式经营的。同时，各阿米巴之间应该学会分享解决问题的智慧。

2. 阿米巴经营模式导入的步骤

（1）明确企业的经营策略。

经营策略是企业根据迅速变化的市场环境做出的战略、战术展开的判断，关乎企业的长久生存及阶段性目标的实现。经营策略决定经营体制，任何企业不能照搬他人的阿米巴经营模式，而要量身定制。企业推行阿米巴经营前需首先清晰经营策略，否则之后的阿米巴经营推行工作就不能做到有的放矢，在方向策略不明确的情况下甚至做得越多错得越多。

（2）贯彻经营哲学。

经营哲学也称企业哲学，是一个企业特有的从事生产经营和管理活动的方法论原则，是指导企业行为的基础。阿米巴经营哲学就是人人都是经营者，全员自主经营；每个小集体设有"巴长"，巴长就是各自集体的老板。经营哲学的贯彻，应遵循"涟漪原理"。首先是高层统一思想和基本经营原则，其次由高层向中层传播，最后再到基层。对经营哲学的学习是运行阿米巴的开始，但这个开始并不像开汽车，上路前加满油发动引擎，就可以长时间持续自动运转。对哲学的学习像骑自行车，踩动踏板才能促使车轴滚动，且这个动作将持续下去，否则车身也会停步。在企业的经营活动中，需要不断地踩下哲学这个"踏板"，让经营哲学与经营实践相结合。当员工通过经营业绩感受到哲学的作用之后，就会由不动，到激动、感动，到自觉行动。

（3）构建阿米巴组织体系。

从宏观到微观，阿米巴的组织体系可以分为整个企业、事业部、SBU/部门、工段工序等不同层级水准的阿米巴。因此，首先必须设置好事业部、部门等大阿米巴，再进行组织细分方可起到有效作用。推行阿米巴的初期，不宜将公司组织划分得太细。因为要对每个阿米巴单元进行独立核算，则必然涉及与相关阿米巴单元的定价问题，再加上每个阿米巴单元需要根据市场情况进行不断的重组或合并等，其协调过程是比较烦琐的，还要考虑企业人才是否充足等因素。因此，阿米巴经营模式的推行是一个由"粗"到"细"的过程，欲速则不达。刚开始时一定要量力而行，否则其内部交易运作成本就会大于总体收益，这样就得不偿失了。

（4）展开授权经营。

授权分三步走，首先要识别和任命阿米巴单元的巴长。巴长作为阿米巴单元的最高领导，在选拔时，应考虑其是否具备领导才能。熟悉阿米巴经营的运作但没有领导才能的人，更适合担任助理。在选拔巴长的过程中，除了业务能力之外，还需要考查候选者的资质，主要有往年度业绩、现在能力、未来潜力、巴员的认同度等。阿米巴的授权采取量化授权形式，不同于一般流程化的分权形式。量化授权是通过事前的周详计划、事中高效的绩效管理、定期的绩效评价和改进，来实现完整授权，且授权须以年度经营计划为前提。同一个阿米巴单元的巴长候选人的选取，应从同级别候选巴长发表下一年度经营计划方案竞选开始，由上级阿米巴巴长和所属阿米巴单元的巴员依据竞选方案和参选者资质进行评定，择优任命。

（5）开展独立核算。

开展独立核算的第一步是导入经营会计，利用这项工具使各种报表中的数据一目了然，极大方便了内部交易，同时也使得各个阿米巴单元对自身的经营状况了如指掌，从而促成整个阿米巴体系进行有效的经营循环。实行独立核算，还必然涉及阿米巴单元之间的定价管理。定价的基本标准是通过产品最终的售价来倒推确定各个阿米巴单元的产品价格，具体涉及经费的支出、劳动力支出、技术难度、市场平均行情等。此外，还涉及费用分摊的问题等，故需要熟悉经营知识和市场情况的高层经营者来保证定价的公平与合理性。

（6）建立制度保证体系与循环改善体系。

循环改善体系是阿米巴能够最终获得成功的保证，若非如此就无法实现从粗放型阿米巴经营到精细的阿米巴经营的飞跃。即使已经完全实现了阿米巴经营，企业也需要跟随世界的经济潮流和科技的进步而不断进步，这样才能不被淘汰。

阿米巴经营的导入是企业的重大体制改革。改革是挑战，更是机遇，理解阿米巴经营推行的正确步骤，展开合理的方案推进策划是改革成功最关键的第一步。

第五节　绩效管理

一、绩效考核是人力资源的核心管理

绩效考核又称绩效考评、绩效评估或绩效评价，是采用科学的方法，按照一定的标准，考查和审核企业员工对职务所规定的职责、任务的履行程度，以确定其工作绩效的一种有效的系统管理方法。它也是衡量、影响、评价员工的工作表现的正式系统。作为一种行为导向和控制方法，它也是一种激励措施。

绩效考核在人力资源管理中处于核心地位，它与资源管理的其他方面几乎都密切相关。通过工作分析，制定岗位职责，依据企业战略目标，进而制定绩效考核的标准，实施绩效考核。而绩效考核的结果又被用于奖惩、培训、晋升、解雇等方面，并与薪酬、企业文化建设以及员工职业生涯设计挂钩。绩效考核的作用集中体现在它是奖惩、调配与解聘的依据，具有激励与控制导向和发展作用。

绩效考核在企业生产经营过程中的重要作用日益凸显，它已成为保障并促进企业内部管理机制有序运转、实现企业各项经营管理目标所必需的一种管理行为。没有高水平的绩效考核，人力资源管理中工资发放、员工培训、岗位分析、人员调配等方面的职能工作就缺乏针对性，也无法合理、科学地开展。

但是，我们在认识绩效考核作用与功能时，要有一个整体概念，要弄清楚绩效考核是为了什么，绩效考核在什么范围内起作用，一个企业不是做了绩效考核就一定有效。绩效考核最终要达到对人的激励，激励人更努力地工作。绩效考核只是人力资源系统的一个部分，人力资源开发与管理是一个有机的整体，我们需要整体地、平衡的、理性地分析绩效考核的作用。从系统角度考察，绩效在人力资源管理开发与管理中的作用主要体现在以下几个方面。

1. 绩效考核是企业聘用人员的依据

要实现一个组织的人与事的科学结合，必须"识事"和"识人"。岗位分析、岗位评价和岗位分类是识事的基本活动，考核则是识人的主要活动。只有"知人"才能"善任"。通过绩效考核，能够对每位员工的各方面情况进行评估，了解每个人的能力、专长和态度，从而能够将其安置在适合的职位上，达到人尽其才的目的。

2. 绩效考核是员工职业生涯发展的依据

职业生涯管理已成为人力资源开发与管理的重要方式，绩效考核能为职业生涯发展提供全面信息。绩效考核通过对员工的工作成果及工作过程进行全面考核，可以提供员工的工作状态信息，如工作成就、工作态度、知识和技能的运用程度等。根据这些信息，可以进行人员的晋升、降职、轮换、调动等人力资源管理工作。这对个人来说是扬长避短，对组织来说则是实现人力资源优化再配置。比如一个员工绩效优秀而且大有潜力时，可以给予晋升，既发挥其才能，又增强组织的竞争力；一个员工业绩不良，可能是因为他的素质和能力同现在的职务不匹配，这就应当进行工作调动和重新安排，发挥其长处，帮助其创造更大的业绩。

3. 绩效考核是员工培训的依据

培训开发是人力资源投资的重要方式，它可以使人力资源增值，是企业发展的一项战略性任务。绩效考核可以为企业对员工的全面教育培训提供科学依据，知道哪些员工需要培训，需要培训哪些内容，使培训开发做到有的放矢，这样就能收到事半功倍的效果。绩效考核在此方面的作用是：一方面能发现员工的长处与不足，对他们的长处给予发扬；另一方面也可以查出员工在知识、技能、思想和心理品质等方面的不足，使培训开发工作有针对性地进行。通过持续的绩效管理，促进培训开发工作的深入。

4. 绩效考核是确定薪酬和奖惩的依据

现代管理要求薪酬分配遵守公平与效率两大原则，这就必然要对每一个员工的劳动成果进行评定和计算，按劳付酬。绩效考核为报酬分配提供依据，进行薪资分配和薪资调整时，应当根据员工的绩效表现进行，运用考评结果，建立考核结果与薪酬奖励挂钩制度，使不同的绩效获得不同的待遇。合理的薪酬不仅是对员工劳动成果的公正认可，而且可以产生激励作用，形成进取的组织氛围。考核结果不与薪酬、奖励、提职、培训等挂钩，就等于一句空话，不仅达不到激励效果，反而会挫伤员工工作的积极性，影响工作业绩和效率。

5.绩效考核有利于形成高效的工作气氛，使个人目标与组织目标相一致，并促进员工的发展

通过考核，经常对工作人员的工作表现和业绩进行检查，并及时反馈，要求上下级对考核标准和考核结果进行充分沟通。因此，考核有利于形成高效率的工作气氛，有助于组织成员之间信息的传递和感情的融合。通过这样的沟通，可以促进员工相互之间的了解和协作，使员工的个人目标同组织目标达成一致，建立共同愿望，增强组织的凝聚力和竞争力。

绩效考核可以促进员工的潜在能力发挥。通过绩效考核，员工对自己的工作目标确定了效价，他就会努力提高自己的期望值。比如学习新知识、新技能，以提高自己胜任工作的能力，取得理想的绩效，个人也因此获得进步。所以，绩效考核是促进员工发展的人力资本投资。

越来越多的企业已认识到绩效考核在企业经营管理工作中的地位与作用。与此相伴的另一个现象是大多数经营者对绩效考核普遍存在困惑。企业如何对员工的工作绩效进行精确的评分？如何真实地反映员工的绩效水平？绩效考核并不是一个理性的过程，考核者和被考核者往往都对考核的目的有不同要求，考核者关心的是如何利用绩效考核实现自己或团体的目的；被考核者关心的是如何得到好的评分，如何通过绩效考核得到更多利益。绩效考核结果往往与各种物质和非物质利益挂钩。如果绩效考核出现偏差，必然会误导员工，取得适得其反的效果，引起各种利益冲突，引发企业内部各种矛盾，降低企业经营管理的效率，打击员工的积极性，引起员工的抵触情绪，引发员工之间的矛盾。

二、绩效考核的内容和方法

绩效考核是一项十分复杂和艰难的工作。其关键在于要制定出合理的考核指标和标准，使考核尽量公平、公正，真正起到绩效考核应有的作用。

1.绩效考核的内容

绩效考核的内容多种多样，但一般来说，对员工的绩效考核的内容大致分为德、能、勤、绩四个方面。

（1）德。

德是对员工的政治思想素质、职业道德、全局观念、团结协作、事业心和责任心、遵纪守法情况等进行考核。德对一个人的行为具有重要的引导作用，也是一个人最基本的素质。企业在进行绩效考核时，不能放松对德的要求，而要将德放在突出的位置。

（2）能。

能是对员工工作能力的考核。一般主要是对其领导能力、办事效率、创新能力、协作能力以及相关的工作业务能力进行考核。能力是员工绩效的保证，同时也是由各种具体技能组合而成的综合能力。对能力进行考核要注意选择与绩效相关的关键能力，并根据各种不同能力的重要性赋予相应的权重。

（3）勤。

勤是对员工的出勤情况以及工作积极性、努力程度等进行考核。勤是一种工作态度，更具有主观性，更容易反映思想问题。它反映了员工的责任心、进取心、纪律性、勤奋敬业精神以及团队意识。对勤的考核既要有量的衡量，又要有质的估量。

（4）绩。

绩是对员工的工作任务完成的结果进行评估，对做得如何进行考查。一般主要是对其工作量、工作质量、工作难度、工作效率以及工作效果进行衡量。对绩效考核是员工绩效评估的核心。

当然，各个考核内容的重要性是不同的，对此可以通过设计权重来解决。对各个不同考核内容根据其重要性在整个考核中设置相应的比重，使得各个考核要素的重要性得到量化，使我们的考核也更加科学。

2. 绩效考核的方法

绩效考核的方法多种多样，科学的分类方法之一为目标考核和过程考核。目前，基于激励理论和现代企业薪酬管理办法，应用最为广泛的企业绩效考核方法主要有三大类型：特性取向型，行为取向型，结果取向型。

特性取向型主要是考核员工的个性和工作能力、特征等；行为取向型重点评价员工在工作中的行为表现，即工作是如何完成的；结果取向型着眼于"干出了什么"，而不是"干了什么"，其考核的重点在于产出和贡献，并不关心行为和过程。在这三种类型下，又衍生出许多具体绩效考核方法，下面介绍几种当前应用比较广泛的方法。

（1）交替排序法。

这是运用得较为普遍的绩效考核方法之一。它是根据绩效考核标准将员工进行排序，排出从绩效最好到绩效最差的人。

（2）等级鉴定法。

这也是一种较为广泛采用的员工绩效考核方法。企业管理者首先确定绩效考核的项目和标准，然后对每个考核项目列出几种行为程度供被考核者选择，企业管理者根据其选择的结果做出考核结论。

（3）行为对照法。

这是将员工的状况与行为描述一一对照，并选择合适语言描述的方法。在应用这一方法时，人力资源管理部门要给考核者提供一份描述员工规范的工作行为表格，目前这种方法是被企业应用较为广泛的绩效考核方法之一。

（4）关键事件法。

通过被考核者在工作中极为成功或极为失败的事件来分析和评价被考核者的工作绩效。

（5）强制分布法。

按照预先确定的比例，将员工强制分布到相应的等级中，即在考核、分布中可强制规定优秀人员人数和不合格工人数。比如，优秀者比例占20%，普通员工占70%，不合格者占10%。

（6）行为锚定评分法。

这种方法主要是应用量表评分法对每一考核项目进行定义，并设计出一定的评分标准。同时使用关键事件法对不同水平的工作要求进行描述，并使之与量表上的一定刻度相对应和联系。

（7）目标管理法。

这种方法要求管理人员与员工共同制定一套便于衡量的工作目标。员工的绩效水平就根据届时这一目标的实现程度来评定。

以上几种仅是单一考核方法，而现代企业会根据不同的战略目标将不同的绩效考核办法融合到一起，形成一套完整的指标考核体系，使得绩效考核更加科学合理。当前，被大型企业集团广泛采用的主要有四大考核体系：关键绩效指标体系（KPI）、目标管理体系（MBO）、360度绩效考核体系、平衡计分卡体系（BSC）。这四大考核体系综合了众多绩效考核的优点，在人力资源管理中起到了主要的作用，同时也成为薪酬管理体系中的重要组成部分。

有效的考核与正确地选择考核方法是密不可分的。绩效考核有很多种方法，每一种方法都有自己的优缺点，每一种方法都可能是有效的。企业应根据具体岗位的类型和企业的需求来选定考核方法，不一定都要统一为一种考核方式。而且，各种考核方法结合使用，更能得到意想不到的效果。

三、绩效考核的考核目标设定

目标管理法是众多国内外企业进行绩效考核的常见的方法之一。它之所以能得以推广，原因在于这种做法是与人们的价值观和处事方法一致。例如，人们都认为"依每个人所做的贡献而给予一定的回报、奖励"是毫无疑义的。目标管理法得以推行的另外一个原因还在于它能更好地把个人目标和组织目标有机结合起来，达到一致。而且减少了"员工们每天忙忙碌碌，但所做的事却与组织目标毫不相干"的可能性。

绩效考核目标的设定是目标管理程序的第一步，这一步需要上下级共同确定各个层级所要达到的绩效目标。在实施目标管理的组织中，通常是上级评估者与被评估者来共同制定目标。目标主要指所期望达到的结果，以及为达到这一结果所应采取的方式和方法。

根据管理专家德克鲁的观点，管理组织应遵循一个原则是："每一项工作必须为达到总目标而展开。"因此，衡量一个员工是否称职，就要看他对总目标的贡献如何。反过来说，称职的员工也应该明确地知道期待达到的目标是什么。否则，就会搞错方向，浪费资源，使组织遭受损失。

在目标管理法中，绩效目标的设定开始于组织的最高层。他们提出组织的使命声明和战略目标，然后通过部门层次往下传递至具体的各个员工。个人的绩效目标如果完成，那么它就应代表最有助于该组织战略目标实现的绩效产出。在大多数情况下，个人目标是由员工及其上级主管协商一致制定的，而且在目标设定的同时，他们也需要就特定的绩效标准以及如何测量目标完成达成共识。

一旦确定以目标管理为基础进行绩效评估，那就必须为每个员工设立绩效目标。目标管理系统是否成功，主要取决于这些绩效目标陈述的贴切性和清晰性。设定绩效目标通常是员工及其上级、部门及其上级部门之间努力合作的结果。各级绩效目标是否能够清晰合理地设置，直接决定着绩效评估的有效性。

为了确保各级绩效目标得以恰当设定，绩效目标的设定除了可以参考其他绩效评估中所使用的绩效指标设计的原则外，还必须特别注意以下几点：

1. 目标必须与更高的组织层次上所设定的目标一致

正如早先所提出的，目标设定的进程从组织性层次开始，并按等级制往下的连续水平上设定目标，这个设定目标应当同更高组织层次上所设定的那些目标一致。个人的目标应当指出这个人必须完成什么，这样便能更好地帮助他的工作单位实现它的目标。

2. 目标必须是具体的和富有挑战性的

具体的和富有挑战性的目标是创造高绩效的保证。一个富有挑战性的目标是那种只有当员工付出他们最大的努力才能实现的目标。经理们所犯的一个常见的错误，是允许目标被设定成太容易实现的目标。

3.目标必须是现实的和可实现的

尽管目标应该是具有挑战性的，它们还必须是现实的和可以实现的。一个目标的实现应当在雇员控制的资源和职权之内。如果一个目标随后被证明是不可达到的或者是不贴切的，那么它就应该被抛弃。

4.目标必须是可以测量的

目标陈述应该具体规定绩效标准和对这些标准的测量方法。绩效标准应从结果的质量和数量方面来具体规定对绩效的期望水平，还应该指出所期望的结果产生的时间框架。

第六节　企业资源计划（ERP）

企业资源计划由美国著名管理咨询公司——加特纳公司（Gartner Group Inc.）于 1990 年提出，最初被定义为应用软件。企业资源计划提出后即迅速为全世界工商企业所接受，现已经发展成为现代企业管理理论之一。

企业资源计划系统 ERP 是指建立在信息技术基础上，将企业内部所有资源整合在一起，对采购、生产、成本、库存、分销、运输、财务、人力资源进行整体规划，并对企业物流、资金流、信息流三大流进行全面一体化管理的信息管理系统。从而使企业达到最佳资源组合，取得最佳经济效益。

一、企业资源计划的发展历程

20 世纪 40—60 年代兴起物料需求计划 MRP。经过 70—80 年代发展完善成为制造资源计划 MRP Ⅱ，到 1990 年又提出以制造资源计划 MRP Ⅱ 为核心的企业资源计划 ERP，反映了人们对资源管理认识的不断深化和企业管理模式的不断进步。

1.物料需求计划 MRP

物料需求计划 MRP 的基本内容是依据产品的主生产计划、物料清单和库存信息，编制零件的生产计划和采购件计划。进入 1970 年，MRP 除物料需求计划外，又将生产能力（设备等）的需求计划、车间作业计划（工时等）和采购作业计划等纳入，从而形成一个封闭系统，称为闭环 MRP。

2.制造资源计划 MRP Ⅱ

闭环 MRP 使生产活动的各子系统信息得到统一，但生产活动仅是企业管理的一个方面。企业管理应是人财物、销供产等子系统信息组成的综合系统。生产管理所涉及的仅仅是物流，而与物流密切相关的还有资金流和信息流。因此进入 20 世纪 70 年代后，人们把销售、采购、库存、生产、财务、工程技术、信息等各个子系统进行集成，并称该系统为制造资源计划（Manufacturing Resource Planning），英文缩写也为 MRP，为了区别物料需求计划 MRP，称为 MRP Ⅱ。

MRP Ⅱ在国内外企业实践中效益显著。在提高生产率、缩短生产周期、减少库存产品、按时交货率、缩短新产品开发周期、降低生产成本等各方向均取得了可观的经济效益，故 MRP Ⅱ被当成标准管理工具广泛应用于当今世界制造业。

3. 企业资源计划 ERP

进入 20 世纪 90 年代，市场竞争进一步加剧，企业竞争的空间和范围进一步扩大，80 年代主要面向内部资源管理的思想也随之逐步发展成为怎样有效利用和管理企业内外整体资源的管理思想。为此，美国加特纳公司在 90 年代初首先提出了整合企业内外资源的概念。为使企业更有效地运作，需将企业内最常用的四方面信息，即基础信息（资金信息、现金流量和财务比率等），生产信息（成本信息、资源利用率和总体利润等），能力信息（企业相对于竞争者的专长和弱点），资源分配信息（生产资源、物流资源和人力资源等）用网络系统的各个功能模块有机地集成起来，共同运作，改变过去企业内主要通过纸张传递，各自为政、互相割裂的局面。ERP 正是基于此应运而生。

ERP 作为先进的现代企业管理模式，目的是将企业的各个方面的资源（包括人、财、物、产、供、销等因素）合理配置，使之充分发挥效能，从而使企业在激烈的市场竞争中全方位地发挥能量，取得最佳经济效益。ERP 系统在 MRP Ⅱ的基础上充分贯彻供应链管理思想，扩展了管理范围，提出了新的管理体系结构，将用户的需求、企业内部的制造活动、外部供应商的制造资源等内部和外部资源有机地结合在一起，体现了企业完全按客户需求制造的思想。

ERP 系统还要求企业在业务流程和组织机构方面进行重组，使之符合 ERP 的实施要求，以能充分发挥 ERP 系统的作用。ERP 强调企业管理的事前控制能力，把设计、制造、销售、运输、仓储、人力资源、工作环境、决策支持等各方面作业看作是一个动态的、可事前控制的有机整体。ERP 系统将上述各个环节整合在一起，确保有效地管理企业资源，合理调配和准确利用现有资源，从而为企业提供一套能够对产品质量、市场变化、客户满意度等关键问题进行实时分析和判断的决策支持系统。

二、企业资源计划的管理思想

1. ERP 的概念与内涵

MRP Ⅱ在 MRP 管理系统的基础上，增加了对企业生产能力、加工工时、物料采购、销售管理等方面的管理，实现了用计算机安排生产进度（生产排程）的功能。同时也将财务功能包括进来，在企业中形成以计算机为核心的闭环管理系统。这种管理系统已能动态监察产、供、销的全部生产过程。

进入 ERP 阶段后，以计算机为核心的企业级资源管理系统更为成熟。系统增加了包括财务预测、物流能力、调整资源调度等方面的功能，成为企业进行生产管理及决策的平台工具。

Internet 技术的成熟更为企业信息管理系统增加企业与客户或供应商实现信息共享和数据交换的能力。电子商务时代的 ERP 强化了企业之间、企业内外的联系，形成了共同发展的生存链和供应链管理思想，使企业的决策者及业务部门跳出企业内部、实现跨企业的联合作战。

企业资源计划 ERP 在制造资源计划 MRP Ⅱ的资源概念的内涵上，有两个重要突破：

（1）ERP 中的资源管理范围已不局限于企业内部，而是把供应链上的供应商等外部资源也都看作是受控对象集成进来。MRP Ⅱ主要侧重对企业内部的人、财、物等资源的管理，而 ERP 则是面向供应链的管理，对企业内外供应链上所有环节，包括订单、采购、库存、计划、生产、质量、运输、分销、服务与维护、财务管理、人事管理、实验室管理、项目管理、配送管理等进行集成和有效管理。

（2）时间被作为资源计划的一部分，且当作最关键的资源被考虑，这是 ERP 对资源内涵的另一个扩展。

2. ERP 与 MRP Ⅱ的区别

（1）ERP 是一个面向供应链管理的管理信息集成。

ERP 除了传统 MRP Ⅱ系统的制造、供销、财务功能外，在功能上增加了支持物料流通体系的运输管理、仓库管理（供需链上供、产、需各个环节之间都有运输和仓储的管理问题）。还支持在线分析处理（Online Analytical Processing, OLAP）、售后服务及质量反馈，从而能实时准确地掌握市场需求的脉搏，支持生产保障体系的质量管理、实验室管理、设备维修和备品备件管理。

（2）采用计算机和网络通信技术进行信息集成。

网络通信技术的应用是 ERP 同 MRP Ⅱ的又一个主要区别，网络通信技术的应用使 ERP 系统得以实现供应链管理的信息集成。ERP 系统除了已经普遍采用的诸如图形用户界面技术（GUI）、SQL 结构化查询语言、关系数据库管理系统（RDBMS）、面向对象技术（OOT）、第四代语言/计算机辅助软件工程、客户机/服务器和分布式数据处理系统等技术之外，还要实现更为开放的不同平台互操作，采用适合网络技术的编程软件，加强了用户自定义的灵活性和可配置性功能，以适应不同行业用户的需要。

（3）ERP 系统同企业业务流程重组 BPR 密切相关。

企业业务流程重组的核心是建立面向客户的业务流程，是对企业进行战略性重构的系统工程。企业资源计划信息管理系统的发展加快了信息的传递速度和实时性，扩大了业务的覆盖面和信息的交换量，为企业进行信息的实时处理、做出相应的决策提供了极其有利的条件。为了使企业的业务流程能够预见并响应环境的变化，企业的内外业务流程必须保持信息的敏捷通畅。同时，多层次臃肿的组织机构因不能迅速实时地对市场动态变化做出有效的反应，因而必须进行精简。因此为提高企业供应链管理的竞争优势，必然对企业业务流程、信息流程和组织机构进行改革。改革不限于企业内部，而是把供应链上的供需双方合作伙伴都包括进来，以能更系统地考虑整个供应链的业务流程。资源信息管理系统 ERP 应用程序所使用的技术和操作也必须随着企业业务流程的变化而相应地调整，只有这样，才能把传统 MRP Ⅱ 系统对环境变化的"应变性"上升为 ERP 系统通过网络信息对内外环境变化的"能动性"。EPR 的概念和应用已经从企业内部扩展到企业与整个供应链的业务流程和组织机构的重组。

ERP 侧重于各种管理信息的集成，计算机集成制造系统 CIMS 则侧重于技术信息的集成，它们二者在内容上有重叠又互补。制造业是否应用实行 ERP 系统，什么时候实现，取决于企业的性质、规模以及发展的需要。但是无论如何，都应从 ERP 的高度来进行企业信息化建设。企业信息化建设的第一步仍应从实施 MRP Ⅱ 入手，对绝大多数企业来说，这是必要和可行的方案。

3. ERP 信息管理系统的主要特点

（1）ERP 更加面向市场、面向经营、面向销售，能够对市场快速响应。

ERP 除支持制造、采购、销售、财务等管理功能外，它还将供应链的管理功能包含进来，支持整个供应链上物料流通体系中供、产、需各个环节的运输管理和仓库管理；支持生产保障体系的质量管理、实验室管理、设备维修和备品备件管理；支持对业务处理工作流的管理；强调了供应商、制造商、分销商之间新的伙伴关系。

（2）ERP 更强调企业工作流程。

通过工作流程实现企业的人员、财务、制造与分销间的集成，支持企业过程重组。ERP 较多地考虑人的因素作为资源在生产经营规划中的作用，也考虑了人的培训成本等。

（3）ERP 更多地强调财务流程，具有较完善的企业财务管理体系。

ERP 使价值管理概念得以实施，使资金流与物流、信息流能更加有机地结合，并具有了金融投资管理的附加功能。

（4）满足企业多角化经营要求。

在生产制造计划中，ERP 支持重复制造、批量生产、按订单生产、小批量生产、按库存生产、看板式生产等混合型生产管理模式。也支持多种生产方式（离散制造、连续流程制造等）的管理模式，以满足企业多角化经营要求。

ERP 纳入了产品数据管理 PDM 功能，增加了对设计数据与过程的管理，并进一步加强了生产管理系统与计算机辅助设计 / 辅助制造（CAD/CAM）系统的集成。

（5）采用了最新的计算机技术。

如客户 / 服务器分布式结构、面向对象技术、基于 Web 技术的电子数据交换 EDI、多数据库集成、数据仓库、图形用户界面、第四代语言及辅助工具等。

ERP 在事务处理上实时性较 MRP Ⅱ 强。ERP 系统支持在线分析处理、售后服务处理，为企业提供对质量、市场销售、客户满意、绩效等关键问题的适时分析能力。它还支持跨国经营的多语种、多币制的应用要求。

三、企业资源计划信息管理软件的构成

ERP 系统的特点是将企业所有资源进行整合集成管理，也就是将企业业务流程的三大流——物流、资金流、信息流进行全面一体化管理。因此，企业资源计划信息管理软件的功能模块应贯穿三大流的管理工作，包括三方面的主要内容，即生产控制（计划、制造）、物流管理（分销、采购、库存管理）和财务管理（会计核算、财务管理），并相应地构成三大模块，相互之间有相应的接口，能够很好地整合在一起，对企业进行管理。另外，随着企业对人力资源管理重视的加强，已经有越来越多的 ERP 软件将人力资源管理纳入，构成 ERP 系统的另一个重要模块。

1. 生产控制管理模块

这是 ERP 系统的核心模块。生产控制管理是一个以生产计划为导向的生产管理方法。它将企业的整个生产过程有机地结合在一起，使得企业能够有效地降低库存，

提高效率。同时又使各个原本分散的生产流程自动连接，使得生产流程能够前后连贯进行，而不会出现生产脱节，耽误生产交货时间。

为实现全企业的生产控制管理，首先应确定一个总的主生产计划，经过系统层层细分后，再下达到各部门执行。生产部门以此确定生产作业和物料、加工能力需求等计划，采购部门则按此确定采购计划等。

（1）主生产计划模块。

它是根据年生产计划，并依据对历史销售分析得到的预测和客户订单的输入来安排各生产周期应提供产品种类和数量的模块。它是企业在一段时期内总的、稳定的生产活动安排。其目的是将生产计划转变为产品计划，并在平衡物料和需要的生产能力后，列出精确到时间、数量的详细进度计划。

由于 ERP 系统将各个生产车间贯通连接起来，故制订出的主生产计划就不会因生产脱节造成延期交货。又由于 ERP 系统根据历史、客户订单和生产计划等来安排主生产计划，并通过市场模拟确定产品的生产周期、批量、工时等进度计划，故可避免因旺季和淡季凭经验确定库存量不准确而带来断货、产品积压和占用资金的风险。

（2）物料需求计划模块。

在主生产计划决定各生产周期应提供的产品种类和数量后，生产部门再根据物料清单，把生产总的产品数量转变为需要生产的零部件数量。对照现有的库存量后，即可确定还需加工多少零部件，还需要采购多少物料的数量，这才是生产部门依照执行的计划。

（3）能力需求计划模块。

初步确定物料需求计划后，将所有工作中心（指直接改变物料形态或性质的生产作业单元。工作中心是一种资源，可以是人，也可以是机器，或是整个车间）的总工作负荷与工作中心的能力平衡后产生详细工作作业计划，据此可判断物料需求计划是不是企业生产能力所能承受的可行需求计划。能力需求计划是一种短期的、当前实际应用的计划。

（4）车间控制模块。

该模块将工作作业分配到各个具体的车间，进行作业排序、作业管理、作业监控。该作业是随时间而变化的动态作业计划。

（5）制造标准模块。

在编制生产计划中需要许多基本生产信息，即制造标准。包括零件、产品结构、工序和工作中心，这些信息都需用唯一的代码在计算机中识别。① 零件代码：是对物料资源的管理,对每种物料给予唯一的代码识别。② 物料清单:是定义产品结构的技术文件,用来编制各种计划。③ 工序:描述加工步骤及制造和装配产品的操作顺序。它包含加工工序的顺序,指明各道工序的加工设备及所需要的额定工时和工资等级等。④ 工作中心:由使用相同或相似工序的设备和劳动力组成,在 ERP 系统中用以安排生产进度、核算生产能力、计算成本的基本单位。

2. 物流管理模块

(1) 分销管理模块。

销售管理从产品销售计划开始。分销管理模块对其销售的产品、销售的地区、销售客户的各种信息进行管理和统计;并可对销售数量、金额、利润、绩效、客户服务做出全面的分析。

分销管理模块有三方面功能。① 对客户信息进行管理和服务:该模块建立了一个客户信息档案,对客户信息进行分类管理,并能有针对性地为客户服务,以达到保留老客户、争取新客户的目的。若将客户关系管理 CRM 软件与 ERP 结合,更将为企业带来明显效益。② 对于销售订单的管理:销售订单是 ERP 的入口,所有的生产计划都是根据它下达并进行排产的。销售订单的管理贯穿了产品生产的整个流程,包括客户信用审核及查询(将客户信用分级,以此来审核订单交易);产品库存查询(决定是否要延期交货、分批发货或用代用品发货等);产品报价(为客户做不同产品的报价);订单输入、变更及跟踪(订单输入后,对变更的修正及对订单的跟踪分析);交货期的确认及交货处理(决定交货期和发货事务安排)等。③ 对于销售的统计与分析:系统根据销售订单的完成情况,依据各种指标做出统计。比如客户分类统计,销售代理分类统计等。再依据这些统计结果对企业实际销售效果进行评价:包括销售统计(根据销售形式、产品、代理商、地区、销售人员、金额、数量来分别进行统计);销售分析(包括对比目标、同期比较和订货发货分析,并从数量、金额、利润及绩效等方面做出相应的分析);客户服务(客户投诉记录,原因分析)等。

(2) 库存控制模块。

控制存储物料的数量,保证稳定的物流,以支持正常的生产,同时又能最少占用资本。该模块是一种相关、动态、真实的库存控制系统,它能依据相关部门的需求,随时间而动态地调整库存,精确地反映库存现状。其主要功能有:① 为所有物料建立库存控制数据,据此可决定何时定货采购,并作为采购部门采购和生产部门制订生产计划的依据;② 收到订购的物料后,经过质量检验进入模块库存,生产的产品也同样要经过检验进入模块库存;③ 收发物料的日常业务处理。

（3）采购管理模块。

该模块可确定合理的物料定货量和供应商，保持最佳的物料安全储备，随时提供定购和验收的信息；跟踪和催促外购或委外加工的物料，保证货物及时到达；建立供应商的档案；用最新的成本信息来调整库存的成本等。具体的功能有：① 供应商信息查询（查询供应商的能力、信誉等）；② 催货（对外购或委外加工的物料进行跟踪和催促）；③ 采购与委外加工统计（统计、建立档案，计算成本）；④ 价格分析（原料价格分析，调整库存成本）。

实施 ERP 后，把销、产、供三项主要业务信息集成起来，同步地将生产和采购计划一次性生成，从而能随时查询到所采购料品的供应商、价格及交货日等信息。如果需求有变化，系统很快就可以把上千种物料的计划重新编排，并随时比对料品的动态库存数，以保持最佳的安全储备和确定合理的定货量。这样既把采购计划员从繁杂的事务中解脱出来，也提高了工作效率和质量。

3. 财务管理模块

清晰分明的财务管理对企业极其重要。ERP 中的财务模块与一般的财务软件不同，它和系统的其他模块均有相应的接口，因而能够相互集成。比如，它可将生产活动或采购活动输入的信息自动计入财务模块生成总账和会计报表，从而取消了输入凭证的烦琐过程，完全替代了传统的手工操作。该模块分为会计核算与财务管理两大块。

（1）会计核算模块。

会计核算模块主要用于记录、核算、反映和分析资金在企业经济活动中的变动过程及其结果。它由总账、应收账、应付账、现金、固定资产、多币制等部分构成。① 总账模块：其功能是处理记账凭证输入和登记，输出日记账和一般明细账及总分类账，编制主要会计报表等。它是整个会计核算的核心，其他应收账、应付账、固定资产核算、现金管理、工资核算、多币制等模块均以其为中心进行信息传递。② 应收账模块：应收账指企业应收的，而由于商品赊欠产生的客户欠款账。它包括发票管理、客户管理、付款管理、账龄分析等功能。它和客户订单、发票处理业务相联系，同时将各项事件自动生成记账凭证，导入总账。③ 应付账模块：应付账指企业应付购货款的账。它包括了发票管理、供应商管理、支票管理、账龄分析等。它能够和采购模块、库存模块进行集成以替代过去烦琐的手工操作。④ 现金管理模块：它主要是对现金流入流出的控制以及零用现金及银行存款的核算。它包括了对硬币、纸币、支票、汇票和银行存款的管理。在 ERP 中提供了票据维护、票据打印、付款维护、银行清单打印、付款查询、银行查询和支票查询等与现金有关的功能。此外它还和应收账、应付账、总账等模块集成，自动产生凭证，计入总账。⑤ 固定资产核算模块：该模块完成固定资产的增减变动以及折旧有关基金计提和分配的核算工作。它能够帮助管理者对目前固定资产的现状有所了解，并能通过该模块提供的各种方法来管理资产，并进行相应的会计处理。它的具体功能有：登录固定资产卡片和明细账，计算折旧，编制报表，以及自动编制转账凭证，并转入总账。它和应付账、成本、总账模块也能进行集成。⑥ 多币制模块：该模块是为了适应当今企业的国际化经营，对外币结算业务的要求而编制的。多币制将企业整个财务系统的各项功能以各种币制来表示和结算，并且客户订单、库存管理及采购管理等也能使用多币制进行交易管理。多币制和应收账、应付账、总账、客户订单、采购等各模块都有接口，可自动生成所需数据。⑦ 工资核算模块：该模块自动进行企业员工的工资结算、分配、核算以及各项相关经费的计提。它能够登录工资、打印工资清单及各类汇总报表，计算计提各项与工资有关的费用，自动做出凭证，导入总账。这一模块能和总账模块、成本模块集成。⑧ 成本模块：它依据产品结构、工作中心、工序、采购等信息进行产品的各种成本计算，进行成本分析和规划；还能用标准成本或平均成本法按地点维护成本。

（2）财务管理模块。

财务管理的功能主要是基于会计核算的数据进行财务分析、预测、管理和控制等活动。其主要功能有财务计划、控制、分析和预测。① 财务计划模块：根据前期财务分析做出下期的财务计划、预算等。② 财务分析模块：提供查询功能，以及通过用户定义的差异数据图形显示，进行财务绩效评估、账户分析等。③ 财务决策模块：财务管理的核心部分。中心内容是做出有关资金的决策，包括资金筹集、投放及资金管理等。

ERP 的财务管理系统由于能把传统的账务处理和发生账务的业务结合起来，同时产生实物账和资金账，并将物流和资金流进行无缝管理，从而使经济活动信息数出一门而多方使用，以及取消了输入凭证的烦琐过程，故极大地降低了财务人员的工作量。同时提高了财务数据处理的及时性、准确性，改变了资金信息滞后于物流信息的状况，便于事中控制和及时做出决策。

4.人力资源管理模块

过去的 ERP 系统基本上以生产制造及销售过程（供应链）为中心，把与制造资源有关的资源作为企业的核心资源来进行管理。但近年来企业内部的人力资源越来越受到关注，被视为企业的资源之本。在这种情况下，人力资源管理被作为一个独立模块加入到了 ERP 系统中来，它和财务、生产、物流系统共同组成一个高度集成的企业资源系统。它与传统方式的人事管理有着根本的不同。

（1）人力资源规划的辅助决策模块。

对于企业人员和组织机构编制的多种方案，通过模拟比较和运行分析，并辅以图形的直观评估，帮助企业决策管理者做出决定。

该模块通过制定职务模型，包括职位要求、升迁路径和培训计划。根据担任该职位员工的资格和条件，提出针对该员工的培训建议。一旦机构改组或职位变动，系统也会对该员工的职位变动或升迁提出建议。该模块还可进行人员成本分析，通过 ERP 集成，为企业成本分析提供依据。

（2）招聘管理模块。

人才是企业最重要的资源。优秀的人才能保证企业持久的竞争力。招聘系统一般从以下几个方面提供支持：① 进行招聘过程的管理，优化招聘过程，减少业务工作量；② 对招聘的成本进行科学管理，降低招聘成本；③ 为选择聘用人员的岗位提供辅助信息，也能有效帮助企业进行人才资源的挖掘。

（3）工资核算模块。

① 能根据公司跨地区、跨部门、跨工种的不同薪资结构及处理流程制定与之相适应的薪资核算方法。② 与时间管理直接集成，对薪资结构及时更新，从而对员工的薪资核算动态化。③ 回算功能通过和其他模块集成，自动根据要求调整薪资结构及数据。

（4）工时管理模块。

① 根据本国或当地的日历，安排企业的运作时间以及劳动力的作息时间表。② 运用远端考勤系统，将员工的实际出勤状况记录到主系统中，并把与员工薪资、奖金有关的时间数据导入工资系统和成本核算之中。

（5）差旅核算模块。

系统能够自动控制差旅申请、差旅批准到差旅报销的整个流程，并且通过集成环境将核算数据导进财务成本核算模块之中。

案例分析：目标管理

案例：某包装机械厂实施目标管理

某包装机械厂推行目标管理：为了充分发挥各职能部门的作用，充分调动 1000 多名职能部门人员的积极性，该厂首先对厂部和科室实施了目标管理。经过一段时间试点后，逐步推广到全厂各车间、工段和班组。多年的实践表明，目标管理改善了企业经营，挖掘了企业内部潜力，增强了企业的应变能力，提高了企业素质，取得了较好的经济效益。

该厂实施目标管理，划分为三个阶段进行。

第一阶段：目标制定阶段。

1. 总目标的制定

该厂通过国内外市场对包装机械需求的调查，结合长远规划的要求，并根据企业的具体生产能力，提出了"三提高""三突破"的总目标。所谓三提高，就是提高经济效益、提高管理水平和提高竞争能力；三突破是指在新产品数目、创汇和增收节支方面要有较大的突破。在此基础上，该厂把总方针具体化、数量化，初步制定出总目标方案，并发动全厂员工反复讨论、不断补充，送职工代表大会研究通过，正式制定出全厂年度生产的总目标。

2. 部门目标的制定

企业总目标由厂长向全厂宣布后，全厂就对总目标进行层层分解，层层落实。各部门的分目标由各部门和厂企业管理委员共同商定。其制定依据是厂的总目标和经厂部批准下达的各项计划任务，原则上是各部门的工作目标值须高于总目标中的定量目标值，同时目标的数量不可太多。为此，各部门的目标分为必考目标和参考目标两种。必考目标包括厂部明确下达目标和部门主要的经济技术指标；参考目标则包括部门的日常工作目标或专项任务。其中必考目标一般控制在 2 ~ 4 项，参考目标的专项任务可以多一些。目标完成标准由各部门以目标卡片的形式填报厂部，通过协调和讨论最后由厂部批准执行。

3. 目标的进一步分解和落实

部门的目标确定后，再进一步分解和层层落实到每个人。

（1）部门内部小组（个人）目标管理，其形式和要求与部门目标制定相类似，拟定目标也采用目标卡片，由部门自行负责实施和考核。要求各个小组（个人）努力完成各自目标值，保证部门目标的如期完成。

（2）各部门目标的分解采用流程图方式进行。具体方法是，先把部门目标分解落实到职能组，任务再分解落实到工段，工段再下达给个人。通过层层分解，全厂的总目标就落实到了每一个人身上。

第二阶段：目标实施阶段。

该厂在目标实施过程中，主要抓了以下三项工作。

1. 自我检查、自我控制和自我管理

目标卡片经主管副厂长批准后，一份存企业管理委员会，一份由制定单位自存。由于每一个部门、每一个人都有了具体的、定量的明确目标，所以在目标实施过程中，人们会自觉地、努力地实现这些目标，并对照目标进行自我检查、自我控制和

自我管理。这种自我管理能充分调动各部门及每一个人的主观能动性和工作热情，充分挖掘自己的潜力。因此，完全改变了过去那种上级只管下达任务、下级只管汇报完成情况，并由上级不断检查、监督的传统管理办法。

2. 加强经济考核

虽然该厂目标管理的循环周期为一年。但为了进一步落实经济责任制，即时纠正目标实施过程与原目标之间的偏差，该厂打破了目标管理的一个循环周期只能考核一次、评定一次的束缚，坚持每一季度考核一次和年终总评定。这种加强经济考核的做法，进一步调动了广大职工的积极性，有力地促进了经济责任制的落实。

3. 重视信息反馈工作

为了随时了解目标实施过程中的动态情况，以便采取措施、及时协调，使目标能顺利实现，该厂十分重视目标实施过程中的资讯反馈工作，并采用了两种信息反馈方法：

（1）建立工作质量联系单来及时反映工作质量和服务协作方面的情况。尤其是当两个部门发生工作纠纷时，厂管理部门就能从工作质量联系单中及时了解情况，经过深入调查，尽快加以解决，这样就大大提高了工作效率、减少了部门之间不协调现象。

（2）通过修正目标方案调整目标。内容包括原定目标、修正目标以及修正原因等，并规定在工作条件发生重大变化需修改目标时，责任部门必须填写修正目标方案提交企业管理委员会，由该委员会提出意见交主管副厂长批准后方能修正目标。

厂长在实施过程中由于狠抓了以上三项工作，因此，不仅大大加强了对目标实施动态的了解，更重要的是加强了各部门的责任心和主动性。从而使全厂各部门从过去等待问题找上门的被动局面，转变为积极寻找和解决问题的主动局面。

第三阶段：目标成果评定阶段。

目标管理实际上就是根据成果来进行管理，故成果评定阶段显得十分重要。该厂采用了自我评价和上级主管部门评价相结合的做法。即在下一个季度第一个月的10日之前，每一部门必须把一份季度工作目标完成情况表报送企业管理委员会，在这份报表上，要求每一部门对上一阶段的工作做一恰如其分的评价；企业管理委员会核实后，也给予恰当的评分，如必考目标为30分，一般目标为15分。每一项目标超过指标3%加1分，以后每增加3%再加1分。一般目标有一项未完成而不影响其他部门目标完成的，扣一般目标中的3分；影响其他部门目标完成的则扣5分。

加 1 分相当于增加该部门基本奖金的 1%，减 1 分则扣该部门奖金的 1%。如果有一项必考目标未完成则扣至少 10% 的奖金。

该厂在目标成果评定工作中深深体会到：目标管理的基础是经济责任制，目标管理只有同明确的责任划分结合起来，才能深入持久、才能具有生命力，达到最终的成功。

思考题：

1. 精益生产的理念是什么？具有哪些特点？其实施步骤是怎样的？

2. 什么是准时生产？其核心思想是什么？准时生产的目标是什么？应遵循什么原则？

3. 什么是目标管理？其基本思想是什么？如何设置目标体系？

4. 什么是阿米巴管理？其优势和核心价值是什么？阿米巴经营模式导入的条件和步骤是什么？

5. 什么是绩效考核？有什么作用？绩效考核的内容有哪些？绩效考核的方法有哪些？绩效考核目标的设定应注意什么问题？

6. 什么是企业资源计划？其信息系统具有什么特点？信息管理软件具有哪些模块？

参考文献：

[1] 佚名 . 精益生产日常管理培训资料 [EB/OL]. 2021-04-3.

[2] 佚名 . 精益生产管理体系培训资料 [EB/OL]. 2021-04-3.

[3] 邹艳芬，胡宇辰，陶永进 . 运营管理 [M]. 上海：复旦大学出版社，2013.

[4] https://www. sohu. com/a/204719465_575844

[5] http://www. leanchina. cn/jyscglnews/108. html?gulctk=wlqam

[6] http://www. wendangku. net/doc/989c7e3aec3a87c24128c455-2. html

[7] 佚名 . 目标管理培训资料 [EB/OL]. 2021-04-3.

[8] 佚名 . 目标管理体系培训课件 [EB/OL]. 2021-04-3.

[9] http://www. 360doc. com/content/19/0712/16/28402669_848294455. shtml

[10] https://wiki. mbalib. com/wiki/%E9%98%BF%E7%B1%B3%E5%B7%B4%E7%BB%8F%E8%90%A5

[11] https://baike. so. com/doc/6307269-6520854. html

[12] https://zhuanlan. zhihu. com/p/86753883

［13］余泽忠 . 绩效考核与薪酬管理［M］. 湖北：武汉大学出版社 , 2006.

［14］丁志丽 . ERP 在企业管理中的作用浅析［J］. 管理工程师 , 2011（1）.

［15］陈延寿，宋萍，等 . ERP 教程［M］. 北京：清华大学出版社 , 2009.

［16］陈启坤 . 成功实施 ERP 的规范教程［M］. 北京：电子工业出版社 , 2009.

［17］周三多，等 . 管理学——原理与方法（第四版）［M］. 上海：复旦大学出版社 , 2007.

第五章 包装企业质量管理

伴随着 5G 技术的普及和人们生活质量的进一步提高，使得人们对购买的产品（以及产品的包装）质量的要求也越来越高，这就对那些为社会提供包装产品的包装企业提出了更高的要求。本章，将从包装产品质量的基本概念及其发展过程入手全面介绍质量管理的相关知识；然后结合案例对质量管理常用的统计分析方法进行应用，加深对包装产品质量概念的进一步理解；最后将企业常用的 ISO9000 族标准做一简单介绍。

第一节 包装产品质量和质量管理

正确而全面地理解产品质量的概念，提高对企业产品质量重要意义的认识，有助于在开展质量管理工作中，认真贯彻执行"质量第一"的方针，树立"一切为用户服务"的观念，对不断改善和提高产品质量具有重要的指导意义。

一、包装产品质量的概念

包装产品质量就是包装产品的适用性。包装产品靠自身的质量属性和用途来满足社会和消费者的需要，这决定了包装产品质量好坏的主要标志应从包装产品是否物美价廉地满足了用户的需要，以及满足的程度来衡量。包装产品质量属性见表 5-1。

表 5-1 包装产品的质量属性

质量属性类别	举例
使用方面	如使用是否方便、安全、可靠等
外观方面	如满足用户需要的外形、颜色、装饰等

续表

质量属性类别	举例
经济方面	如效率、成本等
时间方面	如耐用性、可靠性等
结构方面	如结构轻便、便于加工等
物质方面	如物理性能、化学成分等
环境方面	如包装物品的回收、对环境的污染等

值得注意的是：这些属性并非一成不变的，它将随着社会、科技的不断进步，尤其是人们生活水平的提高、对质量意识增强而不断变化。因此，包装产品质量标准是在一定时期和范围内，人们对包装产品质量的要求和现实生产技术水平的统一，并需随技术的进步和用户需要的提高而修订完善。

二、包装产品质量的形成过程

好的包装产品的质量，是经过生产的全过程产生和形成的。首先是设计和生产出来的，不是单纯检验出来的。通常，包装产品质量产生和形成大致经过如图 5-1 所示的 17 个环节，是一个螺旋形上升循环的过程。产品质量在产生、形成和实现的过程中的各个环节之间相互依存，互相制约，互相促进。每经过一次循环，产品质量就提高一步。

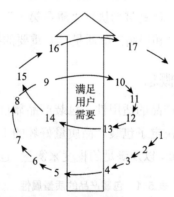

1—市场调研；2—概念设计；3—实验研究；4—产品设计；5—工艺设计；6—外协采购；7—测试与鉴定；8—生产准备；9—样品试制；10—测试改进；11—加工制造；12—质量检验；13—仓库保管；14—包装运输；15—产品销售；16—售后服务；17—报废后回收处理

图 5-1 产品质量螺旋形上升循环过程

不难看出，质量管理要对分散在企业各部门的质量职能活动进行有效的组织、协调、检查和监督，从而保证产品质量和提高产品质量。可见质量管理必然是全过程的、全员的管理。

三、质量管理的发展阶段

20 世纪初美国开始抓质量管理，20 世纪 50 年代日本逐步引进美国的质量管理，并结合日本自己的国情有所发展。质量管理这个概念，是随着现代工业生产的发展逐步形成、发展和完善起来的。科学技术的进步，生产力水平的提高，管理科学化、现代化的实现都不同程度地促进着质量管理的发展。从解决产品质量问题所涉及的理论和所使用的技术与方法的工程进步和发展变化来看，也就是从质量工程的视角，质量管理大致经历了以下几个发展阶段：

1. 质量检验（Quality Inspect）阶段（1920—1940）

质量检验阶段的基本特征如图 5-2 所示。

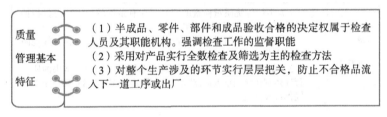

图 5-2 质量检验阶段的基本特征

20 世纪初，泰罗提出了"科学管理"理论。泰罗主张企业内部专业分工，实现计划职能与执行职能分开，因而需要有专职检验这一环节来判明执行情况是否偏离计划和标准。随着企业生产规模的扩大，对零件的互换性、标准化的要求的提高，企业开始设置专职检验人员负责产品（零部件）质量的检验和管理工作。但是，当时的质量管理还是以剔除不合格品为目的事后检验。这种事后把关的方法无法从根本上解决产品质量的问题，属于一种消极被动的管理方式。值得一提的是，1924 年，休哈特（W.A.Shewhart）首先将数理统计概念和方法应用到质量管理中，剔除了控制生产过程进行产品缺陷预防的做法，即"3σ"图，也就是现在应用比较普遍的质量控制图。但是由于 30 年代初期世界的经济危机，使得该方法在当时没有能够得到及时的推广和应用（但是，为第二阶段质量管理奠定了基础），大多数企业依然沿用事后检查的质量管理方法。

2. 统计质量控制（Statistical Quality Control，SQC）阶段（1940—1960）

20世纪40年代，美国生产民用品的大批公司转为生产各种军需品。然而，军需品大多不允许事后全检。例如，在欧洲战场上，美军炮弹炸膛事件层出不穷，造成大量的伤亡事故。面对质量差，不能及时交货等难题，美国国防部特邀请休哈特、道奇、罗米格、华尔特等专家研究解决这一问题。并在1941年至1942年先后制定和公布了一系列强调要求生产军需品的各公司和企业需实行统计质量管理的"美国战时质量管理标准"。将"事后把关"转入"事先预防"，使得统计质量管理方法成为当时预防废品的一种有效工具。在成功解决了武器等军需品的质量问题的同时，美国军工生产在数量和质量上都步入一个新的台阶，助推着美国经济站在世界领先地位。但这一阶段在质量管理中过分强调数理统计方法的应用，而忽视了组织管理和生产者能动性这些因素的重要作用，影响了管理作用的发挥和数理统计方法在质量管理中的普及和运用。统计质量阶段的基本特征如图5-3所示。

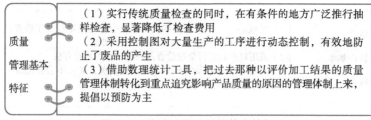

图5-3　统计质量阶段的基本特征

3. 全面质量管理（Total Quality Management，TQM）阶段（1960年至今）

20世纪50年代末到60年代初，随着社会生产力的迅速发展，管理理论和质量管理科学也快速向前发展。特别是航天军工产业以及大型系统工程的需要，在质量管理中引进了"可靠性""无缺陷运动"等一系列新的内容，对质量的要求不断提高。例如，美国的"阿波罗"飞船和"水星五号"运载火箭，零件数量多达560万个，如果零件的可靠性只能达到99.9%，则飞行过程中就存在5600个零件可能发生故障，后果不堪设想。为确保安全，就必须保证全套设备的可靠性达到99.9999%，也就是在100万次的动作中，最多只允许有一次失灵。连续安全作业时间换算出来是要求在1亿到10亿小时。很显然，达到这一要求，单纯依靠统计方法控制生产过程来保证产品质量是很难实现的。需要对生产过程的各个环节都进行质量管理。

美国的质量管理专家，费根堡（A.V.Feigenbaum）和朱兰（J.M.Juran），先后提出了"全面质量管理"这一概念。当时，全面质量管理的"全面"是相对于统计质量控制中的"统计"而言的。但是，全面质量管理的理论和方法的提出，促进了世界各国对产品质量管理体系的深入研究和不断完善。发展至今，全面质量管理无论其内容和方法都形成了完整的科学体系。全面质量管理阶段的促成因素如图5-4所示。

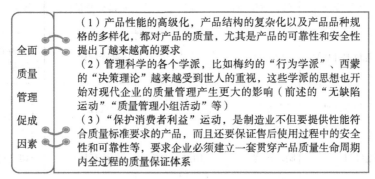

图 5-4　全面质量管理阶段的促成因素

4. 标准化质量管理阶段

进入 20 世纪 80 年代，经济全球化趋势愈演愈烈，世界各国合作更加广泛，资源自由配置，生产力要素广泛流动。与此同时 TQM 在全世界范围内得到广泛普及。伴随着 TQM 理念的普及，国内外有更多的企业开始采用这种管理方法来进一步保证产品质量。1986 年 ISO 在全面质量管理的基础上把质量管理的内容和要求进行了标准化，并于 1987 年 3 月正式颁布了 ISO9000 系列标准。在质量管理标准化阶段，质量管理侧重点主要放在以下几个方面：标准化体系的建立，标准的制定、修改与废除，统计方法的运用，技术的累计和标准的运用等几个主要方面。

5. 数字化管理阶段

随着计算机技术的飞速发展以及计算机技术在企业质量管理工作和生产工作中的越来越广泛的应用，更多的计算机技术被引入质量管理和质量控制中。先后发展了 CAQ（计算机辅助质量管理）、CIQIS（计算机集成质量信息系统）、CIMS（计算机集成制造系统）及 CIS（质量信息系统）等，使质量管理进入了数字化管理阶段。同时也出现了 6 西格玛质量管理的新技术。伴随着 5G 技术的普及和未来的 6G 技术的发展，不难预测，数字化的质量管理一定会有更加令人不可思议的进步。

6.质量管理各个阶段的特征比较

质量管理各个阶段的显著特征对比详见表5-2。需要注意的是：质量管理发展的每一阶段不是前一阶段的简单否定或代替，而是在前一阶段基础上的继续发展和完善。

表5-2 质量工程视角对比质量管理各个发展阶段的特征 [14]

项目比较	质量检验	统计质量控制	全面质量管理	标准化质量管理	数字化质量管理
管理对象	产品和零件质量	工序质量	产品寿命循环全过程质量	质量管理体系	产品寿命循环全过程质量
管理范围	产品和零部件	工艺系统	全过程和全体人员	各种过程	全过程和全体人员、包括企业外部
管理重点	制造经过	制造过程	一切过程要素	过程运行质量	一切过程要素
评价标准	产品符合性技术标准	设计标准	产品适用性	市场满意程度	用户惊喜
涉及技术	检验技术	数理统计技术及控制图	各种质量工程技术综合应用	标准化技术、现代企业管理技术、统计技术、认证技术	计算机技术、统计技术、现代企业管理技术
管理思想和方式	事后把关	制造过程控制废品	寿命循环全过程控制	事前预防、事中控制	寿命循环全过程质量预防、质量经营战略
管理职能	剔除不合格品	消除产生不良品的原因	零缺陷	通过标准化技术全面提高管理水平	利用信息技术提高质量管理水平和企业管理水平
涉及人员	检验人员	质量控制人员	全体员工	全体员工	全体员工

第二节　全面质量管理的特点

一、全面质量管理（TQM）的理念

全面质量管理要求企业全体成员牢固树立"质量第一"的思想，形成强烈的质量意识，以适应市场经济的发展。为此，必须建立如图 5-5 所示的理念。

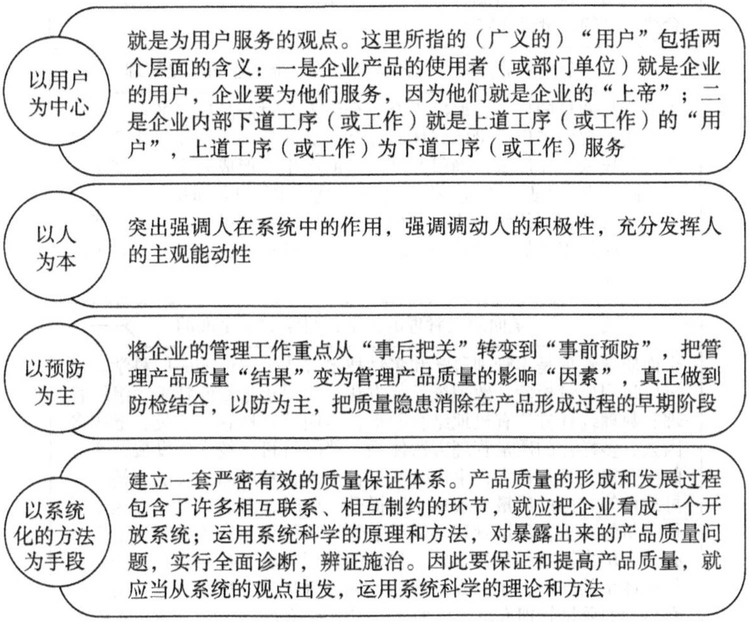

以用户为中心	就是为用户服务的观点。这里所指的（广义的）"用户"包括两个层面的含义：一是企业产品的使用者（或部门单位）就是企业的用户，企业要为他们服务，因为他们就是企业的"上帝"；二是企业内部下道工序（或工作）就是上道工序（或工作）的"用户"，上道工序（或工作）为下道工序（或工作）服务
以人为本	突出强调人在系统中的作用，强调调动人的积极性，充分发挥人的主观能动性
以预防为主	将企业的管理工作重点从"事后把关"转变到"事前预防"，把管理产品质量"结果"变为管理产品质量的影响"因素"，真正做到防检结合，以防为主，把质量隐患消除在产品形成过程的早期阶段
以系统化的方法为手段	建立一套严密有效的质量保证体系。产品质量的形成和发展过程包含了许多相互联系、相互制约的环节，就应把企业看成一个开放系统；运用系统科学的原理和方法，对暴露出来的产品质量问题，实行全面诊断，辨证施治。因此要保证和提高产品质量，就应当从系统的观点出发，运用系统科学的理论和方法

图 5-5　全面质量管理的理念

二、全面质量管理的主要特点

企业的全体员工人人都要树立质量观念，贯彻"质量第一"的方针，运用质量管理的科学理论、技术和方法，提高工作质量。建立从研发设计到使用的全过程的质量保证体系，生产出用户满意的产品。全面质量管理的特点如图 5-6 所示。

三、全面质量管理的基础工作

企业开展质量管理必须先做好一些以产品质量为中心的基础工作，如质量教育、标准化、计量、质量信息、质量责任制以及质量管理部门或小组建立等，形成全面质量管理的基础工作体系。

1. 全面质量管理的范围是全面的

即全过程的质量管理。产品质量是企业生产经营活动中各个相关环节综合形成的重要成果之一。实行全过程的管理，以防为主，将质量管理扩大到过程质量、服务质量和工作质量。一方面，要把管理工作的重点，从事后的产品质量检验转到控制事前的生产过程质量上来；在设计和制造过程中的各个环节的管理上下功夫，在生产过程的每个环节都加强质量管理，保证生产过程中的产品质量良好，消除所有环节的隐患，做到"防患于未然"。另一方面，要建立一个包括从市场调查、研制设计到销售使用的全过程的确保稳定地生产合格产品的质量保证体系

2. 全面质量管理参与者是全员的、全企业的质量管理

工业产品质量的优劣，取决于企业全体人员对产品质量的认识和与此密切相关的工作质量的好坏。提高产品质量需要依靠全体员工以自己优异的工作质量来确保产品质量的产生、形成和实现的基础上来共同完成。因此，首先必须对企业的全体成员进行质量管理教育，强化质量意识，使每个成员都树立"质量第一"的思想；其次广泛地发动全体员工参加质量管理活动。不但从思想上，而且在行动中都保持一致

3. 全面质量管理的方法是科学的、全面的

全面质量管理是集管理科学和多种技术方法为一体的一门科学。不仅要运用质量检验、数理统计等方法，还要求把专业技术、组织管理和数理统计方法有机地结合起来，全面综合地管好质量，形成多因素、多样化的质量管理方法体系。伴随着科学技术的发展，企业的生产规模日益扩大，生产效率日益提高，对产品的性能、精度和可靠性等方面的质量要求也不断提升。同时，对质量管理也提出了很多新的要求，质量管理必须科学化、现代化，在质量管理工作中必须运用先进的科学技术结合科学的管理方法。在建立严密的质量保证体系的同时，还应充分地利用现代科学的一切成就，采用一整套科学的质量管理方法，比如计划–执行–检查–处理（PDCA）的工作方法、数理统计方法、价值分析法、运筹学方法以及因果分析图法等一些实用的方法。广泛运用以数理统计方法为主的科学的管理方法来找出产品质量存在问题的关键，控制生产过程的质量，提高各部门的工作质量，最终达到提高产品质量的目的

图 5-6　全面质量管理的特点

1. 质量教育工作

质量管理教育工作的目的，贯彻"质量第一"的方针，树立全心全意为用户服务的思想。质量教育工作包括的主要内容如表 5-3 所示。

2. 标准化工作

国外有所谓"企业的一切工作都是从标准化开始，到标准化告终"的说法。全面质量管理工作中涉及的质量目标的制定、贯彻执行、检查比较、总结提高，步步离不开标准。标准化工作范围与应注意的问题见表 5-4。

表5-3　质量教育工作的内容

	项目	内容
质量教育工作内容	（1）技术培训和业务学习	员工的技术水平以及各方面管理工作的水平决定着产品的质量；要把人的因素放在首位，规划并组织好员工的技术和业务培训，使员工的技术水平和管理水平持续提高的同时，协调好人、物、技术等各项因素之间的关系
	（2）质量管理知识的普及	全面质量管理涉及企业内各个部门，人人有责，贯穿整个生产技术经营活动的全过程。企业全体员工都必须接受全面质量管理的教育和培训，普及全面质量管理的基本知识、学习现代化的管理方法

表5-4　标准化工作范围与应注意的问题

（1）标准化工作的范围

范围	标准分类	说明
企业标准	技术标准	主要是工业标准（产品质量标准和检验标准等）的具体化，是直接衡量产品质量和工作质量的尺度
	管理标准	各种程序、职责、手段、规章制度等，这类标准是企业为了保证与提高产品质量，实现总的质量目标而制定的
工业标准		工业标准是制定企业标准的重要依据

（2）标准化工作中应注意的问题

项目	内容
① 科学性	标准要在实践和科学研究的基础上制定或修订；标准制定后应根据社会的进步及科学技术的发展，适时进行修订和完善
② 严肃性	标准制定后，一定要严格执行，不能任意改动
③ 明确性	标准要形成文件，内容具体，要求明确，不宜抽象和模棱两可
④ 连贯性	各部门、各方面的标准要连贯一致，互相配套
⑤ 群众性	要依靠群众在总结经验的基础上制定和执行标准

3. 计量工作

计量工作具体内容主要包括测试、化验、分析等工作，是保证零件互换，确保产品质量的重要手段和方法。企业必须设置专门的计量管理机构和理化试验室保证并充分发挥计量器具在质量管理中的效用。表5-5给出了做好计量工作的主要环节。

表5-5 计量工作必需的主要环节

序号	环节
（1）	计量器具的检定
（2）	计量器具及仪器的妥善保管
（3）	计量器具及仪器的及时维修和报废
（4）	计量器具及仪器的正确、合理使用
（5）	改进计量理化工具和计量方法，实现检验测试手段现代化

4. 质量信息工作

质量信息，指的是反映产品质量和产、供、销各环节工作质量的原始记录和基本数据，以及产品使用过程中反映出来的各种情报资料。质量信息是企业进行产品质量调查研究的第一手资料，为保证和提高产品质量提供重要的科学依据。质量信息来源见表5-6所示。

表5-6 质量信息来源

序号	来源	说明
（1）	内部信息	主要是产品准备与制造过程中的各种原始记录。例如，原材料入厂检验记录，工艺操作记录，工序之间流转及废次品检验情况记录等
（2）	外部信息	是指用户在使用过程中对产品质量、经济性等方面的反映，以及国外发展情况，国内同行业产品质量的发展动向

5. 质量责任制

质量责任制作为工业企业中建立经济责任制的首要环节。要求明确规定企业员工在质量工作中的具体任务、责任和权力，以便做到质量工作事事有人管，人人有专责，办事有标准，工作有检查，检查有考核。这样才能提高企业各项专业管理工作的质量，有效预防产品质量缺陷的产生。

6. 质量管理小组活动

质量管理小组活动是总结我国的经验，与学习国外先进的科学管理方法相结合的产物。开展质量管理小组活动，应当有目标、有选题、有活动、有成果，真正成为员工参加企业管理，全面解决质量问题的一种持续长久的有效方式。

第三节 质量管理中常用的数理统计方法

质量分析，是指对产品质量和工程质量状态进行分析。质量管理工作中最为重要的一个方面就是根据事实进行实时有效的管理。要做到这一点，就要第一时间了解和掌握事实，事实的主要信息是数据（质量管理中数据的种类和基本属性见表 5-7 和表 5-8），数据是质量分析的基础。要根据事实（数据）做出及时正确的判断，必须用适当的方法对数据信息进行整理、筛选和分析找出质量波动的规律，把正常的波动控制在最低的限度，采取措施消除各种原因造成的质量异常波动。通过收集数据、整理数据，以数理统计学为基础，总结出诸如直方图、排列图、因果图、控制图、矩阵图等十四种常用的工具和方法（习惯上称新七种工具和老七种工具）。这些工具和方法在企业质量管理中作为基础工作已得到了广泛的应用。它们之间的关系和运用的时机参见图 5-7。

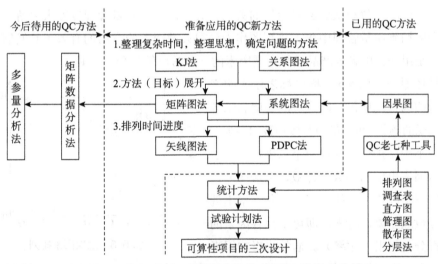

图 5-7 质量管理新七种方法与其他质量管理方法的关系 [3]

表 5-7 质量数据种类

序号	种类	定义及说明
（1）	计量数据	是指可量化的数据，数据可不断细分，称为计量型数据。如某尺寸长度、重量、强度、湿度等可用不同精度量具测量出不同数据
（2）	计数数据	是指不计数型数据：可数型的数据，不可分割地只能以整数表示数据，称为计数型数据。如一匹织物有几处疵点，电镀表面有几处锈斑，合格品的数量，废品的数量，事故的次数等

表5-8 质量数据的基本属性

序号	属性	定义及说明
（1）	波动性	实践证明，在同样的条件下，无论多么精密的机器，多么熟练的技术，生产出来的产品质量都不可能绝对相同，总会存在一定的差异（误差），这种差异就叫作波动性。这种源于正常因素和异常因素产品的波动性也称作离散性（或散差）
（2）	集中性	在生产条件稳定的情况下，产品质量分布具有规律性，即所谓集中性。对产品质量分布的研究表明，在产品要求的质量标准值（平均值）附近数据出现次数多，对质量标准值远离的数据出现的次数就很少

下面将逐一介绍常用的一些方法。

一、主次因素排列图法

主次因素排列图简称排列图。因它是由意大利经济学家帕雷托博士1906年分析意大利的社会财富分布状况时首先采用的，所以又叫帕雷托（Pareto）图。他发现了"关键的少数和次要的多数"的关系。其后，美国质量管理专家朱兰博士把这一原理应用到质量管理中来。排列图作为寻找关键因素的常用的有效工具发展延续至今，是用来找出影响产品质量主要因素的一种常用统计分析工具。

具体原理见图5-8。横坐标表示影响产品质量的因素或项目，以直方的高度表示各因素出现的频数，并从左到右按频数的多少，由大到小顺序排列；设置两个纵坐标，左边的表示因素出现的频数（件数、金额等），右边的表示因素出现的频率。将各因素出现的百分数顺序累计起来，即可求得各因素的累计百分数（累计频率）。通常将影响因素

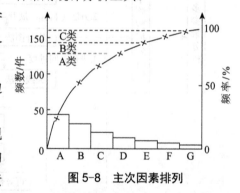

图 5-8 主次因素排列

分为三类，第一类累计百分数在0%～80%范围内的因素为A类因素（主要因素）；第二类累计百分数在80%～90%范围内的因素为B类因素（次要因素）；第三类累计百分数在90%～100%范围内的为C类因素（一般因素）。为了有利于集中精力解决主要问题，首先应重点解决影响产品质量的A类因素。也符合二八原则基本规律。

在实际应用过程中，通常需要找出影响质量的因素有哪些，主要因素有哪些，以及各种因素对质量的影响程度又有多大。主次因素排列图法逐步发展成为找出影响质量的主要因素的一种有效方法。

1. 排列图的做法

下面以实例具体说明排列图的制作和分析方法。

例 5-1：某纸箱生产企业对瓦楞纸板进行抽查，发现其中瓦楞纸板不合格的有 2130 处，经过对抽样数据的整理归类，按各因素对质量的影响程度由大到小汇总于表 5-9。

表 5-9　某纸箱厂纸板质量问题统计表

序号	影响因素	频数 / 次	频率 /%	累计频率 /%
1	高低楞	1529	71.8	71.8
2	瓦楞折皱	201	9.4	81.2
3	瓦楞裂纹	181	8.5	89.7
4	带毛刺	149	7.0	96.7
5	其他	70	3.3	100
合计		2130	100	

解：作两个纵坐标，一个横坐标；将数据按原因分层、按频数的大小不同，从大到小依次排在横轴上；左边的纵轴表示频数，即件数或价值指标；右边纵轴表示频率，即相对百分数；每个矩形的高度表示该因素影响大小的数量；由矩形端点的累积数连成的折线即为帕雷托曲线，如图 5-9 所示。

2. 注意事项（见图 5-10）

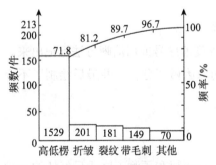

图 5-9　某纸箱厂纸板质量问题排列

在绘制和分析排列图的过程中应注意下列问题：
（1）通常按累计百分数把各影响因素划分为三类，如前所述。主要因素一般为两个，不宜超过三个，否则就失去了抓主要矛盾的意义了
（2）当横轴上的一般因素过多时，为避免冗长杂乱，可将其归并为其他类
（3）抓住了主要矛盾、找出了主要因素后，要采取有效措施，解决实际问题。然后再根据质量管理影响因素主次的变化，重画排列图，以求在更高层次上发现和解决新的问题，使产品质量和工程质量水平不断提高

图 5-10　绘制直方图的注意事项

二、因果分析图法

因果分析图也称特性因素图、鱼刺图或树枝图。是分析、寻找质量问题产生的根本原因与结果之间关系的一种有效的质量分析方法。

因果分析图的原理：将影响产品质量的复杂原因归纳成两种互为依存的关系，即平行关系和因果关系。在实践过程中，如果能够通过直观方法找出属于同一层有关因素的主次关系（平行关系），就可以进一步借助排列图对它们进行统计分析。但是由于因素在各层还存在着纵的因果关系，这就需要有一种方法能同时整理出这两种关系。在生产过程中人、机器、原材料、加工方法、检测方法和环境条件六个方面构成影响产品质量的主要因素。它们之间，存在着因果关系，又各自平行地影响着产品的质量。这些因素的特点是表面性的大原因一般是由一系列中间原因构成，逐级分层可以找出构成中间原因的小原因及更小原因等。要想根除问题，就需要继续分析下去，逐步把影响质量的主要、关键、具体原因找出来，才能有针对性地采取措施彻底解决问题。因果分析图的基本格式如图 5-11 所示。

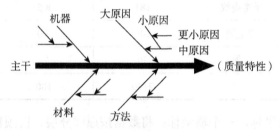

图 5-11　因果分析图基本格式

因果分析图的绘图步骤：

（1）明确分析研究对象，即明确解决什么样的质量问题；

（2）原因归类，把所要分析的质量问题产生的原因按生产工艺过程中的几大质量问题因素进行归类；

（3）将归类后的各个原因用箭头绘制在因果图上；

（4）找出关键或重要的原因，并根据重要程度编序号或用清晰方法标记出来。

例如，某纸箱生产企业对瓦楞纸板不合格的原因做了分析，并最后绘制了不合格因果分析图，如图 5-12 所示。

三、直方图法

直方图法是用来整理质量数据，分析质量运动规律和预测工序质量好坏的一种常用方法。直方图的绘制，首先要将测得的数据进行分组并整理形成频数表，然后据此绘制直方图。随机抽取一定数值，分成几组，如果以纵坐标为频数，这些数值总是围绕某数值左右波动，如图 5-13 所示。一定的分布规律反映着一定的工序质量，根据这个事实，在生产实践中取出一定数量的质量特性值作成直方图，与标准分布进行比较，就能反映出生产是否正常。直方图可以起到预先发现问题，防止出现异常现象，控制工序质量，达到保证产品质量的作用。下面结合实例说明直方图的作法和使用方法。

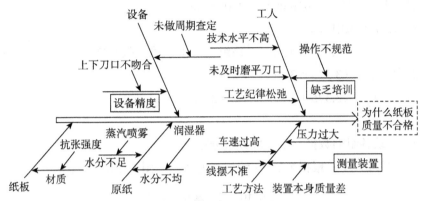

图 5-12　某纸箱生产企业对瓦楞纸板不合格因果分析

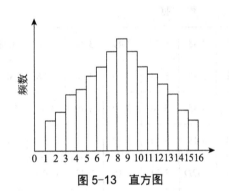

图 5-13　直方图

例 5-2：直方图的作法及分析。

1. 直方图的作法 [1]

（1）收集数据。一般要求在 50 个以上（超过 100 个效果更好），表 5-10 是 $N = 100$ 某板厚度数据表。

（2）确定全部数据中的最大值和最小值：最大值 X_L =3.68，最小值 X_S =3.30。

（3）计算全部数据的分布范围。

$$R = X_L - X_S = 3.68 - 3.30 = 0.38 \tag{5-1}$$

（4）把 N 个数据分成若干组。组数一般按表 5-11 靠经验确定，本例取 K=10。

（5）计算组距。即组之间隔（h），一般按式 5-2 计算。

$$h = R/K = 0.38 \div 10 = 0.038 \tag{5-2}$$

（6）将 h 修正为测量单位的整数倍。本例中最小测量单位为 0.01，此例中可取 $h = 0.04$，但为了计算方便本例中取 $h = 0.05$。

（7）确定组界。为了不使数据漏掉和确定各组频数，将组界值末位数取为测量单位的一半（本例为 0.01mm ÷ 2 = 0.005 mm）。

（8）计算各组中心值。

$$某组的中心值 X_j = （该组上限 + 该组下限）/2 \tag{5-3}$$

本例中：$X_1 = （3.325 + 3.275） \div 2 = 3.30$

$X_2 = （3.375 + 3.325） \div 2 = 3.35$

……

（9）记录各组的数据，整理成频数分布表。

（10）画直方图。根据表 5-12 绘成直方图，见图 5-14。

表 5-10 某板厚度数据表

数 据										行的 X_L	行的 X_s
3.56D	3.46	3.50	3.42×	3.43	3.52	3.49	3.44	3.50	3.48	3.56	3.42
3.48	3.56D	3.50	3.52	3.47	3.48	3.46	3.50	3.56	3.38×	3.56	3.38
3.41	3.37×	3.47	3.49	3.45	3.44	3.50	3.49	3.46	3.46	3.50	3.37
3.55D	3.52	3.44×	3.50	3.45	3.44	3.48	3.46	3.52	3.46	3.55	3.44
3.48	3.48	3.32	3.40	3.52D	3.34	3.46	3.43	3.30×	3.46	3.52	3.30
3.59	3.63D	3.59	3.47	3.38	3.52	3.42	3.48	3.31×	3.46	3.63	3.31
3.40×	3.54	3.46	3.51	3.48	3.50	3.68D	3.60	3.46	3.52	3.68	3.40
3.48	3.50	3.56D	3.50	3.52	3.46×	3.48	3.46	3.52	3.56	3.56	3.46
3.52	3.48	3.46	3.45	3.46	3.54D	3.54D	3.48	3.49	3.41×	3.54	3.41
3.41	3.45	3.34×	3.44	3.47	3.47	3.41	3.48	3.54D	3.47	3.54	3.34
D：各横行的最大值　×：各横行的最小值					$N = 100$				$X_L = 3.68$		$X_s = 3.30$

表 5-11 数据个数与组数

数据个数与组数	组数 K
50 以内	5 ~ 7
50 ~ 100	6 ~ 10
100 ~ 250	7 ~ 12
250 以上	10 ~ 20

表 5-12 数据分布表

级号	级边界	代表值	频数	累计 N = 100
1	3.275 ~ 3.325	3.30	下	3
2	3.325 ~ 3.375	3.35	下	3
3	3.375 ~ 3.425	3.40	正正	9
4	3.425 ~ 3.475	3.45	正正正正正正丁	32
5	3.475 ~ 3.525	3.50	正正正正正正正丁	37
6	3.525 ~ 3.575	3.55	正正	10
7	3.575 ~ 3.625	3.60	下	3
8	3.625 ~ 3.675	3.65	一	1
9	3.675 ~ 3.725	3.70	一	1

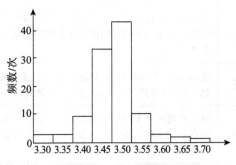

图 5-14 直方图举例

2. 直方图的观察分析

（1）看分布形态。直方图反映了在一定工序质量下产品特性的分布状态，所以又称为质量特性分布图。当直方图以中间位峰顶，左右对称地分散呈正态分布时，说明生产过程正常；如果分布状态不正常，则工序不稳定，需要确定它属于哪一类不稳定进而采取措施加以改善。

图 5-15 所示是常见的几种类型质量特性分布图，具体分析详见表 5-13。

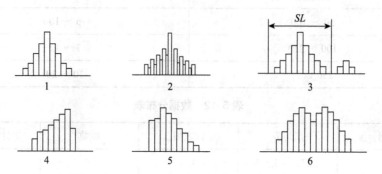

1—正常型；2—锯齿型；3—孤岛型；4—左坡缓型；5—绝壁型；6—双峰型

图 5-15　直方图分布类型

表 5-13　常见类型质量特质分布规律

图序号	类型	分析
图 5-15 中 1	正常型	为正常型的特性分布图，基本上是左右对称的山峰型，呈正态分布的规律
图 5-15 中 2	锯齿型	锯齿型特性分布图形成的基本原因，往往是测量方法、读数不当或组的宽度没有取为测量单位的整数倍的关系而造成的
图 5-15 中 3	孤岛型	这种类型的分布图，是由于有些数据超出而引起的；或由于生产过程中条件发生变动引起的
图 5-15 中 4	左坡缓型	用理论值、标准值控制上限时，多形成此类型的特性分布图。或由于生产过程中某种缓慢的倾向在起作用造成的，如器材零件的磨损、工具的破损
图 5-15 中 5	绝壁型	在剔除小于下限的不合格品时做出的直方图为绝壁型直方图。另外，加工过程中的习惯也可以导致这种情况发生
图 5-15 中 6	双峰型	这往往是两个不同分布混在一起所致。比如，两组工艺、两个工厂或两台不同类型、不同工艺条件加工的产品混合在一起做成的直方图为双峰型直方图

（2）将直方图与标准（如公差等）进行比较。直方图与标准公差、规格或目标进行比较，看直方图是否都落在标准范围之内，从而判断生产过程是否出现异常。一般有图 5-16 所示的六种情况。

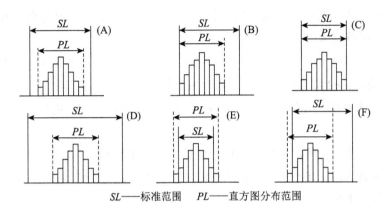

SL——标准范围　　*PL*——直方图分布范围

图 5-16　直方图分布与标准比较

图中 *SL* 为规格范围（或标准范围），*PL* 为直方图分布范围。比较分析详见表 5-14。

表 5-14　直方图与标准比较分析

图序号	分析
图 5-16 (A)	*PL* 在 *SL* 中间，*PL* 两边尚有一定余地，平均值与标准中心重合，这样的工序质量是很理想的，不会出现不合格的产品
图 5-16 (B)	*PL* 的分布虽然在标准内，但偏向一边，图中下限分布正好与标准下限重合，稍不注意，质量特性低于下限，产品就会作废。这种情况有出现不合格产品的可能性，需要及时找出原因予以解决，消除隐患，使直方图移到中间来
图 5-16 (C)	*PL* 的分布上下限全与标准的上下限重合，没有余地，稍不注意，上下限都可能超出标准造成废品；必须及时采取措施，缩小分散性，设法提高工序能力
图 5-16 (D)	此分布都在标准范围内，且余地很大，即工序质量精度很高。如果考虑经济性，应放宽 *PL* 分布范围，如果实际需要高精度，应缩小标准范围（缩小公差）
图 5-16 (E) (F)	*PL* 分布超出了上限或下限，或上下限同时超出界限，即出现了废品。需及时解决，减少分散性或者放宽标准范围（公差）

小结：通过上述六种情况的观察分析，后五种都不理想，欲使它们都成为理想状态 (A) 型，改善思路归纳为以下三个主要方面：一是标准不变，对工序影响因素采取措施；二是在无法改变工序影响因素的情况下，可以改变标准；三是同时调整标准和工序因素

（3）用于调查能力（详见本节中有关工序能力和工序能力系数部分）。

四、工序能力和工序能力系数 [1]

1. 工序能力的概念

工序能力，是指工序能够满足产品质量要求的能力。换言之，就是工序处于稳

定状态下，加工产品质量正常波动的经济幅度，通常用质量特性值分布的 6 倍标准偏差来表示。用符号 B 表示工序能力，那么 $B = 6\sigma$。

通常是在工序处于稳定状态下，产品质量波动的大小，以它形成的概率分布的平方差 $\sigma2$ 来表示。$\sigma2$ 综合反映了工序六大因素各自对产品质量产生的影响。因此，$\sigma2$ 是工序能力大小的质量基础。通常，为了与测定值单位一致，而使用标准偏差 σ 来度量。

工序能力是通过它所加工的产品质量的正常波动来反映的，表明在一定条件下，工序的质量波动不会再减小了，这是工序能力波动的极限。

2. 工序能力系数

工序能力系数表示一道工序的工序能力满足质量要求的程度。工序能力是工序自身实际达到的质量水平，而工序的加工不是在满足特定的标准下进行的。自然可以想到，必须把实际存在的能力与给定的技术要求加以比较，才能全面地评价工序的加工情况。为此，将两者的比值作为衡量工序能力，满足工序技术要求程度的指标。这个比值称为工序能力系数，记作 C_p

$$C_p = T/6\sigma = (T_V - T_L)/6\sigma \tag{5-4}$$

式中　F——公差范围；

　　　T_V——上偏差（公差上限）；

　　　T_L——下偏差（公差下限）；

　　　σ——母体的标准偏差。

从式（5-4）中不难看出，工序能力系数与工序能力不同。对于同一工序而言，工序能力是一个比较稳定的数值，而工序能力系数是一个相对的概念。即便是同一工序，C_p 值也会因加工对象的质量要求不同（公差不同）而变化。

3. 工序能力系数的计算

从式（5-4）中可以知道，C_p 值的大小是 T 与 6σ 的相对比较，实际上是指 T 的中心（公差中心）与 6σ 中心（分布中心）相一致的情况。这仅是实际生产中的一种理想状态。因为在生产过程中往往很难保持公差中心恰好与分布中心一致。所以，还必须考虑两者不一致的情况下 C_p 的计算问题。

（1）分布中心与公差中心重合的情况。分布中心与公差中心重合的情况如图 5-17 所示。

这时，可直接利用 C_p 值的定义式进行计算，即

$$C_p = T/6\sigma = (T_V - T_L)/6S \tag{5-5}$$

式中　S——样本的标准差。

例 5-3：某工序加工外径为 $\phi 8^{-0.050}_{-0.100}$ mm 的坯料，抽取样本 n=100，得出样本的平均尺寸为 X=7.925mm，样本的标准偏差 $S = 0.00519$mm，试求 C_p 值。

解：公差中心值 $M =（T_V + T_L）/2 =（7.9 + 7.95）/2 = \overline{X}$

$C_p = T/6\sigma =（T_Y - T_L）/6\sigma=（7.95 - 7.9）/（6\times 0.00519）= 1.61$

（2）分布中心与公差中心不重合的情况。分布中心与公差中心不重合发生偏移是因为工序中存在系统因素影响的结果。从工序能力系统的含义来说，应当消除系统因素，将分布中心调整到公差中心，才能使计算的 C_p 值真正代表工序能力的实际水平。但在实际生产中，做到这一点并不容易，往往是技术上难以做到，或者从经济上考虑也不允许做到，这就是经常存在的"有偏"情况，如图 5-18 所示。

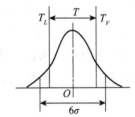

图 5-17　分布中心与公差中心重合

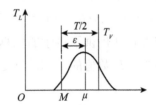

图 5-18　分布中心与公差中心不重合

图 5-18 中公差中心 M 与分布中心件的偏移量记为 ε，则 $\varepsilon=|M-\mu|$

有偏情况下，工序能力系数的计算不能直接利用式（5-5），必须对该式进行适当的修正。设有偏情况下的工序能力系统为 C_pK，则 C_pK 的计算公式为

$$C_pK = C_p \cdot（1-K）\tag{5-6}$$

式中　K——相对偏移量或偏移系数，$K=2\varepsilon / T$。

则式（5-6）可写成

$$C_pK =（T/6\sigma）\{1-（2\varepsilon /T）\}=（T-2\varepsilon）/6\sigma \approx（T-2\varepsilon）/6S\tag{5-7}$$

从式（5-7）可知，当 μ 恰好位于公差中心 M 时，$|M-\mu| = 0$，从而 $K = 0$，则 $C_pK = C_p$，这是无偏的情况，即理想状态。

当 H 恰好位于公差上限或下限时，$|M-\mu| = T/2$ 则 $K=1$，当 μ 位于公差界限之外时 $K>1$。所以，$K \geqslant 1$ 时，$C_pK<0$。通常规定此时的 C_pK 值为 0。

当 $C_pK = 0$ 时，工序加工过程中的不合格率等于或大于 50%，对于不合格品率这样大的工序，已远远不能满足其加工的质量要求，故认为此时的工序能力系数为 0。

例 5-4：某工序加工的零件尺寸要求为 $\Phi（20\pm 0.023）$mm，现经随机抽样，测得样本平均尺寸 $\overline{X}$ =19.997mm，标准偏差 $S=0.007$mm，求 C_pK。

解：$M = (T_V + T_L)/2 = (20.023 + 19.977)/2 = 20$（mm）

$T = T_V - T_L = 20.023 - 19.977 = 0.046$（mm）

$\varepsilon = |M - X| = |20 - 19.997| = 0.003$（mm）

$K = 2\varepsilon/T = 2 \times 0.003 \div 0.046 \approx 0.13$

$C_p = T/6\sigma = 0.046/(6 \times 0.007) \approx 1.095$

$C_p = C_p \cdot (1-K) = 1.095 - (1-0.13) = 0.225$

4. 工序能力分析

工序能力分析是研究工序质量状态的一种活动。因为工序能力系数能较客观地、定量地反映工序满足技术要求的程度，因而可以根据它的大小对工序能力进行分析评价。通过工序能力系数对工序能力进行分析。

由式 $C_p = T/6\sigma$ 可知，在公差一定的情况下，过高的 C_p 值，意味着 σ 很小，则加工成本必然很高，会出现粗活细作的现象。但 C_p 值太小，意味着 σ 很大，则工序所生产出产品质量波动大，必然满足不了技术要求。因此，C_p 值的大小为验证工艺和修改设计提供了科学的依据，使公差取值更为经济合理。所以，确定工序能力系数的合理数值的基本准则是：在满足技术要求的前提下，使加工成本越低越好。

从直观上看，C_p 值大小，取决于 T 与 6σ 相对大小的比值，它大体上有三种情况，如图 5-19 所示。

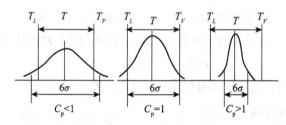

图 5-19　T 与 6σ 关系

$C_p < 1$，显然是应极力避免的。因为，它意味着工序一般不能满足技术要求。

$C_p = 1$ 表面上看似乎最为理想，但生产过程稍有波动，就可能产生较多的不合格品。因为，这种工序状态没有留有余地。

$C_p > 1$，从技术看较为合理，但如果 C_p 值较大，意味着精度的浪费，经济上不合理，自然也应当加以改进。从我国多数企业的实际情况看，一般 C_p 值在 $1 \sim 1.33$ 较适宜。

具体取值应从生产的实际出发，综合考虑技术与经济两个方面进行确定。利用工序能力系数来判断工序能力满足技术要求的程度及处置办法，可参考表 5-15 所列的内容。

表 5-15　工序能力等级、分析与处置参照表

C_p 或（C_pK）	工序能力等级	工序能力判断标准	工序能力评价	处理建议
C_p（C_pK）$\geqslant 1.67$	特级	过高	非常充裕	一般零件可考虑使用更经济的工艺方法，放宽检验。一些非关键的零件，也可以不检查
$1.67 > C_p$（C_pK）$\geqslant 1.33$	一级	足够	充足	可用于重要工序，对于一般工序，可放宽检查
$1.33 > C_p$（C_pK）$\geqslant 1.00$	二级	尚可	可以	一般可用，但要加强控制，注意检查
$1.00 > C_p$（C_pK）$\geqslant 0.67$	三级	不足	不足	查明原因，采取措施，挑选
$0.67 > C_p$（C_pK）	四级	严重不足	严重不足	追查原因，采取措施，全检

五、控制图法

控制图又称管理图表，是一种标有控制界限值的、按照规定时间记录控制对象质量特性值随时间推移发生波动情况的统计图。前述直方图所反映的工序质量是静态的，这里介绍的控制图不仅能反映静态的工序质量，而且还能反映动态的工序质量。利用控制图可以监视控制产品质量波动的动态，判别与区分正常质量波动与异常质量波动，分析工序是否处于控制状态，预报和消除工序失控。

图 5-20 所示为控制图的基本格式，一般有三条线：中心线 CL（Central Line）用一条细实线表示，上控制界限 UCL（Upper Control Limit）和下控制界限 LCL（Lower Control Limit）均用虚线表示；上下控制线一般取在特性值分布的 $\pm 3\sigma$ 处。通常控制图分为三个区域：Ⅰ为正常区，Ⅱ为警戒区，Ⅲ为废品区。

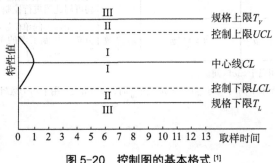

图 5-20　控制图的基本格式 [1]

　　实际应用过程中，按规定抽测 n 个样品特性值顺序地标在图上：当特性值落在Ⅰ区时，表示工序处在稳定状态；当特性值落在Ⅱ区时，表示工序已发生异常，应及时查清原因，采取措施，使之恢复到正常状态，否则将会发生废品；当其超出警戒区，已成废品，应立即停止生产，调整为正常状态。

　　不同的质量特性值，可用不同控制图来管理，常见的控制图种类及用途如表 5-16 所列。上述分类中各种控制图的作图原理、步骤、方法及其所起作用大体相似。现以常用的 $\bar{x}$ -R 控制图为例，加以说明。

表 5-16　控制图的种类及用途

控制图分类	控制图名称	代表符号	控制线 中心线	控制线 控制界限①	样组大小	用途	理论根据
计量值控制图	平均值控制图	$\bar{x}$图	$\bar{\bar{x}}$	$\bar{\bar{x}} \pm A_2 \bar{R}$	$n \geqslant 2$ 一般取 4~5	$\bar{x}$图主要用于观察分布的平均值的变化 R图主要用于观察分布的散差变化	正态分布
计量值控制图	极差控制图	R图	$\bar{R}$	$D_4 \bar{R}$ $D_2 \bar{R}$	$n \geqslant 2$ 一般取 4~5	$\bar{x}$图与R图通常同使用$\bar{x}$-R图。例如，对长度、重量、时间、压力、温度等计量值质量特性的工序质量控制，均可用此控制图	正态分布
计量值控制图	中位数控制图	$\tilde{x}$图	$\bar{\tilde{x}}$图	$\bar{\bar{x}} \pm m_2 A_2 \bar{R}$	$n \geqslant 2$ 一般取 4~5	$\tilde{x}$图可代替$\bar{x}$图。通常并用$\bar{x}$-R图	正态分布
计量值控制图	单值控制图	x图	$\bar{x}$	$\bar{x} \pm E_2 \bar{R}$	$n = 1$	通常$\bar{x}$-R图并用，主要用于小批生产工序	正态分布
计数值控制图	计件值控制图 不合格品率控制图	P图	$\bar{pn}$	$\bar{p} \pm 3\sqrt{\dfrac{\bar{p}(1-\bar{p})②}{n}}$	$n=$常变数	利用样本的不良品率，分析与控制工序的不良品率	二项分布
计数值控制图	计件值控制图 不合格品数控制图	p_n图	$\bar{p}_n$	$\bar{p}_n \pm 3\sqrt{\bar{p}(1-\bar{p})}$	$n=$常数	利用样本的不良品数，分析与控制工序的不良品数	二项分布
计数值控制图	计点值控制图 缺陷数控制图	c图	$\bar{c}$	$\bar{c} \pm 3\sqrt{\bar{c}}$	$n=$常数	利用样本的缺陷数，分析与控制工序的缺陷数。例如，铸造件、锻件、油漆件等表面的砂眼、麻点、气泡等缺陷数，均可用此图进行控制	泊松分布
计数值控制图	计点值控制图 单位缺陷数控制图	u图	$\bar{u}$	$\bar{u} \pm 3\sqrt{\dfrac{\bar{u}②}{n}}$	$n=$常变数	利用样本的单位缺陷数，分析与控制工序的单位缺陷数，其他同上	泊松分布

　　注：①各控制界限都相当于±3σ区间。

　　　　②在各批的样本大小不同时，当 $\dfrac{1}{2}n_{max} < \bar{n} < 2n_{min}$ 时，式中n值可用平均个数$\bar{n}$计算。

例 5-5：试作 Φ（10±0.2）mm 某圆棒的 $\bar{x}$ – R 控制图并用于对设备的工序控制。

1. 作控制图

（1）确定取样间隔时间 h（本例 h=1 小时），样组容量 n（本例 n=5）及组数 K（本例 K=20）后，在冷拉过程中记录的数据见表 5-17。

表 5-17　$\bar{x}$ – R 控制图用数据表 [1]

产品			零件品		ϕ10 圆棒	期间		检查员盖章
质量特点	直径		编号			所属机号		
	1/1000		制造个数					
规格	max		抽样	数量		操作者		
	min			间隔		检查员		
规格号			测量仪器号					
序号	x_1	x_2	x_3	x_4	x_5	$\sum x$	$\bar{x}$	R
1	10.009	9.979	10.010	9.937	10.010	49.945	9.989	0.073
2	9.947	10.088	10.016	10.013	9.962	50.026	10.005	0.141
3	10.031	9.981	10.021	9.950	10.051	50.034	10.007	0.101
4	10.010	9.915	10.009	10.020	9.982	49.936	9.987	0.105
5	9.982	10.026	9.948	10.012	9.912	49.880	9.976	0.114
6	10.035	9.995	10.038	9.965	10.010	50.043	10.009	0.073
7	9.920	10.070	9.884	10.015	10.009	49.838	9.968	0.186
8	10.006	9.981	10.009	10.026	9.939	49.961	9.992	0.087
9	10.000	9.996	10.057	9.940	10.019	50.017	10.003	0.117

（2）计算分析用控制界限并画在控制图上。分别计算每组的平均值 $\bar{x}$，极差 R，总平均 $\bar{\bar{x}}$ 和平均极差 $\bar{R}$。则

$\bar{x}$ 控制图：中心线 $CL = \bar{\bar{x}} = \dfrac{1}{K}\sum_{i=1}^{K}\bar{x}_i = \dfrac{1}{20}\times 200.014 = 10.0007$

控制上限 $UCL = \bar{\bar{x}} + A_2 \times \bar{R} = 10.0007 + (0.58 \times 0.136) \approx 10.080$

控制下限 $LCL = \bar{\bar{x}} - A_2 \times \bar{R} = 10.0007 - (0.58 \times 0.136) \approx 9.922$

R 控制图：

中心线 $\bar{R} = \dfrac{1}{K}\sum_{i=1}^{K}R_i = \dfrac{1}{20}\times 2.712 \approx 0.136$

控制上限 $UCL = D_4 \cdot \overline{R} = 2.11 \times 0.136 \approx 0.287$

最后，根据上述计算，作成图 5-21。（由于 R 反映散差大小，在平均散差之下，说明数据散差小，数据集中性好，离中心线较近，所以 R 图的下限可以不画）

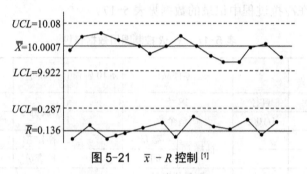

图 5-21 $\overline{x} - R$ 控制 [1]

（3）调整控制限，作工序管理用控制图。作完如图 5-21 所示的 $\overline{x} - R$ 控制图后，如果图上点没有超出控制界限和无异常现象，说明生产过程基本稳定。否则，应调整过程并重新搜集数据，重复前述步骤，再作分析用控制图。本例中 $\overline{x}$、R 所有点都落在控制限内，并无异常情况，说明生产稳定。如有少量的 $\overline{x}$、R 超出控制界限，则把这些点除去，并重新计算控制界限。

获得的稳定状态下 $\overline{x}$ 和 R 的波动范围，需与质量指标进行比较，判定是否满足需要。若能满足，此图就可作为控制工序用的控制图；若不能满足需要，一般需调整生产过程，并重新录取数据、作控制图，循环使用这个过程直到与技术条件相符合为止。

2. 控制图的使用

控制图作好以后，每隔与作控制图相同的间距时间（本例 $h=1$ 小时）抽检一组数据为 n（本例 $n=5$）的产品，计算 $\overline{x}$ 与 R，分别在上述图上打点，并通过各个点是否落在控制限内来判断是否有异常现象发生。例如，当 $\overline{x}$ 有一点跑到上限外，说明了有某种原因促使圆棒直径变大，如不调整，直径会超出产品标准上限而成为废品或次品。

此外，出现下列情况之一，说明生产系统出现异常：

（1）在中心线一侧连续出现 7 个点子（图 5-22 上）。

（2）7 个点子连续上升或连续下降（图 5-22 中）。

（3）表现出周期性变化（图 5-22 下）。

六、相关分析

当两因素相互之间存在着依存关系时，可用相关分析求出其关系式。其中一个因素确定后，另一个因素随之大致地被确定。相关分析是研究变量之间相关关系的一种方法。几种异常情况见图 5-22。

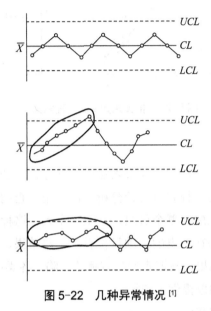

图 5-22　几种异常情况 [1]

如果被研究的两个变量 x 和 y 呈线性相关时，可建立这两个变量之间的直线方程 $y = a + bx$。而这一直线方程是否真实地反映了这两个变量之间的线性关系，还必须用一套检验方法来判断。在实际生产中变量关系判断主要依靠专业知识和经验。同时，在数理统计中给出了下列相关系数

$$\gamma = \frac{\sum(x - \bar{x}) \cdot \sum(\gamma - \bar{\gamma})}{\sqrt{\sum(x - \bar{x})^2} \cdot \sqrt{\sum(\gamma - \bar{\gamma})^2}} \tag{5-8}$$

以此来判断两变量之间的相关程度。γ 的数理意义如图 5-23 所示：图中是相关图的几种类型。$|\gamma|$ 越接近于 1，两变量之间的线性相关性越好。从图 5-23（a）和图 5-23（f）可以判断，x 是质量指标 y 的重要影响因素。因此，控制好因素 x 就可以把结果 y 较好地控制起来。作相关图时，还要注意对数据进行正确的分层，以免做出错误的判断。

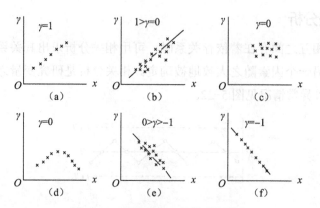

图 5-23　相关系数 γ 的数理意义 [1]

七、调查表法

调查表又称分层表、核对表，检查表法或统计分析表法，是利用统计分析表进行数据整理和原因分析的一种质量统计分析方法。用于查明异常现象、废品、次品发生在哪一部分、哪道工序、哪个班组，甚至哪个人。这种图表使用的方法是把要观察的项目进行分类，并在图表的该项目位置上，将结果、缺陷、事故直接填上，进行核对。这样调查的结果，被调查产品有哪些缺陷，各类产品，各班组各占多少，一目了然，为解决质量问题提供了依据。

1. 调查表的使用步骤 [15]

（1）确定调研的目的；

（2）明确收集资料的目的；

（3）确定为达到目的所需收集的资料（强调问题）；

（4）确定对资料分析的方法（运用哪种统计方法）和负责人；

（5）根据不同的目的，设计用于记录资料的调查表格式，其内容应该包括：调查者、调查时间、地点和方式等栏目；

（6）对收集和记录的部分资料进行预先检查，目的是审查表格设计的合理性；

（7）如有必要，应该评审和修改调查表格式。

2. 几种常用的调查表格式和应用案例 [7]

实际生产过程中，因为调查表简单、清晰，所以使用的频率很高，应用也比较广泛。因此，对常用的各种格式的调查表简单介绍如下：

（1）不合格品项目调查表。

不合格品项目调查表主要用于调查生产现场不合格品项目频数和不合格率，以便用于前述排列图等分析研究（见表 5-18、表 5-19）。

表 5-18　家用插头焊接缺陷调查表（N = 4870）

序号	项目	频数 / 次	累计频数 / 次	累计频率 /%
A	插头槽径大	3367	3367	69.14
B	插头假焊	521	3888	79.84
C	插头焊化	382	4270	87.69
D	接头内有焊锡	201	4471	91.82
E	绝缘不良	156	4627	95.02
F	芯线未露	120	4747	97.48
G	其他	123	4870	100.00

调查者：刘××	2020 年 5 月 1 日

地点：××公司家用插头焊接小组

表 5-19　烤烟成品抽样检验及外观不合格项目调查表

批次	产品型号	成品量 / 箱	抽样数 / 支	不合格品数量 / 支	批不合格品率 /%	外观不合格项目								
						切口	贴口	空松	短烟	过紧	钢印	油点	软腰	表面
1	烤烟型	10	500	3	0.6	1					1			1
2	烤烟型	10	500	8	106	1	1	2	2				2	
3	烤烟型	10	500	4	0.8		1	2				1		
4	烤烟型	10	500	3	0.6		2			1				
5	烤烟型	10	500	5	1.0	1		2		1			1	1
...	...	...	...	...	...									
...	...	...	...	...	...									
250	烤烟型	10	500	6	1.2	1	1	2		1				1
合计		2500	125000	990	0.8	80	297	458	35	28	10	15	12	55

调查者：李××	2021 年 3 月 6 日

地点：某公司卷烟车间

（2）缺陷位置调查表。

缺陷位置调查表主要用于记录、统计、分析不同类型的外观质量缺陷所发生的部位和密集程度，从中找出规律性，为进一步调查和找出解决问题的办法提供事实依据。具体做法：画出产品示意图或展开图，并规定不同外观质量缺陷的表示符号；然后逐一检查样本，把发现的缺陷，按规定的符号在同一张示意图中的相应位置上表示出来。见表5-20。

表5-20　缺陷位置调查表[4]

名称	××		尘粒	日期	2021-03-02
编号	××	调查项目	流漆	记录者	刘××
工序名称	喷漆		色斑	制表者	郭××

产品的草图（或展开图）

标识：
▲ 尘粒
● 色斑
× 流漆

（3）质量分布调查表。

质量分布调查表是根据以往的资料，将某一质量特性项目的数据分布范围分成若干区间而制成的表格，用以记录和统计每一质量特性数据落在某一区间的频数。见表5-21。

表 5-21　质量分布调查表

产品包装实测数值（分布）调查表						调查数 N：121 件				
频数	1	3	6	14	26	32	23	10	4	2
40										
35										
30						丁				
25					一	正				
20					正	正	下			
15					正	正	正			
10				正	正	正	正			
5			一	正	正	正	正	正		
0	一	下	正	正	正	正	正	正	正	丁
	0.5	5.5	10.5	15.5	20.5	25.5	30.5	35.5	40.5	45.5　50.5

调查者：刘××	调查方式：现场观测原始数据统计
地点：××公司××分厂××包装车间	2020 年 5 月 6 日

（4）矩阵调查表。

矩阵调查表是一种多因素调查表，它要求把生产问题的对应因素分别排列成行和列，在其交叉点上标出调查到的各种缺陷、问题和数量，见表 5-22。

表 5-22　产品缺陷矩阵调查表

机号	9月15日		9月16日		9月17日		9月18日		9月19日		9月20日	
	白班	晚班	白班	晚班	白班	晚班	白班	晚班	白班	晚班	白班	晚班
六号	○● ◆○	●☆	○○	◆◆ ☆	□○ □◆	○	○○ ○○ ●□ ●○	○○ ●□ ○○ ○□	☆○	○□	○◆	◆◆ ●
八号	□○ ●○ ☆	○○ ○● ◆	○◆ ◆◆ ●	●● □□ ◆	○○ ●□ □	○○ ◆◆ ◆	○○ ○● ●○ ○	○○ ○○ □● ○○	◆● ○○	◆○ □☆	○○	○☆

调查者：刘××	符号含义				
调查方式：现场观测	□成型	○开裂	◆变形	●疵点	☆其他
地点：××公司××分厂××车间	备注：				
时间：2020 年 9 月 25 日					

（5）工序质量检验记录表。

操作者对首件必须及时检查，并在生产中按规定抽样、检验和标记，及时剔除不合格的半成品和成品，做到隔离存放。工序检验记录表，主要记录：① 操作者按照操作指导书进行自检、自记、自分；② 检验员必须将复检、巡检的检验结果都填写到工序质量检验记录表中，其具体格式如表 5-23 所示。

表 5-23　工序质量检验记录表

零件号		工序号			车间		操作者		
零件名称		工序名称			班组		检验员		
项目 内容 日期	首检			自检				专检			
	时间	项目要求	检测结果	复检	自检结果	自检数量	不良品原因	时间	抽检	不合格数	签章

第四节　建立质量保证体系

随着科技的快速发展与人们生活水平的不断提高，消费者对企业提供的产品和服务的要求也越来越高。全面质量管理也随着经济全球一体化的进程发展到了新的阶段。建立健全质量保证体系已经是每个企业提高管理水平的一个重要组成部分。值得提出的是，包装产品与很多其他的产品最大的区别在于包装产品的销售具有非常强的定向性，如果客户拒收或者退货，产品将直接形成损失。再者，包装产品的标准随客户的喜好出现不同的侧重点变化，因此包装企业更加需要建立一套行之有效的质量保证体系。

一、质量保证体系的概念

质量保证体系（Quality Assurance System，QAS）是指企业以提高和保证产品质量为目标，运用系统化的方法，依靠必要的组织结构，把组织内各部门、各环节的质量管理活动有效地组织起来，将企业外部的协作单位和内部有关部门的技术、管理、经营活动标准化的基础上，把产品研制、设计制造、销售服务和情报反馈的整个过程中影响产品质量的一切因素系统地控制起来，形成的一个有明确任务、职责、权限，相互协调、相互促进的质量管理的有机整体。质量保证体系相应分为内部质量保证体系和外部质量保证体系。

质量保证是企业全面质量管理能否取得长期效果的关键一环；是通过企业在产品质量方面对消费者所做的一种承诺来体现的。质量保证体系是企业内部的一种系统的技术和管理手段，是指企业为生产出符合合同要求的产品，满足质量监督和认证工作的要求，建立的必须得全部有计划的系统的企业活动。它包括对外向用户提供必要保证质量的技术和管理"证据"，这种证据，虽然往往是以书面的质量保证文件形式提供的，但它是以现实的内部的质量保证活动作为坚实后盾的，即表明该产品或服务是在严格的质量管理中完成的，具有足够的管理和技术上的保证能力。它向用户保证在产品寿命周期内安心地使用产品，如果出了故障，愿意赔偿经济损失并负法律责任。

为了保证包装产品质量，包装企业就要加强从设计研制到销售使用全过程的质量管理，建立健全质量保证体系。

二、质量保证体系的内容及其作用

1. 质量保证体系的内容（见表5-24）

表 5-24 质量保证体系的内容

序号	主要内容	说明
（1）	质量为本	牢固树立"质量为本"的思想
（2）	质量目标与计划	必须有明确的质量方针、质量目标和质量计划，层层分解落实
（3）	质量管理机构（部门）	建立专职的质量管理机构（或部门），组织、协调、督促检查各部门和外协厂的质量保证活动
（4）	质量职责、任务和权限	规定各个部门、每个员工在质量方面的职责、权限、任务和利益
（5）	质量信息反馈	建立起一套高效、灵活的质量信息反馈系统，提高质量管理的自我调节和自我控制
（6）	质量保证活动	积极组织开展群众性的质量管理小组活动，使质量保证具有广泛的群众基础
（7）	质量标准化与程序化	实现质量管理标准化和质量管理程序化

2.质量保证体系的作用（见表 5-25）

表 5-25　质量保证体系的作用

序号	作用
（1）	通过质量保证体系，可将企业各个部分的质量管理职能纳入体系之中，使全体员工都积极行动起来，各级的质量管理工作统一组织起来，协调起来，有效地发挥各方面的积极作用
（2）	把企业的工作质量和产品质量有机地联系起来，对出现的质量问题，能迅速及时地查明原因，采取措施加以解决，确保质量目标的实现
（3）	把企业和内部的质量管理活动和流通、使用过程中的质量信息反馈沟通起来，使质量管理工作标准化、程序化、制度化和高效化

三、质量保证体系的建立

企业建立、完善质量保证体系通常需要经历四个阶段（图 5-24 所示），每个阶段又包含若干具体步骤，简述如下：

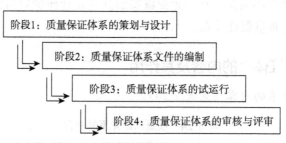

图 5-24　建立质量保证体系的四个阶段

1.质量保证体系的策划与设计

这个阶段主要是做好各种准备工作，包括教育培训，统一认识；组织落实，拟定计划；确定质量方针，制定质量目标；现状调查和分析；调整组织结构，配备资源等步骤和内容。详见图 5-25、图 5-26、图 5-27、图 5-28、图 5-29 所示。

2.质量保证体系文件的编制

这个阶段主要是在专业机构或人员的指导下按照 ISO9000 族标准规定的各项内容，结合企业自身所处的行业特点以及产品特点等在标准规定范围内，完成编制企业的质量保证体系的各项文件工作。

3.质量保证体系的试运行

这个阶段主要是在专业机构或人员的指导下，试运行建立起来的质量保证体系，从中发现问题，及时找到原因，并予以解决。进一步完善所建立的质量保证体系。

（1）教育培训，统一认识
　　质量体系建立和完善的过程，是始于教育、终于教育的过程，也是提高认识和统一认识的过程，一般可归纳为如下三个层次

第一层次为：决策层的培训（主要包括决策层各位领导）
　　①通过介绍质量管理和质量保证的发展和企业的经验教训，说明建立、完善质量体系的迫切性和重要性
　　②通过ISO9000族标准的相关介绍，提高按国家（国际）标准建立质量体系的认识
　　③通过质量体系要素讲解（可侧重讲解管理职责等），明确决策层领导在质量体系建设中的主导作用和关键地位

第二层次为：管理层的培训
（重点是管理、技术和生产部门的负责人，以及与建立质量体系有关的工作人员）
第二层次的人员是建设、完善质量体系的骨干力量，起着承上启下的作用，使他们全面接受ISO9000族标准有关内容的培训

第三层次为：执行层的培训
（与产品质量形成全过程有关的作业人员）
此层次人员重点培训与本岗位质量活动有关的内容，包括在质量活动中应承担的任务、权限和责任等

图 5-25　教育培训，统一认识

（2）组织落实，拟定计划
　　尽管质量体系建设涉及一个组织的所有部门和全体职工，但对多数单位来说，成立一个精干的工作班子可能是必要的，根据一些包装企业的实际的做法，这个班子也可分三个层次以及组织和责任落实后，按不同层次分别制订工作计划，在制订工作计划时应注意的问题如下

第一层次：设立以最高管理者（厂长、总经理等）为组长，质量主管领导为副组长的质量体系建设领导小组（或委员会），主要任务包括：
　　①体系建设的总体规划
　　②制定质量方针和目标
　　③按职能部门进行质量职能的分解

第二层次：成立由各职能部门领导（或代表）参加的工作班子可由质量部门和计划部门的领导共同牵头，其主要任务是按照体系建设的总体规划具体组织实施

第三层次：成立要素工作小组
根据各职能部门的分工明确质量体系要素的责任单位。例如，生产控制一般应由生产部门负责

计划工作时应注意的问题
①目标明确。完成什么任务，解决哪些主要问题，达到什么目的等
②控制进程。要规定主要阶段完成任务的时间表、主要负责人和参与人员，以及他们的职责分工及相互协作关系
③突出重点。重点是体系中的薄弱环节及关键的少数

图 5-26　组织落实，拟定计划

（3）确定质量方针，制定质量目标
质量方针体现了一个组织对质量的追求，对顾客的承诺，是职工质量行为的准则和质量工作的方向

制定质量方针的要求是：
①与总方针相协调
②包含质量目标
③结合组织的特点
④确保各级人员都能理解并坚持执行

图 5-27　确定质量方针，制定质量目标

（4）现状调查和分析
现状调查和分析的目的是合理地选择体系要素，内容包括

①体系情况分析。分析企业组织的质量体系情况，以便根据所处的质量体系现状选择质量体系要素的要求
②产品特点分析。分析产品的技术密集程度、使用对象、产品安全特性等，以确定要素的采用程度
③组织结构分析。组织的管理机构设置是否适应质量体系的需要。应建立与质量体系相适应的组织结构并确立各机构间隶属关系以及联系方法
④生产设备和检测设备能否适应质量体系的有关要求
⑤技术、管理和操作人员的组成、结构及水平状况的分析
⑥管理基础工作情况分析。标准化、计量、质量责任制、质量教育和质量信息等工作的分析
对以上内容可采取与标准中规定的质量体系要素要求进行对比性分析的方法

图 5-28　现状调查和分析

（5）调整组织结构，配备资源

因为在一个组织中除质量管理外，还有其他各种管理。由于历史沿革，多数组织机构并不是按质量形成客观规律来设置相应的职能部门的，所以在完成落实质量体系要素并展开成对应的质量活动以后，必须将活动中相应的工作职责和权限分配到各职能部门。一方面是客观展开的质量活动，另一方面是人为的现有的职能部门，两者之间的关系处理非常重要。一般地讲，一个质量职能部门可以负责或参与多个质量活动，但不要让一项质量活动由多个职能部门来负责。在活动展开的过程中，必须涉及相应的硬件、软件和人员配备，根据需要应进行适当的调配和充实

图 5-29　调整组织结构，配备资源

4. 质量保证体系的审核与评审

这个阶段主要是将完善后的质量保证体系在运行过程中，接受专业认证机构的审核与评审。对在评审中发现的问题，及时整改完善，直至达到认证标准。

综上所述，思想体系是基础，组织体系是保证，生产全过程的质量保证体系是核心，检查体系是验证。其具体关系如图 5-30 所示。表 5-26 给出了建立质量保证体系的具体工作要点。

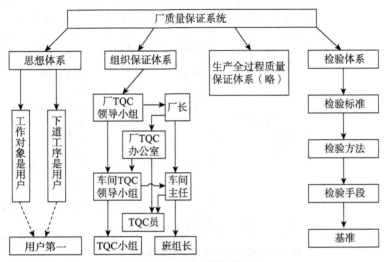

图 5-30　质量保证系统 [1]

表 5-26　建立质量保证体系的具体工作要点

序号	主要内容	工作内容或要点		
（1）	确定质量目标和质量计划	结合行业和企业实际制定企业总体质量目标和质量计划		
（2）	建立企业全面质量管理系统	统一思想标准		
		设立三级组织体制		
		建立并完善生产全过程的质量保证体系		
		建立并完善质量检查体系		
（3）	建立产品质量保证体系	建立产品质量体系流程：产品工作流程、产品加工工序流程、产品质量涉及的各环节的质量任务等		
		基本内容：管理点、质量检查、工序质量标准及控制、作业标准等		
（4）	建立各业务部门的工作质量保证体系	建立设计工作(广义）的质量保证体系	制定产品的质量目标	技术文件的质量保证

序号	主要内容	工作内容或要点		
		建立设计工作（广义）的质量保证体系	设计工作中的试验研究	标准化审查工作
			设计审查和工艺验证	产品质量的经济性分析
			样品和新品的鉴定	设计试制工作程序
		建立物资供应工作的质量保证体系（关注点）	意识	组织能力
			标准化水平	技术管理水平
			管控能力	检测水平
			信息化程度	教育培训体系
			执行能力	其他
		建立工具供应工作的质量保证体系		
		建立设备维修工作的质量保证体系		
		建立使用过程的质量保证体系		
（5）	建立质量保证体系应注意的问题	按照 PDCA 循环，不断改进和完善质量保证体系		
		质量保证体系一经制定，就应严格执行		
		企业及各部门的质量保证体系图（母体系与子体系）必须吻合		
		质量保证体系图应根据企业自己的特点，选择制定，不必强求一致		
		及时考核质量保证体系的实施情况		

四、PDCA 工作循环的应用

全面质量管理活动的运转，离不开管理循环的转动。这就是说，改进与解决质量问题，赶超先进水平的各项工作，都要运用 PDCA 循环的科学程序。不论提高产品质量，还是减少不合格品，都要先提出目标，即质量提高到什么程度，不合格品率降低多少，就要有个计划。这个计划不仅包括目标，而且也包括实现这个目标需要采取的措施；计划制定之后，就要按照计划进行检查，看是否实现了预期效果，有没有达到预期的目标；通过检查找出问题和原因；最后就要进行处理，将经验和教训制定成标准、形成制度。

1. PDCA 循环过程的含义与内容

（1）PDCA 的中文含义。

计划（Plan）—实施（Do）—检查（Check）—行动（Act）。PDCA 循环又叫戴明环，是美国质量管理专家戴明博士首先提出的，它是全面质量管理所应遵循的科学程序。全面质量管理活动的全部过程，就是质量计划的制订和组织实现的过程，这个过程就是按照 PDCA 循环，不停顿地周而复始地运转的。PDCA 是管理中一种非常有用的工具，它并不仅仅限于在质量管理中运用，其实在组织工作或个人生活的方方面面人们都能运用 PDCA 这项工具。它的基本特点就是：简单、有效、实用。

（2）PDCA 循环的内容。

PDCA 循环的内容，如图 5-31 所示：

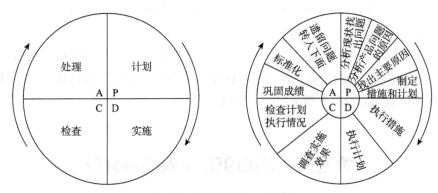

图 5-31　PDCA 循环的内容

P（计划）阶段：掌握现状、识别问题，确定质量目标、活动计划、管理项目和对应的措施方案。分析问题产生的根本原因，针对问题的根本原因，确定改进的对策和措施并形成改进计划（做什么？谁负责？何时实施或完成？）。

D（实施）阶段：按计划所确定的对策和措施具体地组织实施、执行。

C（检查）阶段：检查计划执行的程度、确认结果，并找出存在的问题。

A（行动）阶段：根据检查的结果进行处理。当结果达到目标时，则对计划中所确定的对策和措施进行标准化（Standardize），进入下一个控制循环（SDCA）；当结果未达到目标时，则应采取相应的对策（包括采取临时遏制措施，阻止不良后果继续恶化），并进入下一个改善循环（PDCA）。在这个新的改善循环的计划（P）阶段，需要分析上一个循环中未达到目标的根本原因，确定针对此根本原因的纠正措施（Corrective Action），并制订新的行动计划（Action Plan）。

2. PDCA 循环的运转特点

质量保证体系在按照管理循环运转时，具有如下特点（见图 5-32）：

（1）计划、实施、检查、处理四个阶段缺一不可。在一个循环内各阶段的工作应先后依次序进行，不可颠倒。

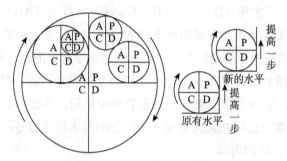

图 5-32　PDCA 循环的特点

（2）大环套小环，小环保大环。每个环都不断地循环和不断地上升，每循环一次，工作质量、产品质量就提高一步。

（3）关键在处理阶段，处理阶段的目的在于总结经验，巩固成果。每经过一个循环，将成功的经验总结整理并纳入标准（或规程），加以标准化和制度化。同时，对于失败的教训总结出来形成案例，引以为戒。

第五节　ISO9000 族标准介绍

随着全球经济的快速发展，世界范围内的经济交流也日益频繁。为了适应国际经贸合作和贸易往来的需要（规范和统一各国质量标准的相关概念、术语），国际标准化组织（ISO）在 1987 年颁布了 ISO9000《质量管理和质量保证》系列国际标准，几十年中经历了多次修改和完善形成了目前的 ISO9000 族标准。

一、ISO9000 族标准在中国

1987 年 3 月 ISO9000 系列标准正式发布以后，同年 12 月，中国正式发布了等效采用 ISO9000 标准的 GB/T10300《质量管理和质量保证》系列国家标准，并于 1989 年 8 月 1 日起在全国实施。

1992 年 5 月中国决定等同采用 ISO9000 系列标准，发布了 GB/T19000—1992 系列标准。

1994 年中国发布了等同采用 1994 版 ISO9000 族标准的 GB/T19000 族标准。

2000 年至 2003 年中国陆续发布了等同采用 2000 版 ISO9000 族标准的国家标准，包括 GB/T19000、GB/T19001、GB/T19004 和 GB/T19011 标准。

2008 年中国根据 ISO9000:2005、ISO9001:2008 版的发布，同时也修订发布了 GB/T19000—2008、GB/T19001—2008 标准。

目前最新版为 2015 年 9 月 23 日颁布的 ISO9001:2015 质量管理体系最新版标准 （3 年过渡期）。

二、2008 版 ISO9000 族标准的构成与特点

1. 2008 版 ISO9000 族标准的构成

2008 版 ISO9000 族标准由四个核心标准、一个支持性标准、若干个技术报告和 宣传性小册子构成。详见表 5-27（GB 等同采用对应的 ISO）所示。

表 5-27 2008 版 ISO9000 族标准构成

核心标准	
标准代号	对应中文内容
GB/T19000—2008 idt ISO9000:2005	《质量管理体系——基础和术语》
GB/T19001—2008 idt ISO9001:2008	《质量管理体系——要求》
GB/T19004—2009 idt ISO9004:2009	《质量管理体系——业绩改进指南》
GB/T19011—2003 idt ISO19011:2002	《质量和（或）环境管理体系审核指南》
支持性标准、和文件	
标准、文件代号或名称	对应中文内容
ISO10012	《测量控制系统》
ISO/TR10006	《项目管理指南》
ISO/TR10007	《技术状态管理指南》
ISO/TR10013	《质量管理体系文件指南》
ISO/TR10014	《质量经济性管理指南》
ISO/TR10015	《教育和培训指南》
ISO/TR10017	《统计技术在 ISO9001 中应用指南》
质量管理原则	质量管理原则
选择和使用指南	选择和使用指南
小型企业的应用	小型企业的应用

2. 2008 版 ISO9000 族标准的特点（见表 5-28）

表 5-28　2008 版 ISO9000 族标准的特点

特点	描述
（1）通用性	适用于提供所有产品类别、不同规模和各种类型的组织，并可根据组织及其产品的特点对不适用的质量管理体系要求进行删减
（2）相关性	采用"以过程为基础的质量管理体系模式"，强调质量管理体系是由相互关联和相互作用的过程构成的一个系统，特别关注过程之间的联系和相互作用，标准内容的逻辑性更强，相关性更好
（3）相容性	强调质量管理体系只是组织管理体系的一个组成部分，标准的内容充分考虑了与其他管理体系标准的相容性
（4）有效性	更注重质量管理体系的有效性和持续改进，减少了对形成文件的程序的强制性要求。除了满足标准中规定的需要有的质量管理体系文件外，组织可以根据其自身的产品和过程的特点，结合其实际运作能力和管理水平，确定其策划、实施运行、控制质量管理体系过程所需的文件
（5）一致性	质量管理体系要求（ISO9001）和质量管理体系业绩改进指南（ISO9004）两个标准的内容更加和谐统一，使它们成为一对协调一致的标准

三、2008 版 ISO9000 族标准的主要内容

1. GB/T19000—2008 idt（idt：是代表"等同"之意）ISO9000:2005《质量管理体系——基础和术语》

GB/T19000—2008 idt ISO9000:2005《质量管理体系——基础和术语》，起着奠定理论基础、统一术语概念和明确指导思想的作用，具有很重要的地位。

标准的"引言"部分提出了 8 项质量管理原则（见表 5-29），标准提供了 12 项质量管理体系基础和 83 个与质量管理体系有关的术语及其定义。

表 5-29　八项质量管理原则

原则	解释
以顾客为关注焦点	把顾客的满意作为核心驱动力
领导作用	领导者确立组织统一的宗旨及方向，以强有力的方式全面推行
全员参与	各级人员都是组织之本，保证所有人员的工作都纳入到标准体系中去
过程方法	将活动和相关的资源作为过程进行管理，可以促进质量目标的实现
管理的系统方法	使每个部门、每个岗位和每项工作都纳入到一个有机总体中去实现目标

续表

原则	解释
持续改进	使 ISO9000 体系成为一项长期的行之有效的质量管理措施
基于事实的决策方法	使标准体系更具有针对性和可操作性
与供方互利的关系	组织与供方是相互依存的、互利的关系可增强双方创造价值的能力

质量管理体系的 12 项基础：

标准提出了质量管理体系的 12 项基础，从质量管理体系角度与本标准的 8 项质量管理原则相呼应。见表 5-30、图 5-33。

表 5-30 质量管理体系的 12 项基础

序号	基础	解释
（1）	质量管理体系的理论说明	质量管理体系能够帮助组织增强顾客满意度
（2）	质量管理体系要求与产品要求	ISO9000 族标准区分了质量管理体系要求和产品要求
（3）	质量管理体系方法	该八个步骤的方法也适用于保持和改进现有的质量管理体系
（4）	过程方法	标准鼓励采用过程方法管理组织。由 ISO9000 族标准表述的，以过程为基础的质量管理体系模式如图 5-33 所示
（5）	质量方针和质量目标	建立质量方针和质量目标为组织提供了关注的焦点
（6）	最高管理者在质量管理体系中的作用	规定了最高管理者的 9 个作用，通过其领导作用及各种措施可以创造一个员工充分参与的环境，质量管理体系能够在这种环境中有效运行
（7）	文件	文件是信息及其承载媒体
（8）	质量管理体系评价	主要包括：① 质量管理体系过程的评价；② 质量管理体系审核；③ 质量管理体系评审；④ 自我评定
（9）	持续改进	持续改进质量管理体系的目的在于增加顾客和其他相关方的满意的机会
（10）	统计技术的作用	应用统计技术可帮助组织了解变异，从而有助于组织解决问题并提高有效性和效率。这些技术也有助于更好地利用可获得的数据进行决策

续表

序号	基础	解释
（11）	质量管理体系与其他管理体系的关注点	质量管理体系是组织的管理体系的一部分，它致力于使与质量目标有关的结果适当地满足相关方的需求、期望和要求
（12）	质量管理体系与优秀模式之间的关系	ISO9000 族标准指出了 ISO9000 族标准质量管理体系与组织优秀模式之间的关系

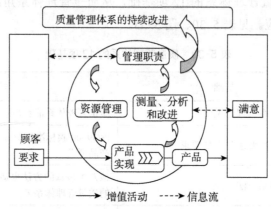

图 5-33　基于过程的质量管理体系模式

2. GB/T19001—2008 idt ISO9001:2000《质量管理体系要求》（见表 5-31）

表 5-31　《质量管理体系要求》简介

（1）标准规定了质量管理体系的要求，取代了 1994 版 ISO9001、ISO9002 和 ISO9003 三个质量保证模式标准，成为用于审核和第三方认证的唯一标准

（2）标准可用于组织证实其有能力稳定地提供满足顾客要求和适用法律法规要求的产品；也可用于组织通过质量管理体系的有效应用，包括持续改进质量管理体系的过程及保证符合顾客和适用法律法规的要求，实现增强顾客满意目标

（3）标准可用于内部和外部（第二方或第三方）评价组织提供满足组织自身要求、顾客要求、法律法规要求的产品的能力

（4）标准应用了以"过程为基础的质量管理体系模式"，鼓励组织在建立、实施和改进质量管理体系及提高其有效性时，采用"过程方法"，通过满足顾客要求增强顾客满意

（5）标准中"1 范围"给出了 GB/T19001 标准的适用范围，说明了标准中提出的质量管理体系要求是通用的，旨在适用于各种类型、不同规模和提供不同产品的组织，当由于组织及其产品的特点对标准中的某些要求不适用时，可以考虑对这些不适用的要求进行删减

续表

（6）如果组织进行删减，应仅限于 GB/T19001 标准第 7 章的要求，并且这样的删减不影响组织提供满足顾客要求和适用法律法规要求的产品的能力或责任，否则不能声称其质量管理体系符合 GB/T19001 标准

（7）标准中"2 引用标准"和"3 术语和定义"说明了 GB/T19001 标准所引用的标准和采用的术语和定义

（8）标准中"4 质量管理体系""5 管理职责""6 资源管理""7 产品实现"和"8 测量、分析和改进"对质量管理体系及其所需的过程提出了具体的要求。与 2000 版 GB/T19001 标准相比，2008 版标准在术语名称上基本没有变化

3. GB/T19004—2009 idt ISO9004:2009《质量管理体系——业绩改进指南》

标准充分考虑了提高质量管理体系的有效性和效率，进而考虑开发改进组织绩效的潜能。标准应用了"以过程为基础的质量管理体系模式"的结构，还给出了"自我评定指南"和"持续改进的过程"两个附录，用于帮助组织评价质量管理体系的有效性和效率以及成熟水平，通过持续改进以提高组织的整体绩效，从而使所有相关方满意。

4. GB/T19011—2003 idt ISO19011:2002《质量和（或）环境管理体系审核指南》

标准是 ISO/TC176（品质管理与品质保证技术委员会）与 ISO/TC207（环境管理技术委员会）联合制定的，以遵循"不同管理体系，可以共同管理和审核的要求"的原则。标准兼容了质量管理体系审核和环境管理体系审核的特点。标准适用于需要实施质量和（或）环境管理体系内部或外部审核或需要管理审核方案的所有组织。标准原则上可适用于其他领域的审核。

四、ISO9000 族标准质量管理体系与 TQM 的关系

全面质量管理（TQM）与 ISO9000 族标准是在解决质量问题过程中所运用的方法、手段不断发展和完善的产物。作为质量管理学说体系发展的两个阶段，它们既有内在联系，又有实质区别（如表 5-32 所示），而明确这种区别与联系，对于指导质量管理工作具有很重要的作用。

表 5-32　ISO9000 族标准质量管理体系与 TQM 的联系

联系	相关性描述
理论基础一致	质量管理先后经历了质量检验、统计质量控制和全面质量管理三个实践阶段，逐步完善和丰富了质量管理学的基本原理和理论，使其发展成为一门独立的学科，任何一种标准都是理论与实践结合的产物，TQM 与 ISO9000 族的共同基础是质量管理学；ISO9000 族标准是在质量管理学理论发展的基础上，与 TQM 实践相结合的产物

联系	相关性描述
最终目标一致	两者都突出以一个组织的全员参与使组织（企业）质量提高，达到顾客满意为共同目标
质量改进	强调不断进行质量改进，都认为质量是一个螺旋上升的过程，循环为工作程序，每经过一个循环，质量便提高一次。ISO9000 族标准中，明确提出质量改进目标、组织、策划、衡量，并提出 11 种工具和技术供使用，因此，两者都注重通过过程质量改进来不断改进产品和服务质量
应用现代统计技术和现代管理技术	两者都强调采用多种方法进行质量管理（含现有的和待开发的技术和方法）。ISO9000 族标准应用多种统计技术和方法，在质量改进时，推荐了调查表、因果图、控制图、直方图、排列图等工具和技术

表 5-33　ISO9000 族标准质量管理体系与 TQM 的区别

区别	描述
标准属性与理论过程	ISO9000 作为质量管理和质量保证标准，具有标准属性，实现了质量管理的有序、统一、规范并保持相对稳定性。TQM 则是质量管理学说发展到一定阶段的一种新的理论，是一个实践的、不断改进的过程
符合性与不断改进	ISO9000 族标准是从顾客角度向企业提出质量管理和质量保证方面的要求，强调符合性。TQM 是从组织（企业）本身的角度出发，动员组织（企业）的各方面参与质量管理工作，强调质量的不断改进
过程与能动性	ISO9000 重视过程，强调所有工作都是通过过程控制来实现，TQM 重视结果，强调发展的主观能动性和创造性
管理哲学与自主提高	ISO9000 族标准主要反映欧美的管理哲学，而 TQM 强调在不断变化的客观条件下，其质量管理自主计划、自主实施、自主检查、自主提高

五、ISO9001：2015 标准的主要变化

1. ISO9001：2015 标准的主要变化

（1）完全按照《ISO/IEC 导则 2013》中的《附件 SL》的格式对标准进行了重新编排。

（2）用"产品和服务"替代 2008 版中的"产品"；强化了"产品"和"服务"的区别；增强了标准对服务业组织的适用性。

（3）对最高管理者提出了更多的要求。增加了"对质量管理体系的有效性承担责任；确保质量管理体系要求纳入组织的业务运作；推进过程方法及基于风险的思想的应用；确保质量管理体系实现其预期结果；鼓励、指导和支持员工为质量管理体系的有效性做出贡献；推动改进；支持其他管理者在其职责范围内证实其领导作用"等要求。

（4）用"外部提供的过程、产品和服务"替代"采购"；要求确保外部提供的过程、产品和服务对组织持续向顾客提供产品和服务的能力不产生负面影响。

（5）用保持"形成文件的信息"替代了"文件化的程序"等有关文件的要求，用保留"形成文件的信息"的证据替代"记录"。

（6）新增加"4.1 理解组织及其环境"和"4.2 理解相关方的需要和期望"条款；要求组织将组织所处的内外部环境作为建立、实施和保持质量管理体系的出发点；强调质量管理体系与组织的内外环境的适宜性。

（7）强调"基于风险的思维"这一核心概念；整个标准从"策划－实施－检查－改进"（4～10 章）全过程都贯穿了风险控制的理念。

（8）将"组织的知识"作为资源进行管理。

（9）删除了"预防措施""质量手册""管理者代表"的具体要求。

（10）修订了质量管理原则；体现了三个核心概念：过程、基于风险的思维和PDCA 循环；大多数要求关于输出、关注实现预期结果、关注绩效。

2. ISO9001:2015 与 ISO9001:2008 标准对照表

ISO9001:2015 与 ISO9001:2008 标准的主要区别详见表 5-34。

表 5-34　ISO9001:2015 与 ISO9001:2008 标准对照表

ISO9001:2015		ISO9001:2008	
范围	1	1.1、1.2	范围
规范性引用文件	2	2	范围性引用文件
术语和定义	3	3	术语和定义
组织的背景	4		
理解组织及其背景	4.1		
理解相关方的需求和期望	4.2		
质量管理体系范围的确定	4.3		
质量管理体系	4.4	4	质量管理体系
总则	4.4.1	4.1	总需求
过程方法	4.4.2	4.1	总需求
领导作用	5		
领导作用和承诺	5.1		

续表

ISO9001：2015			ISO9001：2008
针对质量管理体系的领导作用与承诺	5.1.1	5.1	管理承诺
针对顾客需求和期望的领导作用与承诺	5.1.2	5.2	以顾客为关注焦点
质量方针	5.2	5.3	质量方针
组织的作用、职责和权限	5.3	5.5.1	职责和权限
策划	6	5.4	策划
风险和机遇的应对措施	6.1	5.4.2	质量管理体系策划
质量目标及其实施的策划	6.2	5.4.1	质量目标
变更的策划	6.3		
支持	7		
资源	7.1		
总则	7.1.1		
基础设施	7.1.2	6.3	基础设施
过程环境	7.1.3	6.4	工作环境
监视和测量设备	7.1.4	7.6	监视和测量设备的控制
知识	7.1.5	6.2.2	能力、培训和意识
能力	7.2	6.2.2	能力、培训和意识
意识	7.3	6.2.2	能力、培训和意识
沟通	7.4	5.5.3	内部沟通
形成文件的信息	7.5		
总则	7.5.1	4.2.1	总则
编制和更新	7.5.2	4.2.4	记录控制
文件控制	7.5.3	4.2.3	文件控制
运行	4.2		
质量管理体系范围的确定	8		
运行的策划和控制	8.1		
市场需求的确定和顾客沟通	8.2	7.2	与顾客有关的过程

ISO9001:2015		ISO9001:2008	
总则	8.2.1	4.1	
与产品和服务有关需求的确定	8.2.2	7.2.1	与产品有关的需求的确定
与产品和服务有关需求的评审	8.2.3	7.2.2	与产品有关的需求的评审
顾客沟通	8.2.4	7.2.3	顾客沟通
运行策划过程	8.3	7.1	成品实现的策划
外部供应产品和服务的控制	8.4	7.4	采购
总则	8.4.1		
外部供方的控制类型和程度	8.4.2		
提供外部供方的文件信息	8.4.3		
产品和服务开发	8.5	7.3	设计和开发
开发过程	8.5.1		
开发控制	8.5.2		
开发的转化	8.5.3		
产品生产和服务提供	8.6		
产品生产和服务提供的控制	8.6.1	7.5.1、7.5.2	生产和服务提供的控制、生产和服务提供过程的确认
标识和可追溯性	8.6.2	7.5.3	标识和可追溯性
顾客和外部供方的财产	8.6.3	7.5.4	顾客财产
产品防护	8.6.4	7.5.5	产品防护
交付后的活动	8.6.5	7.5.5	产品防护
变更控制	8.6.6		
产品和服务放行	8.7	8.2.4	产品的见识和测量
不合格产品和服务	8.8	8.3	不合格品控制
绩效评价	9		
监视、测量、分析和评价	9.1	7.6	监视和测量设备的控制
总则	9.1.1		
顾客满意	9.1.2	8.2.1	顾客满意

续表

ISO9001:2015			ISO9001:2008
数据分析与评价	9.1.3	8.4	数据分析
内部审核	9.2	8.2.2	内部审核
管理评审	9.3	5.6	管理评审
持续改进	10	8.5.1	持续改进
不符合和纠正措施	10.1	8.5.2、8.5.3	纠正措施、预防措施
改进	10.2	8.5	改进

案例分析：全面质量管理

案例1：纸包装印刷企业质量过程控制管理的案例 [6]

由于纸包装印刷具有：产品品种多、订单长短差异很大，产品的工艺路线又有一定的差异；而且工序间单机操作，比较难以从头至尾地联机形成流水线式生产，很多工序重复，多次校车，控制条件多变，加上一些人为因素的这些复杂而繁多的特点。所以，纸包装印刷仍处于传统产业阶段，其过程的恒定控制难度较高。也就注定了目前的纸包装印刷企业质量管理的难点在于过程控制。

国内纸包装印刷企业的质量控制现状大致是：基本实现印前的数据化控制；部分企业实现印刷过程中的数据化控制；仅有极少部分企业实现印后的数据化控制。而且，从实施 ISO 质量管理体系的角度看：大部分纸包装印刷企业已建立了 ISO9001 质量管理体系，不过，实际情况是能够深刻理解 ISO9001 质量管理体系的内涵，并能够有效实施的企业数量就很少了。

相对欧美企业比较重视体系管理而言，希望以系统性的管理来约束和规范操作人员，进而达到对生产过程的掌控；日本的民族特点和极具特色的企业文化决定了日本企业特别强调员工的责任心和敬业精神，通过提高个人工作质量来达到对生产过程的稳定控制。而我国印刷企业大部分是学习欧美的模式，学习日本企业管理模式的较少。

一家具有代表性的日本纸包装印刷企业，印刷品以日用品包装为主，品种繁多，有纸板盒，也有瓦楞盒；全公司近 150 人，年产值约 4 亿元人民币；全公司只有 3 个人负责质量管理，其中 2 人专职负责进货检验，但没有设立专门的品质管理部门；该公司的生产工序有：印前、印刷、烫金、压光、贴窗、裱瓦楞、模切和糊盒。从技术装备看只能算"二流"水准，但其质量控制水平却是世界一流的。在车间实际所看到的情况是：重点放在了每个工序的责任控制，而且不仅局限于质量，也体现在生产效益和环境5S上。这种责任控制的意识已形成了习惯性的特定企业文化。印刷车间通常是两台印刷机配置5个人。印刷过程中发现质量问题时，机长首先用插条的方式将有问题的印品进行标识，并将该栈板的印品暂放在旁边。待其可以翻动时，机台人员抽空（机器仍在正常生产）单独对其进行整理，将其中的不良品挑出来，做好标识，随正式产品流转到下一工序。印刷之后没有所谓的"拣大张"的印品整理组。后道各工序也是如此，所有工序所发生的问题全由本工序负责。值得一提的是，在糊盒工序，我们看到一台糊盒机配3个人。他们分别是机长1人（负责操作机器、抽查糊盒质量和辅助装箱）、加料1人和收料1人。在糊盒机车速为60000个/小时（面巾盒）的情况下，他们还要负责装箱、封箱、贴标签和码放线板。若不是亲眼所见，你是不相信的。另外，工序间不需要重复装纸。上道工序收料时，就已将纸堆理齐，下道工序可直接将整线板推上机器开始作业。这也是本工序落实责任控制的结果。整个生产流程中没有专职巡检员"帮助"操作者多把一道质量关。该公司甚至没有出厂前的最终检验。日本人对包装质量的挑剔在世界上是独一无二的。即便这样，该公司全年也只有3～4次的退货记录。这种退货通常还是可以挑出符合要求的产品，而不是致命性地全军覆没。因此说这种质量控制已称得上世界一流水准。

与欧美包装印刷企业相比，我国的纸包装印刷企业的系统性质量管理尚有较大差距，而与日本企业相比，我们从业人员的敬业精神和责任心尚有更大的差距。作为国内包装印刷企业，要承接欧美品牌客户的订单，必须注意系统的质量管理体系的建设与有效实施，而要承接日本的品牌客户订单，必须求真、务实，步步落到实处。鉴于中国的包装印刷企业既不同于欧美企业，又有别于日本企业，为此，我们中国印刷企业应汲取各家之所长，把两大流派的管理模式有机结合起来。以下是我们的看法，仅供参考。

一、设立一个权威性的品质控制部门，人员不要太多，但素质要高。该部门应独立于生产，以此推动公司质量体系的持续改善。这种改善应该是强制性的、权威性的。只有这样，才能在全公司逐渐形成一种重视品质的氛围。这一点要成功，其前提条件是企业的第一领导人必须要有这种意识。

二、以培训为主，奖惩结合的方式，提高各工序操作者的质量意识。观念这种东西不是一天、两天，一个月、两个月就能改变的。对于责任心欠佳的操作人员更是如此。由于缺乏责任心，他们对自己的过失造成的产品质量损失不具有内疚感。在中国香港、日本、新加坡，纸包装印刷企业其实很少有名目繁多的质量考核、效率考核条例，但他们照样有好的品质和高的生产效率。这大概与从业人员的受教育背景、责任心和职业道德等意识有关。因此说，针对国内包装印刷业工人的现状，培训是十分重要的。只有通过持续培训，才能对这支队伍进行潜移默化的影响，同时辅以激励和处罚措施，逐步培育员工的责任意识感。

三、系统地、务实地开展质量改善活动。比如建立月质量分析会，对一个月以来所发现的质量问题，运用统计分析工具作汇总分析，并根据二八法则找出需要改善的主要质量问题，制定改善措施，明确责任人及完成日期，会后由品质管理部门进行跟催和关闭；对于典型的质量案例，品质管理部门应迅速组织召开现场质量专题会，对相关人员做现场教育，并分析真因、制定措施，形成会议纪要，会后由品质管理部门进行跟催和关闭；对于复杂的质量问题，还必须成立特别的质量改善小组（QIT），按项目管理的方法予以实施。只有这样双管齐下，才能在全公司形成以质量目标为导向的观念。当我们切实走完 ISO 质量管理的历程之后，就会像日本企业那样，品质管理部门也就失去了它存在的意义。（本例原始资料来源于中国测控网）

案例 2：ISO9001 质量管理体系审核案例分析

（1）胶辊存放注意事项。

在印刷车间旁边的小屋内，将印刷用的胶辊存放在铁架子上面。屋子墙上悬挂着《胶辊存放注意事项》，其中第三条写着："不允许将胶辊存放在潮湿的地方。"但是审核员看到，该屋内设有水池，还有电热水器，地上到处都是水迹。审核员问车间主任："这规定的第三条如何控制？"车间主任说："我不知道这条规定的道理何在，实际上并不影响胶辊的使用嘛。"审核员："那为什么还有此规定呢？"车间主任："这是很久以前规定的，我也不知道为什么这么定。"

分析：很多组织在贯彻质量管理体系标准以前就编制了很多文件，但是没有注明编制、审核、批准人姓名。结果，过几年后当对某项内容不明白时，谁也不知道该问谁去。本案没有按规定存放胶辊，违反了标准"6.3 基础设施"的"组织应确定、提供并维护为达到产品符合要求所需的基础设施"的规定，尽管车间主任的解释可能是合理的，但是不合规。既然认为规定的有些内容不适宜，就应该根据实际情况进行修订。这里又违反了标准"4.2.3 文件控制"的"b）必要时对文件进行评审与更新，并再次批准"的规定。（该案例来源于：http://whoareme.blog.hexun.com/7686190_d.html ISO9001 质量管理体系审核 289 个案例 [026]）

（2）质量目标。

某厂的质量方针是"科技领先、优质高效、顾客至上"，其工厂的质量目标为："成品一次交验合格率为 98%，工序产品一次交验合格率为 93%，顾客满意率为 98%。"

分析：本例违反了标准"5.3 质量方针"的"c）提供制定和评审质量目标的框

架"的规定。因为"框架"应该理解为对应于质量方针的核心内容，有相对应的质量目标，以便实施对实现质量方针的考核。本例中对质量方针的"科技领先"就没有制定相应的目标以便进行考核，这样"科技领先"就成了一句空话。例如，可以制定相应的质量目标为"每年开发出新产品 2 ～ 3 项"等。（该案例来源于：http://whoareme.blog.hexun.com/7686190_d.html ISO9001 质量管理体系审核 289 个案例 [057]）

（3）质量目标。

包装材料厂的质量手册中，规定工厂成品一次交验合格率为 90％。审核员问质检科长："为什么一次交验合格率不太高？"科长说："因为生产线刚上马，生产还不太稳定，所以目标定得不太高。"半年后，审核组再次来到该厂进行第一次监督审核，当审核员再次见到检验科长时，科长高兴地告诉审核员："经过大半年的努力，我们的成品一次交验合格率已经达到了 95％ 以上。"审核员看到工厂质量手册中的质量目标仍然是"成品一次交验合格率为 90％"。

分析：组织制定的目标应该比现有状态高一些，目标是在前方，但经过努力可以达到。对质量目标的控制应该是动态的，当质量目标已经实现时，这就变成必须做到的规定了，组织应该定出新的目标，这样才能激励组织达到持续的改进。本案的成品一次交验合格率已经实现，但是质量目标没有定出新的要求，违反了标准"5.4.1 质量目标"的"质量目标应是可测量的，并与质量方针保持一致"的规定，因为标准"5.3 质量方针"要求"e）在持续适宜性方面得到评审"。因此，对质量目标的持续适宜性也应评审，必要时予以更新。（该案例来源于：http://whoareme.blog.hexun.com/7686190_d.html ISO9001 质量管理体系审核 289 个案例 [067]）

思考题：

1. 质量管理主要经历了哪些阶段？各阶段的主要特点有哪些？从质量工程角度来看，质量管理有哪些主要阶段？

2. 全面质量管理有哪些主要特点？全面质量管理有哪些基本内容？通过查阅资料说明为什么要发展全面质量管理？

3. 简述排列图和因果分析图的主要作用。

4. 什么是直方图？直方图有什么主要作用？它控制工序质量的原理是什么？直方图如何应用？

5. 什么是控制图？与直方图相比较，在工序质量的控制上有什么不同？

6. 控制图为什么会发生错判？如何判断工序是否处于受控状态？控制图的受控

状态与失控状态如何判断？什么是分析用控制图和控制用控制图？说明控制图的应用程序。

7. 简述你对 PDCA 循环的理解。为什么说 PDCA 循环是个通用的工作方法？为什么说持续改进非常重要？结合自己学习或工作实际说明如何实现持续改进。

8. ISO9000 质量管理体系标准的基本概念是什么？质量管理体系原理包括哪些内容？简述 ISO9000 质量管理体系标准的作用和发展历程。

参考文献：

[1] 戴宏民. 包装管理 [M]. 北京：印刷工业出版社, 2007.

[2] 谢明荣. 现代工业企业管理 [M]. 南京：东南大学出版社, 2004.

[3] 杨乃定. 企业管理理论与方法指引 [M]. 北京：机械工业出版社, 2009.

[4] 姜巧萍. 质量管理精细化管理全案 [M]. 北京：人民邮电出版社, 2009.

[5] ［美］James A. Regh, Henry W. Kraebber. Computer-Integrated Manufacturing [M]. 北京：机械工业出版社, 2004.

[6] 周朝琦, 侯文龙. 质量管理创新 [M]. 北京：经济管理出版社, 2000.

[7] ［美］杰克·吉多, 詹姆斯·P. 克莱门斯. 成功的项目管理 [M]. 张金成, 译. 北京：机械工业出版社, 1999.

[8] ［美］菲利普·科特勒. 市场营销管理 [M]. 洪瑞云, 梁绍明, 陈振忠, 译. 北京：中国人民大学出版社, 1997.

[9] http://wenku. baidu. com/view/28e9ba6a7e21af45b307a8b4. html.

[10] 巩维才, 等. 现代工业企业管理 [M]. 徐州：中国矿业出版社, 1999.

[11] http://www. keyin. cn/plus/view. php?aid=256038&type=zl.

[12] 中国认证人员国家注册委员会. 质量管理体系国家注册审核员预备知识培训教程 [M]. 天津：天津社会科学出版社, 2007.

[13] http://www.docin.com/p-1523344697.html.

[14] 张根宝. 现代质量工程（2 版）[M]. 北京：机械工业出版社, 2012.

[15] 戴宏民, 等. 包装管理学 [M]. 成都：西南交通大学出版社, 2014.

第六章　包装项目管理

用项目管理的原理和方法在限定资源、限定时间的条件下，一次性完成规定功能和目标的包装任务称为包装项目管理。项目管理是一种完成和开发项目的新管理模式，它能取得缩短时间、提高工效、保证质量的卓越成效。

包装企业的产品多是纸板、纸箱、瓶罐，结构简单，零部件少，品种较单一，常采用流水线和自动线生产，一般属于中大批生产，这样的生产方式是非一次性的。

但自进入 21 世纪以来，世界经济日益重视环境保护、降低成本、大力发展现代物流，国际包装业为适应这种新形势，提出了将包装与物流看成一个大系统，且将营销整合为一体的"整体包装解决方案"（Complete Packaging Solutions，CPS）新理念。整体包装解决方案是包装供应商或制造商依据用户的订货要求，为使生产和物流总成本最低，而提供的从包装材料的选取及供应商的遴选，到包装方案设计、制作，到物流配送直至面向终端用户的一整套系统服务。整体包装解决方案是一次性的，因此可将整体包装解决方案的设计与制作作为一个包装项目，采用项目管理的理论和方法来完成它，以取得高的工作效率。

产品厂（如汽车厂、家用电器厂）的包装则是为主产品服务，包装在产品厂作为物料（耗材）进行管理，这是和包装企业将包装按产品管理不一样的；产品厂的产品类型和型号较多，一般属于中小批生产；产品厂不断需要开发新产品，或将老产品不断更新换代，从而使每次新产品开发或产品更新换代成为符合项目管理特点、具有特定目标的一次性任务，故可将新产品开发或产品更新换代等具有明确目标的一次性任务看作一个工程项目，实施项目管理，以提高工效；而产品厂的包装因涉及主产品在厂内厂外物流的全过程，对主产品的工期、质量和成本都有十分重要的影响；且为降低成本、节约资源、保护环境，须将包装做成可回收利用的；故有必要在产品大项目下为包装专设一个子项目，对包装子项目（或子模块）也采用项目管理的方法来实施管理，这也是包装项目管理。

一般讲，包装企业非一次性包装项目多，而采用包装项目管理的一次性包装项目较少；产品厂则多为采用包装项目管理的一次性包装项目。同时，包装企业和产品厂的包装，都可能遇到采用项目管理的原理和方法来进行新产品开发、产品更新换代、精益生产改善、新包装设计、整体包装解决方案设计或相对独立的一次性包装项目。产品厂的包装以前面三项实施包装项目管理为多；而包装企业实施包装项目管理的则以后面几项为多。

本章将先介绍项目管理的原理和方法，在其基础上，探讨包装项目管理的管理特点及管理内容。

第一节 项目管理概述

一、项目管理的概念

项目管理是 20 世纪 50 年代后期发展起来的一种计划管理方法。1957 年美国杜邦公司将这种方法首次应用于设备维修，使维修停工时间由 12 小时锐减为 7 小时；1958 年美国人在北极星导弹设计中，应用项目管理的基本理论，使设计阶段的完工期缩短了两年，取得了卓越成效。此后项目管理的理念引起了人们的高度重视，其应用逐步向建筑工程、汽车工程、机械工程、建设工程、包装工程等工程项目扩展。

项目是在一定的约束条件下限定资源、限定时间、限定质量，具有特定目标的一次性任务。项目可以是一项工程、产品、服务、课题及活动等。工程项目具有如下特征：① 项目资源受限制，包括人员、资金、技术、时间、设备、物资和各类设施等；② 项目具有一次性和寿命周期性；③ 项目具有独创性；④ 每个项目都有自己的客户；⑤ 项目作为一项复杂的任务，多少都包含一定的不确定性。

项目管理的定义是，以项目为对象的系统管理方法，通过临时性的专门的柔性组织，在有限的资源约束下，运用系统的观点、方法和理论，对项目进行高效率的计划、组织、指导和控制，以实现从项目的投资决策开始到项目结束全过程的动态管理和项目目标的综合协调与优化。

项目管理实际上就是对与项目密切相关的绩效（P，指成绩与成效的综合）、时间进度（T）、费用成本（C）和范围（S，指列入项目的事项）进行管理控制的过程。

项目管理是管理学的一个分支学科。项目管理将管理的知识、工具和技术用于项目活动，来解决项目的问题或达成项目的需求。管理的具体含义包含领导

（Leading）、组织（Organizing）、用人（Staffing）、计划（Planning）、控制（Controlling）五项主要工作。

项目管理分为三大类：信息项目管理、工程项目管理和投资项目管理。工程项目管理就是用项目管理的原理和方法对具有工程项目特点的项目进行管理。包装项目管理属于工程项目管理。项目管理的原理和方法在工程项目上应用最为广泛，本章的内容也主要围绕工程项目的特点来编写，故以下涉及项目管理的内容均称为工程项目管理。

二、工程项目管理的属性和功能

1. 工程项目管理的属性

① 目标性：任何项目都有明确的目标性，最终的目的都是"满足或超越项目所有利益相关者的要求和期望"。具体包括时间、质量、成本目标和其他预定的目标要求。当原项目目标发生实质变化后，将形成另一个新的目标。

② 一次性：项目有确定的起点和重点，没有完全可以照搬的先例，也没有完全相同的复制。

③ 独特性：项目管理既不同于一般的生产管理，也不同于常规的行政管理，而是为完成独特的任务而设计的一套完整的管理体系，有自己独特的管理方法、工具、体系，能提供独特的研究成果。

④ 整体性：项目中的一切活动都是相互联系的，协调并进，构成一个整体。

⑤ 渐进性：每个项目没有可复制的模式，即使有可参照、借鉴的模式，也需逐步补充、修改、完善，其开发过程必然是渐进的。

⑥ 开放性和临时性：项目组织没有严格的边界，根据项目进展需要，人数、成员、职责都在不断变化；项目结束时团队解散。

⑦ 复杂性：项目一般由多个部分组成，工作跨越多个组织，需要运用多种学科的知识来解决问题。项目运行中会遇到许多求知因素，每个因素又常常带有不确定性，需要将具有不同经历、来自不同组织的人员有机地组织在一起，在技术性能、成本、进度等较为严格的约束条件下实现项目目标。项目的不确定性、综合性、交叉性决定了项目管理的复杂性。

2. 工程项目管理的功能

① 激励功能：高效率的项目组织管理，必须具备激励功能。激励在管理学的概念中，是指具有加强、激发和推动作用，并且指导和引导人们的行为向着组织目标而奋斗的一种物质和精神力量。广义的激励应当包括激发和约束双重含义，

即奖励和惩罚双重措施。只有充分、灵活地运用这项双重措施才能达到最佳的激励作用。

在项目管理中，也要通过激励因素来提高员工的工作积极性，使其努力工作；并根据他们努力工作产生的工作绩效来对他们进行奖惩，从而达到更强的激励效果；目的是建立起"努力-报酬"的循环链，保证项目承担者通过努力产生收益而获得报酬；这种报酬又推动承担者付出更大的努力，如此形成的努力与报酬将会有效推动实现组织目标。

② 风险防范功能：风险管理是指企业或经济单位对可能遇到的风险进行预测、识别、评估、分析，并在此基础上有效地处置风险，以最低成本实现最大安全保障的科学管理方法。

项目风险指项目管理中出现的风险，它是项目中各种不确定因素对项目所造成的危害影响，应对这种危害影响的策略是项目管理中不可缺少的内容。项目风险管理可积极防止和控制项目实施过程中可能出现的风险，并在很大程度上减少风险所造成的损失，从而回避、转移或分散风险。项目风险管理分为项目风险防范和项目风险应对两大部分，项目风险防范是项目组织管理的重要组成部分，是运用各种风险分析手段和方法预测可能出现的自然风险、社会风险、经济风险和技术风险；项目风险应对是根据实际情况采取最有效的措施，将项目风险降到最低，包括风险回避、风险转移、风险自留和风险分散等。

③ 控制功能： 控制是指项目组织在动态变化的环境中，为了确保实现既定的组织目标而进行的检查、监督、纠正偏差等管理活动的统称。控制是管理的一项基本职能，它能保证任务的顺利完成和组织目标的准确实现。

项目控制指管理者为实现项目目标，通过有效的监督手段及项目受控后的动态效应，不断改变项目控制状态以保证项目目标实现的综合管理过程。项目控制是控制理论和方法在项目管理过程中的运用，它几乎涉及项目管理的全过程中的所有内容，合理地运用项目管理的控制方法，可以在管理中取得重大成效。项目控制包括成本控制、质量控制和进度控制，要求成本、质量和进度达到一种均衡状态，即在有限的成本、规定的质量下保证在特定的时间内完成。

三、工程项目管理的发展历程及在我国的推广应用

项目管理是第二次世界大战后期发展起来的重大新管理技术之一，最早起源于美国，有代表性的项目管理技术比如关键路径法、图形网络技术、计划评审技术、

甘特图等。20 世纪 60 年代，项目管理的应用范围还只局限于建筑、国防和航天等少数领域，但因为项目管理在美国的阿波罗登月项目中取得巨大成功，由此风靡全球；20 世纪 80 年代后项目管理获得快速发展，广泛应用于工程建设、科学研究、科技开发项目，逐步发展成为一个管理学科，形成了以项目管理的知识体系和管理流程两部分构成的基本理论，并成为一种建设开发项目的管理模式，取得了缩短时间、提高工效、保证质量的卓越成效。目前，国际上项目管理已形成了两大项目管理的研究体系，其一是以欧洲为首的体系——国际项目管理协会（IPMA）；其二是以美国为首的体系——美国项目管理协会（PMI）。在过去的 30 多年中，它们的工作卓有成效，为推动国际项目管理现代化发挥了积极的作用。目前，西方发达国家已经在工程项目管理方面形成了比较完善的科学体系，欧美等国的工程公司运作一般以项目管理为中心，其组织机构的设置以有利于项目管理和技术水平的提高为出发点，具备项目管理、设计、采购、施工、试运行全部功能，能完成工程建设总承包任务，并能适应各类合同项目管理的需要。

华罗庚教授在 20 世纪 50 年代将项目管理方法引进中国，称为统筹法和优选法。1965 年华罗庚在其著作《统筹方法平话及其补充》中提出了一套较系统、适合我国国情的项目管理方法，包括调查研究、绘制箭头图、找主要矛盾线，以及在设定目标条件下优化资源配置等。他带领学生在西南三线建设工地推广应用统筹法，在修铁路、架桥梁、挖隧道等工程项目管理上取得了成功。进入 80 年代后，世界银行和一些国际金融机构要求接受贷款的国家须应用项目管理思想组织实施工程项目，进一步推动我国引进工程项目管理，国家计划委员会 1983 年提出推行项目前期项目经理负责制；1988 年开始推行建设工程监理制度；1995 年后建设部又相继颁发了《建筑施工企业项目经理资质管理办法》和《关于建筑业企业项目经理资质管理制度向建造师执业资格制度过渡有关问题的通知》，大力推行项目经理负责制，使建设项目在缩短工期、降低成本和保证质量上均取得了良好成效。华罗庚教授在 1980年也开始将统筹法应用于国家特大型项目，如两淮煤矿开发和准噶尔露天煤矿煤、电、运同步建设项目。在此过程中，华罗庚教授将以统筹法为基础的项目管理水平提高到一个新的高度，通过应用统筹法可模拟完整的作业流程、测度资金流、在特定目标下优化资源配置，为大型工程项目提供有效管理的经验和方法。到 20 世纪80 年代后期，我国更开发出基于统筹法和网络技术的项目管理软件，这些管理软件具备财务预算与管理、进度控制、风险分析等多项功能，在项目选择、规划、实施、监测和控制，以及招投标等方面都发挥了积极的作用。

第二节　工程项目管理的原理、知识体系及管理技术

一、工程项目管理的目标及基本原理

1. 工程项目管理的目标

工期、质量和成本是工程项目管理的三大目标，三者相互制约又相互影响，同时它们又是为实现目标彼此的约束条件，因此三大目标之间是对立统一的关系。如对工程项目的功能和质量要求较高，则需要较好的设备和材料，需要精工细作和较长的工期，以及投入较多的资金；如果要加快进度和缩短工期，则需要增加人力和设备，从而增加单位产品费用和工程总投资；如果要降低投资，则需考虑降低工程项目的功能和质量要求，并按费用最低原则安排进度计划，工程的工期也将延长。但是三大目标之间也是互有联系而统一的：如当提前投产得到的收益高于因工期缩短而增加的投资时，则加快进度缩短工期就是正确的决策；又如提高功能和质量要求，虽然增加了一次性投入，但降低了生产运营和维护费用，从工程项目全生命周期费用看有可能还节约了投资。所以实现三大目标时需将其作为一个系统统筹考虑，反复协调和平衡，力求以资源的最优配置实现工程项目目标。

需要强调：在工程项目管理中，人力因素在降低成本、缩短工期和提高质量中发挥着重要的主体作用，因此加强人力资源管理、调动人的积极性是工程项目成功的关键。

图 6-1 项目目标约束体图直观地体现了项目的工期（时间）、质量和成本三大目标和约束之间的变化关系：项目预算限制了项目的成本，进度计划限制了工期，工程的规范和标准则保证了工程质量。

优秀的工程项目管理应该如图 6-2 所示，宝塔顶尖是成本，由下向上呈瘦高形发展，即在一定的约束条件下尽可能地提高质量、缩短工期、节约人力，降低工程成本。

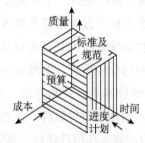

图 6-1　项目目标约束体 [1]

图 6-2　项目管理的衡量标准 [1]

2. 工程项目管理的基本原理

工程项目管理需要运用各种知识、技能、手段和方法实现预定的项目目标，其管理的基本原理主要是系统管理和过程管理。

（1）工程项目的系统管理原理。

任何一个工程项目都是一个系统，具有鲜明的系统特征，它是由技术、物质、组织、行为和信息等要素组成的复杂系统。从系统视角来看，工程项目管理是以项目为对象，运用系统管理方法，通过一个临时性的专门的柔性组织，对项目进行高效率的计划、组织、指导和控制，以实现项目全过程的动态管理和项目目标综合协调和优化的组织管理活动。

系统管理的理论基础是系统工程。系统工程以大型复杂系统为研究对象，以系统整体功能最优为目标，它应用近代的数学方法和工具，按一定目的进行设计、开发、管理与控制，以期达到总体效果最优。常用的数学方法有绘制箭头图，找主要矛盾线，关键路径法，图形网络技术等。从系统分析的角度看，每一单位的项目管理都是在特定的条件下，为实现整个工程项目总目标的一个管理子系统。项目管理是一种综合性工作，要求项目和产品的每一个过程都同其他过程恰当配合与联系，以便彼此协调。

（2）工程项目的过程管理原理。

项目管理是一个过程管理，通过"过程"来实现项目的最终目标，它是一种组织行为，为此须建立起相应的项目管理体系，包括组织体系、知识体系和管理流程，项目管理的每一个过程、每一个部分都应同其他过程、部分有适当的配合、联系与协调。项目管理体系的建设直接关系着项目的绩效与成败，因此项目管理的管理体系建设已成为企业核心竞争力的重要组成部分。

管理体系及采用的技术没有固定的模式，对一个企业来说，管理如同技术一样，不是越先进越好，而是是否适用现阶段企业的需要。因此，企业应根据项目任务的特点，采用最适用的项目管理模式和技术。

二、工程项目管理的知识体系及管理流程

1. 工程项目管理的知识体系简介

工程项目管理的研究体系主要以两大知识体系为主，一是国际项目管理协会（IPMA）的知识体系；二是美国项目管理协会（PMI）的知识体系。国际项目管理协会（IPMA）在《国际项目管理专业资质标准》（ICB）中对项目管理者的素质提出了大约 40 个方面的要求；美国项目管理协会（PMI）则在《项目管理知识体系》（PMBOK）中将项目管理划分为 9 个知识领域，即集成管理、范围管理、时间管理、

成本管理、质量管理、人力资源管理、沟通管理、采购管理和风险管理，后者获得最广泛应用。项目管理框架如图 6-3 所示。

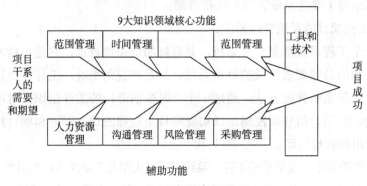

图 6-3　项目管理框架 [6]

2. 工程项目管理的管理流程

美国项目管理学会 PMI 的《项目管理知识体系（PMBOK）指南》中将项目管理流程划分为 39 个过程，归结为相互联系的启动过程、计划过程、执行过程、控制过程和收尾过程五个阶段。

启动过程：批准一个项目或阶段。

计划过程：为实现项目所要达到的目标，从各种备选的行动方案中选择最好的方案。

执行过程：协调人员和其他资源，以有效执行计划。

控制过程：通过定期监控和测量进度，确定与计划存在的偏差，以便在必要的时候采取纠正措施确保项目目标实现。

收尾过程：项目被正式接收并达到有序的结束。

这五个阶段或过程组通过它们创造的结果相互联系，每个过程组的输出或结果成为另一个过程组的输入；在中间的过程组中，这些联系是重复进行的；在项目前期，计划编制过程组为项目实施提供项目计划文件，并随着项目进展，不断提供修正，其联系如图 6-4 所示。

箭头代表信息流向

图 6-4　项目管理流程 [7]

需要注意的是，项目管理的过程组在项目的一个阶段中，所提供的文件不是按照时间界限严格划分的一次性事件，而是重叠的活动。但是，在一个项目阶段中，随着时间的推移，各个过程组活动所占的比例会不同。

三、工程项目的计划管理技术

工程项目计划管理技术有很多，比如甘特图、网络计划技术、关键路径法、计划评审技术等，我们在这儿只对常应用的甘特图和网络计划技术进行介绍。

（一）甘特图法

甘特图又称为横道图和条状图，以提出者亨利·劳伦斯·甘特先生的名字命名。甘特是泰勒创立和推广科学管理制度的亲密合作者，也是科学管理运动的先驱者之一。他提出的甘特图——生产计划进度图是当时管理思想的一次革命。

甘特图是基于作业排序的目的，将活动与时间联系起来的较早尝试之一。它以图形或表格的形式显示活动，通过活动列表和时间进度形象地表示出任何特定项目的活动顺序与持续时间。甘特图基本是一条线条图，横轴表示时间，纵轴表示活动（项目），线条表示在整个期间上计划和实际的活动完成情况。

甘特图按反映的内容不同，可分为计划图表、负荷图表、机器闲置图表、人员闲置图表和进度计划图表五种形式。进度计划图表（见图6-5）可直观地表明任务计划在什么时候进行，以及实际进度与计划要求的对比，哪件工作能如期完成，哪件工作能提前完成或延期完成，从而使管理者了解哪些任务能按时完成，哪些任务还需完成什么工作，据此可检查评估工作进度。甘特负荷图表则可显示出机器或设备的运行和闲置情况，从而使管理人员了解何种调整是恰当的，如当某一工作中心处于超负荷状态时，则低负荷工作中心的员工可临时转移到该工作中心以增加其劳动力；也可将高负荷工作中心的部分工作转移到低负荷工作中心去完成。

甘特图具有简单、醒目和便于编制等特点，在企业管理工作中被广泛应用。甘特图不仅被应用到企业生产管理的项目管理领域，而且随着项目管理的扩展，已被应用到各个领域，如建筑、IT 软件、汽车新产品开发等的项目管理领域。项目进度计划图表见图6-5。

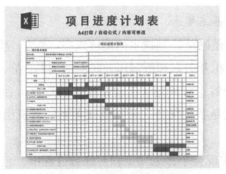

图6-5　项目进度计划图表

（二）网络计划技术

网络计划技术是用于工程项目管理计划与控制的一项技术，起源于美国，也称为计划评审技术 PERT，常用于组织生产和进行计划管理。它的基本思想是"统筹兼顾"，其基本原理是将企业计划任务（或工程项目）看作一个由若干项作业组成的系统，以各项作业所需要的工时为时间因素，绘制出网络图，明确而直接地反映出该项任务的全貌，包括各项作业的进度安排、先后顺序和相互关系；并通过网络分析和网络时间的计算，找出计划中（或项目中）的关键作业和关键线路，以确定管理的重点；再通过对网络计划的优化，求得任务、时间、成本、资源诸因素的平衡和合理利用；最后通过网络计划的实施，对工作过程实行监督与控制，以保证达到预定的计划（或工程项目）目标。

应用网络计划技术的工作步骤如图 6-6 所示。

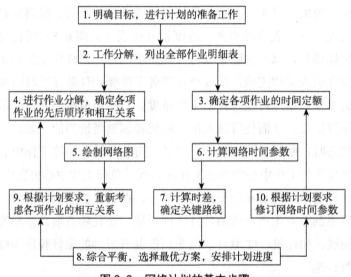

图 6-6　网络计划的基本步骤

1. 网络计划技术的基本概念

① 网络图：网络图是网络计划技术的图解模型，表达一项计划中的各项工序（作业）之间的排列顺序、相互关系和所需作业时间的图形。它反映了整个计划（工程）任务的分解和合成：分解指对计划（工程）任务的划分，合成指解决各项任务的协作与配合，分解和合成是各项任务之间按逻辑关系的有机组成。绘制网络图是网络计划技术的基础工作。

② 时间参数：在实现整个计划（工程）任务过程中，包括人、事、物的运动状态，均是通过转化为时间参数来反映的。反映人、事、物运动状态的时间参数包括：

各项作业的作业时间、开工与完工的时间、工作之间的衔接时间、完成任务的机动时间及计划（工程）任务的总工期等。

③关键路线：通过计算网络图中的时间参数，求出计划（工程）任务的总工期并找出关键路径。在关键路线上的作业称为关键作业，这些作业完成的快慢直接影响着整个计划的工期。在计划执行过程中关键作业是管理的重点，在时间和费用方面要严格控制。

④ 网络优化：根据关键路线法，通过利用时差，不断改善网络计划的初始方案，在满足一定的约束条件下，寻求管理目标达到最优化的计划方案。网络优化是网络计划技术的主要内容之一，也是较之其他计划方法优越的优势所在。

2. 网络图的构成

网络图是以箭线和结点连接而成的一种网状图形，它是表示一项计划（工程）中各项工作或各道工序的先后、衔接关系和所需要时间的图解模型。根据工作或各道工序在时间上的衔接关系，用箭线（或称箭杆）表示它们的先后顺序，画出一个由各项工作的相互联系并注明所需时间的箭线图，这个箭线图就被称为网络图（见图6-7）。

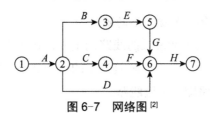

图6-7　网络图[2]

网络图由作业、事项（结点，也称为节点）、线路三要素组成。

"→"表示作业，也称工序：作业是指在计划或工程项目中需要消耗一定资源并占用一定时间完成的独立工作项目，如自然状态下冷却、干燥等，在网络图中用箭线"→"表示。一项工程是由若干个表示工序的箭线和结点（圆圈）所组成的网络图形，其中某个工序可以用某箭线代表，也可以用某箭线前后两个结点的号码来代表。如图6-7所示，B工序也可称为②③工序，E工序也可称为③⑤工序。图中箭线下的数字表示完成该项工序（作业）的时间，有一些工序既不占用时间，也不消耗资源，称为虚工序，用"--→"表示。

"〇"表示事项，或称结点：事项表示某一项作业开始或结束的瞬间，是两项工序（作业）间的连接点，用"〇"表示，并按工序顺序编上号码。结点的持续时间为零，箭尾的结点也叫开始结点，箭头处的结点也叫结束结点。网络图的第一个结点叫始点结点，它意味着一项工程或任务的开始；最后一个结点叫终点结点，它意味着一项工程或任务的完成；其他结点叫中间结点。

线路，又称路线或路径：在网络图中，线路是指从始点结点开始沿着箭线方向，连续不断地到达终点结点为止的一条通道。在一个网络图中，一般有所需时间不同的多条路线，其中所需时间最长的路线叫关键路线。关键路线决定着整个计划任务或工程项目所需的时间（工期）。如在图6-8中，共有①→②→③→④→⑤→⑥、①→②→③→④→⑥、①→②→③→⑤→⑥……多条线路，其中用双线标注、持续时间最长的①→②→④→⑤→⑥称为关键线路。

确定关键线路，并据此合理安排各种资源，对各工序活动进行进度控制，是利用网络计划技术的主要目的。

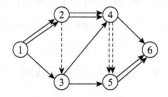

图6-8　关键路线的画法

3. 网络时间参数的计算及关键线路的确定

关键线路除用持续时间周期最长的线路确定外，还可用时差法确定。时差法即在网络图中，计算各项作业的时差，时差为零的作业就是关键作业，而由这项时差为零的关键作业组成的线路即为关键线路。

（1）作业时间。

作业时间是完成一项作业所需要的时间，也称为工序时间、工作时间。其确定方法有以下两种：

1）单一时间估计法。对作业完成所需要的时间，凭经验或统计资料，结合现实生产条件，确定一个时间。这种方法适用于不可知因素较少、有先例可循的情况。

2）三点时间估计法。完成一项作业估计三种时间：① 最乐观时间（最短时间）是指在最有利的情况下，完成该项作业可能需要的最短时间，以 a 表示。② 最保守时间（最长时间）是指在不利的情况下，完成该项作业可能需要的最长时间，以 b 表示。③ 最可能时间（正常时间）是指在正常情况下，完成该项作业可能需要的时间，以 c 表示。

则该项作业完成时间的平均值（T）为

$$T = \frac{a + 4c + b}{6} \tag{6-1}$$

（2）结点时间参数的计算。

① 结点最早开始时间（T_i^E）：它是指从该结点开始的各项作业最早可能开始工作的时间。结点最早开始时间从网络图始点开始计算，一般将始点的最早开始时间规定为零，然后按结点编号顺序依次计算其他各结点的最早开始时间，直至终点。其计算公式为

$$T_j^E = \max |T_i^E + t_{ij}| \tag{6-2}$$

式中　　T_j^E ——结点 j 的最早开始时间；

T_i^E ——结点 i 的最早开始时间；

t_{ij} ——作业 $i \sim j$ 的作业时间。

② 结点最迟结束时间（T_i^L）：它是指进入该结点的所有作业最迟必须完成的时间。在此时间如果不完成作业，就会影响后续作业的按时开工。

结点最迟结束时间的计算是从网络图最后一个结点开始，逆箭线方向依次计算。结点最迟结束时间的计算公式为

$$T_i^L = \min |T_j^L + t_{ij}| \tag{6-3}$$

式中　　T_i^L ——结点 i 的最迟结束时间；

T_j^L ——结点 j 的最迟结束时间；

t_{ij} ——作业 $i \sim j$ 的作业时间。

在图 6-9 中，结点最早开始时间用 □ 表示，结点最迟结束时间用 △ 表示。

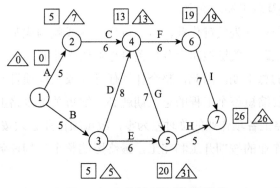

图 6-9　网络图及结点时间计算

（3）作业时间参数的计算。

① 作业的最早开始时间（T_{ES}^{ij}）：它是指作业最早可以在什么时间开始。它等于代表该项作业的箭线的箭尾结点的最早开始时间，即

$$T_{ES}^{ij} = T_i^E \tag{6-4}$$

② 作业的最早结束时间（T_{EF}^{ij}）：它是指作业最早可以在什么时间结束。它等于代表该项作业的箭线的箭尾结点的最早开始时间加上该作业时间。其计算公式表示为

$$T_{EF}^{ij} = T_{ES}^{ij} + t_{ij} \qquad (6-5)$$

③作业的最迟结束时间（T_{LF}^{ij}）：它是指该项作业最迟在什么时间结束。它等于代表该项作业的箭线的箭头结点的最迟结束时间。即

$$T_{LF}^{ij} = T_j^L \qquad (6-6)$$

④ 作业的最迟开始时间（T_{LS}^{ij}）：它是指该项作业最迟应在什么时间开始。它等于代表该项作业的箭线的箭头结点的最迟结束时间减去该项作业本身的作业时间。其计算公式为

$$T_{LS}^{ij} = T_j^L - t_{ij} \qquad (6-7)$$

（4）作业总时差的计算。

作业的总时差，是指在不影响整个工程项目完工的条件下，某些作业在开工时间安排上可以机动使用的时间，即宽裕时间。作业的总时差等于作业的最迟开始时间与最早开始时间之差，或者等于作业的最迟结束时间与最早结束时间之差。其计算公式为

$$R_{ij} = T_{LS}^{ij} - T_{ES}^{ij} \quad 或 \quad R_{ij} = T_{LF}^{ij} - T_{EF}^{ij} \qquad (6-8)$$

（5）关键线路及总工期的确定。

总时差为零的作业称为关键作业，将关键作业连线就构成某一项计划任务（或工程项目）的关键线路。关键线路上各项关键作业的作业时间之和构成整个计划任务（或工程项目）的总工期。因此，整个计划任务（或工程项目）的完工期取决于关键线路的时间，要缩短整个工程的总工期就必须缩短关键线路上各项作业的作业时间。由于关键线路上各项作业的总时差为零，故每项作业必须按预定的时间完工，否则将影响其后续作业的按期开工和完工，最终影响整个计划任务（或工程项目）的按时完成。

掌握了关键线路，可以使指挥者和执行者都做到心中有数，指挥人员可将管理重点放在关键线路上，有效地安排人力、物力，保证计划任务（或工程项目）的按时完成。

关键线络除上述时差法外，也可用周期比较法确定，即持续时间最长的线路就是关键线路。

4. 网络计划方案的优化

找出关键路径，初步确定了完成整个计划任务所需要的总工期，但该总工期是否符合合同或计划规定的时间要求，是否与计划期的劳动力、物资供应、成本费用等计划指标相适应，还需要进一步综合平衡，故应对此方案进行一系列的调整，通过优化最后择取一个最优方案，再正式绘制网络图。

根据资源限制条件不同，网络计划的优化可分为时间优化、时间－费用优化和时间－资源优化 3 种类型。① 时间优化：在人力、物理、财力等条件基本上有保证的前提下，寻求缩短工程周期的措施，使工程周期符合目标工期的要求。主要包括压缩活动时间、进行活动分解和利用时间差三条途径。② 时间－费用优化：是指找出一个缩短项目工期的方案，使得项目完成所需总费用最低，并遵循关键线路上的活动优先；直接费用变化率小的活动优先；逐次压缩活动的作业时间以不超过赶工时间为限三个基本原则。③ 时间－资源优化分为两种情况：一是在资源一定的条件下，寻求最短工期；二是在工期一定的条件下，寻求工期与资源的最佳结合。

5. 网络计划的贯彻执行

编制网络计划仅仅是计划工作的开始。计划工作不仅要正确编制计划，更重要的是组织计划实施。网络计划的贯彻执行，首先要发动群众讨论和积极参与；同时加强生产管理，采取切实有效的措施保证计划任务的完成。

在应用计算机的情况下，可利用计算机对网络计划的执行进行监督、控制和调整，只要将网络计划及执行情况输入计算机，它就能自动运算、调整，并输出结果，以指导生产，保证达到预定的计划目标。

第三节　工程项目的管理方法

美国项目管理协会（PMI）将项目管理划分为 9 个知识领域，即集成管理、范围管理、时间管理、成本管理、质量管理、人力资源管理、沟通管理、采购管理和风险管理，但对于中小型的工程项目管理（如包装项目管理），在项目管理知识体系中关系最密切的是范围管理、人力资源管理、时间管理、质量管理、成本管理和风险管理 6 个知识领域，本节将介绍这 6 个知识领域的管理方法。

一、工程项目的范围管理

项目范围管理基本内容是定义和控制列入或未列入项目的事项。主要管理工作包括：① 启动一个新项目或项目的一个新阶段；② 从流通全过程需求编制项目范围计划，界定项目范围；③ 在项目实施过程中，对项目范围的变更进行控制。它包括编制范围计划及范围变更控制两个方面。

1. 编制范围计划

工程项目组应该组织有关专家和项目组成员对工程项目进行框架设计，包括对项目目标、范围、阶段进度、成本、预期收益等进行全面设计；通过框架设计，将项目的全部任务分解到月度进行落实，以提高规划的可操作性。

在编制范围计划时，可以采用"工作分解结构"的方法，主要内容包括分解原则、工作分解结构、组织分解结构、成本分解结构和产品分解结构。该方法根据树形图将一个项目先分解为若干子项目，再逐渐分解成若干个相对独立的工作单元，并确定每个工作单元的任务及其从属的工作（或称之为活动），以便更有效地组织项目工作的进行。根据工作的分解结构，就可以确定每一项工作指派给哪些项目执行人或者是外协厂家。

2. 范围变更控制

在项目实施过程中，由于不确定性因素的存在，如项目要求和项目设计发生改变，流通路线、流通环境、项目组人员以及外协厂家发生变化等，均会使项目范围发生变动，导致项目工期、成本、质量等指标的变动。因此，必须对项目范围的变更进行控制，项目范围变更控制的依据是工作分解结构、项目实施进度报告、项目范围变更要求和项目范围管理计划；项目范围变更控制的手段和方法是采用范围变更控制系统、项目实施情况的分析度量和采用项目追加计划法等。

项目阶段结束后需召开经验总结会或项目跟踪评估的会议，目的是评估项目范围实施的绩效，确认项目范围等计划目标是否已经达到；同时也总结对项目范围或范围变更控制的经验。

二、工程项目的人力资源管理

项目人力资源管理是指项目组织为了获取、开发、保持和有效利用在项目经营过程中的人力资源，通过运用科学、系统的技术和方法进行各种相关的计划、组织、领导和控制活动，以实现组织的既定目标。项目人力资源管理和一般人力资源管理相比，具有团队性、临时性、渐进性和专职性等特点，更加强调团队建设，注重高效快捷，强调目标导向。

1. 项目组的组织结构

项目组人力资源管理的首要任务是项目组织结构设计，明确项目组织中的角色和职责，确定项目团队成员之间的关系。组织结构在整个管理系统中起"框架"的聚合作用，高效率的项目管理组织结构是项目成功的组织保证，对项目管理的成败起着决定性的作用。项目组组织结构的形式主要有直线职能型、矩阵型和事业部型等几种形式（参见第一章第四节）。矩阵型组织是现代大型项目管理中应用最广泛的组织形式，它加强了不同部门之间的配合与信息交流，减少了直线职能型中各部门互相脱节的现象，充分发挥职能部门的纵向优势和项目组织的横向优势，把职能原则和对象原则结合起来，形成了如同矩阵一样的独特的组织结构形式，如图 6-10 所示。在工程项目管理中，应努力创新并充分发挥矩阵型弹性组织在项目管理中的整体协调作用，通过合理界定公司、项目部的权利与职责，加强公司对项目组的管理和控制力度；而在项目组内部，则通过机构调整和决策分级设置，使项目团队更加精干高效率。

图 6-10 项目组矩阵型组织结构 [1]

2. 项目团队的组建模式与激励、沟通

（1）项目团队的组建模式。

项目团队又叫项目组，是项目组织中的核心，是为了完成某个特定的科技项目而设立的专门组织。项目团队由项目负责人及项目工作人员构成。

项目负责人是项目团队的核心人物，他的能力和素质直接关系科技项目研究的成败。在项目进展过程中，成员之间会出现各种各样的冲突和矛盾，这就要求项目负责人必须具备管理和协调与决策能力，才能使团队成员士气高昂、人心凝聚，共同高效完成项目任务。

（2）项目团队的激励机制。

激励是人力资源管理的重要内容，用于管理激发员工的工作动机，即用各种有效的方法去调动员工的积极性和创造性，使团队员工努力去完成组织的任务，实现组织的目标。为此，企业应建立一套正确的评价和激励机制，通过特定的方法与管理体系，将员工对组织及工作的承诺最大化地去实现。激励类型有精神激励、薪酬激励、荣誉激励、工作激励等多种；激励方式则有薪酬激励、股权激励、个人发展和事业激励、文化激励、情感激励、责任激励等多种，其中，薪酬激励是企业激励机制中最重要的激励手段，也是目前企业普遍采用的一种有效的激励手段。薪酬激励有短期、中期和长期激励三种模式。① 短期激励模式具体表现形式有"计件制、计时制和佣金制""固定工资""预付工资佣金提成""预付工资奖金"等。这种激励模式的优点是能短期提高员工工作积极性，缺点是产品销售或企业盈利尚未实现就已支付报酬，员工可不和企业共担风险也不分享经营成果，所以激励效果是短期的，员工会呈现出较大的流动性和短期行为。② 中期激励模式以固定激励和收益性激励为主，主要形式有"固定工资计件制""固定工资奖金和提成""固定工资奖金股权""年薪制"等。在中期激励模式下，企业一般会将固定激励纳入员工的基本工资，以提高员工的稳定性和安全感。中期激励模式中的奖金更多与利润分享或目标管理挂钩，等到实现销售或企业盈利后再发放，有利于减少员工的短期行为，使员工与企业的利益相结合。③ 长期激励模式是指以收益性激励和权益性激励为主的激励模式，主要形式有"固定工资收益性激励利润分享、目标分享养老金计划""年薪制递延薪酬""固定工资年度奖金和股权持股"。长期激励让员工成为企业出资人，与企业风险共担、收益共享。这种模式主要针对公司高层管理人员，随着企业的发展也可扩大到企业骨干人员甚至全体员工。

（3）项目团队的沟通管理。

项目负责人和成员以及成员之间建立有效的沟通管理，让大家团结一心，为实现项目目标而努力，十分必要。在编制项目沟通计划时，最重要的是理解组织结构和做好项目干系人分析。主管部门负责人、项目负责人、项目成员都是项目干系人。所有这些人员各自需要什么信息，在每个阶段要求的信息是否不同，信息传递的方式上有什么偏好，都需要细致分析。沟通计划能满足不同人员的信息需要，这样建立起来的沟通体系才全面有效。

要达到有效的沟通，"尽早沟通"和"主动沟通"非常关键。尽早沟通要求项目负责人有前瞻性，定期和项目成员建立沟通，这样做不仅容易发现当前存在的问题，许多潜在问题也能及时暴露出来；如果沟通越晚，带来的损失也会越大。而主动沟通则是一种态度，主动沟通不仅能建立紧密的联系，更能表明主动方对项目的重视和参与，会使沟通的另一方满意度大大提高，对整个项目非常有利。

三、工程项目的时间管理

项目的时间管理，也称为项目进度管理，是在项目范围确定后，为实现项目的目标而对项目各项工作的进度和时间进行的控制活动。

对工程项目进行时间管理具有重要意义。在工程项目管理中，由于涉及的协作面广，常常需要调动大量的人力、物力和财力，如何在有限的资源条件下，保证项目在规定的时间内完成，就成为完成整个项目的一个突出而重要的问题。

项目一旦批准立项，项目下达部门就会和项目组签订合同，填写项目进度、确定项目的起止时间，并以此为依据对项目承担单位以及项目组进行考核。

制订工期计划采用的主要编制方法有：甘特图、网络计划技术、关键路径法、计划评审技术等。一般，较不复杂的项目常用甘特图制订工期计划；而对较复杂的中大型项目，运用最多的是网络技术中的关键路线法（CPM）和计划评审技术（PERT）。网络计划技术是以网络图为基础的计划模型，其最重要的优点是能客观地反映项目中各工作之间的相互关系，从而使计划进度自始至终在人们的监督和控制之中，达到以最短的工期、最少的资源、最好的流程、最低的成本来完成所控制的项目。CPM是把完成任务需要进行的工作进行分解，估计每个任务的工期，然后在任务间建立相关性，形成一个网络，通过网络计算，找到最长的路径（主要矛盾），再进行优化。PERT也是对项目工作进行分解，但对每个任务的工期采用概率的方法进行时间估计——根据乐观的、最可能的、悲观的工期分别计算任务工期，再根据任务工期之间的关系计算项目工期。

两者的主要区别在于：① 在作业时间方面，CPM假设每项活动的作业时间是确定值；PERT的作业时间是不确定的，是用概率方法进行估计的估算值。② 在控制重点方面，CPM不仅考虑时间，还考虑费用，重点在费用和成本的控制；PERT则重点在时间控制，适用含有大量不确定因素的大规模开发研究项目。这两种方法常常结合使用，以求得到时间和费用两者的最佳控制。

四、工程项目的质量管理

质量管理是工程项目管理的重要内容，包括项目工作质量管理和项目结果质量管理两部分。工程项目由于创新性和不确定性，是允许项目结果失败的，但是项目的工作过程却不允许失败。我们应该本着科学负责的态度，在项目管理中把好过程关，尽量增加工程项目的成功率，以达到项目预期目标。为此，应运用全面质量管理的思想，参照ISO9000（2008年版）质量管理体系标准，从项目质量保证及项目质量控制两方面来确保工程项目的质量。

1. 工程项目的质量保证

项目质量保证工作是一项事前性和预防性的项目质量管理工作，是为确保项目质量而开展的系统性、贯穿整个项目生命周期的质量管理工作。

　　在工程项目管理中，项目质量保证非常重要。项目质量保证是质量控制的基础，它包括项目组的人力资源、软硬件设施、项目依托单位的组织及制度建设等都直接影响项目质量的形成；项目下达后，如不能对项目实施过程中所需的实验设备、工作条件等提供很好的保证，则会使项目不能如期按质地完成。因此，加强项目质量保证的管理应是整个管理过程不可缺少的环节，只有切实做好事前和预防性的质量保证工作，才能减少因管理过程而造成的失败，提高工程项目的成功率。

　　2. 工程项目的质量控制

　　工程项目质量控制是工程项目质量管理中最重要的一环，质量控制要保证质量计划按约定的方向和轨道运行。

　　工程项目质量控制应对质量计划定期检查，评估项目的质量绩效，以发现与既定质量计划之间的偏差。在检查评估中，一旦发现质量绩效与质量计划之间存在较大偏差，就需要重新制订项目质量计划。

　　工程项目质量控制的方法与一般质量管理方法在很多方面是相同的，主要有排列图法、因果分析图法、直方图法、控制图法和统计样本法（参看第五章）。依据统计质量控制，尤其是抽样检查和概率方面的知识，评价质量控制的结果。项目质量检查的结果是项目质量改进、返工、调整和变更的依据。

五、工程项目的成本管理

　　工程项目的成本管理是为保证项目实际发生的成本不超过项目预算而开展的项目资源计划、项目成本估算、项目预算编制和项目预算控制等方面的管理活动。在确保实现项目目标的前提下，项目负责人应该通过控制项目活动的数量、规模和内容等，对项目成本进行有效管理。

　　项目的成本管理对项目的完成具有重要的意义，项目经费是有限的，如何将最少的投入得到最有效的产出是每一个工程项目都面临的重大问题。利用项目成本管理的技术和方法对项目成本进行管理，细化预算编制，及时检查跟踪与预算有偏差的费用，可以有效防止经费的滥用，减少不必要的开支，提高项目经费的利用率。项目费用管理一般应从成本预算和成本控制两方面入手。

　　1. 工程项目的成本预算

　　工程项目的成本预算是在成本估算的基础上进行的。成本估算是指根据项目对资源的需求以及市场上各种资源的价格，对完成项目所必需的各种资源的费用做出的近似估算；而成本预算就是将项目的成本估算分配到项目的各项具体工作上，以确定项目各项工作和活动的成本定额，制定成本的控制标准，并规定项目意外成本的划分与使用规则；项目成本预算包括直接人工费用的预算、咨询服务费的预算、资源采购费用的预算和意外成本的预算。

工程项目按照时间分阶段给出的有关项目成本预算的计划安排，是项目成本控制的必要措施。在实际应用中，项目成本预算不是越低越好，因为这样会造成预算过低而使资源供给不足，但也不是越高越好，因为这样会造成资源浪费。编制项目预算需要先确定项目总的预算，再进行项目总预算的分配，然后分配各工作预算，确定项目各项活动预算的投入时间。

2. 工程项目的成本控制

项目成本控制是指项目组织为保证在变化的条件下实现其预算成本，按照事先拟定的计划和标准，通过采用各种方法，对项目实施过程中发生的各种实际成本与计划成本进行对比、检查、监督、引导和纠正，尽量使项目的实际成本控制在计划和预算范围内的管理过程。项目成本控制是依据项目成本实际情况报告、项目变更请求和项目成本控制计划而进行的。

对成本进行控制的最重要的一项技术方法是挣值分析法。挣值分析法实际上是一种分析目标实施与目标期望值之间差异的方法，故又常被称为偏差分析法。挣值分析法的价值在于将项目的进度和费用综合度量，从而能准确描述项目的进展状态。同时还可以预测项目可能发生的工期滞后量和费用超支量，以能及时采取纠正措施，从而为项目管理和控制提供有效手段。

挣值分析法中涉及三个基本参数：

① 计划工作量的预算费用（BCWS）：是指项目实施过程中某阶段计划要求完成的工作量所需的预算费用。计算公式：BCWS= 计划工作量 × 预算定额。

② 已完成工作量的实际费用（ACWP）：也称为实际值，是指项目实施过程中某阶段实际完成的工作量所消耗的费用。

③ 已完成工作量的预算成本（BCWP）：也称为挣值，是指项目实施过程中某阶段按实际完成的工作量及预算定额计算出来的费用。计算公式：BCWP = 已完成工作量 × 预算定额 。

挣值分析法的两个评价指标：

① 费用偏差（CV）：是检查期间 BCWP 与 ACWP 之间的差异，计算公式为 CV=BCWP-ACWP。当 CV 为负值时表示执行效果不佳，即实际消费费用超过预算值即超支。反之当 CV 为正值时表示实际消耗费用低于预算值，表示有节余或效率高。若 CV=0，表示项目按计划执行。

② 进度偏差（SV）：SV 是指检查日期 BCWP 与 BCWS 之间的差异。其计算

公式为 SV=BCWP-BCWS。当 SV 为正值时表示进度提前，SV 为负值表示进度延误。若 SV=0，表明进度按计划执行。

挣值法评价曲线如图 6-11 所示，横坐标表示时间，纵坐标表示费用。BCWS 曲线为计划工作量的预算费用曲线，表示项目投入的费用随时间的推移在不断积累，直至项目结束达到它的最大值，所以曲线呈 S 形状，也称为 S 曲线。ACWP 曲线为已完成工作量的实际费用，同样是进度的时间参数，随项目推进而不断增加的，也是呈 S 形的曲线。利用挣值法评价曲线可以进行费用进度评价：如图中所示的项目，CV<0，SV<0，这表示项目执行效果不佳，即费用超支，进度延误，这时就应采取相应的补救措施。

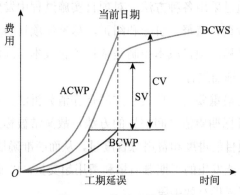

图 6-11　挣值法评价曲线

六、工程项目的风险管理

工程项目具有一定的探索性，有时会出现难以预料的问题，因此对项目的管理需留有余地，保持一定的应变能力。忽视风险因素或故意回避项目风险，可能使项目以失败而告终。因此，在工程项目中进行风险管理，增强风险意识，制定应对风险措施是十分必要的。

1. 工程项目的风险

工程项目中风险多属于动态风险，通常可以分为两大类：管理风险和技术风险。

管理风险主要是风险管理技能拙劣，风险管理能力应与信息搜集能力相对应，信息搜集应包括搜集内部信息：项目组人员的技术能力、项目进度、项目成本等，以及外部信息：该项目领域的前沿水平、所处市场环境、市场预测等。如果对内外部信息不了解，不确定性因素就会增加，就会给项目带来较大的风险；反之，如果能获得充分的信息，不确定性减少，项目风险也随之减少。因此，风险管理的重要策略就是加大信息的搜集量，进行有效的决策。

与管理风险比较，技术风险具有更大的不可控性。技术风险主要是由两方面原因造成的：一方面是由于技术的不确定性，研究一种新的技术，究竟是否成功是一个未知数，而且在被实际运用之初都是不可能非常完善的，只能在实际运用中逐渐成熟；另一方面是由于技术的不连续性，技术的变化不一定是连续的，而可能呈现出一种跳跃性的姿态，由于这种非连续性，今天还是先进的技术，明天就可能落后了。因而对一些属于开发研究的工程项目尤其是科技含量较大的工程项目存在着较大的技术风险。

2. 项目的风险管理

项目风险管理是项目管理中难度比较高、难以定量化的管理。一般可分为：风险识别、风险评估和风险应对计划三个部分。

① 风险识别：项目风险识别是项目风险管理的首要工作，它的主要内容是：识别并确定项目有哪些潜在的风险、识别引起这些项目风险的主要影响因素，识别项目风险可能引起的后果等。

进行项目风险识别有两个关键点：一是找到足够的信息进行分析，信息包括历史上类似项目的各种原始记录、项目产出物的描述、项目的计划信息、项目的实际数据、团队成员的经验等等；二是采用合适的方法识别风险，风险识别的方法最多采用系统分解法、流程图法、头脑风暴法、德尔菲法等。

用合适的方法找到并分析各种信息，就能找出潜在的风险以及风险源；通过对大量项目的分析，造成项目失败的主要原因有：评价体系不完整、环境的变化、项目目标偏移、有效沟通的失败等。只有正确识别风险，才能对风险管理提供有力的依据。

② 风险评估：风险评估是尽力识别风险事件的属性并预见对项目的影响。项目风险评估包括对项目风险发生可能性的评价和估量，对项目风险后果严重程度的评价和估量，对项目风险影响范围的评价和估量，以及对项目风险发生时间的估价和估量等多个方面。

项目的风险评估主要是根据项目组人员的经验和以往的数据进行主观判断，并用概率方法将其定量化，以判断出各种风险发生的概率及风险指数或权重。具体的方法一般采用决策树技术，对多种可能方案进行选择时使用。比如某个项目可以采用1和2两种方法完成：采用方法1需要投入30万元，如果成功能带来收益80万元，失败将会损失20万元，其成功和失败的概率分别为0.7和0.3；而采用方法2则需投入10万元，如果成功能带来利润30万元，失败就会损失10万元，成功和失败的概率也仍为0.7和0.3。将这两种方法进行项目管理的过程和概率用树状结构图表示如图6-12所示，其风险的估算以及决策的步骤如下：

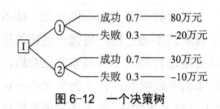

图6-12　一个决策树

方案1的期望收益为：[0.7×80+0.3×（-20）]-30=20（万元）

方案2的期望值收益为：[0.7×30+0.3×（-10）]-10=8（万元）

上述计算结果表明，在这两种方案中，方案1较方案2好。

③风险应对计划：风险的应对计划是指对风险事件的应对策略。应对策略以项目的目标和成功标准作为前提，处理风险事件的规避风险措施有：

风险遏制措施：从遏制项目风险引发原因的角度采取措施应对项目风险。比如对项目人员因能力不足造成的风险，可加派专业人员就是一种风险遏制措施。

风险化解措施：采用化解方式对待项目风险，以控制和消除项目具体风险引发的原因。比如对项目组成员可能出现的冲突风险，可通过沟通、调解等方式去消除矛盾化解风险。

风险应急措施：指对没有预警信息的项目风险所采取的措施。比如项目所处环境发生变化，或因技术竞争而使项目面临巨大的潜在风险，就需要加快该技术的研发和改进。

风险容忍措施：针对有些项目风险发生概率很小而且项目风险所造成的后果也较轻的风险，采取容忍，但对这种风险的容忍度必须合理确定，以避免造成更大的风险损失。

风险担当措施：采取和项目相关利益者共同承担风险的方式化解风险。比如对项目合作方通过签订合同或协议的方式确定风险的分担责任。

第四节　包装项目管理的流程及特点

用项目管理的原理和方法在限定资源、限定时间的条件下，一次性完成规定功能和目标的包装任务称为包装项目管理。

前面已经叙述过，在包装企业或产品厂的包装，都可能遇到采用项目管理的原理和方法来进行新产品开发、产品更新换代、精益生产改善、新包装设计、整体包装解决方案设计或相对独立的一次性包装任务（项目）。

　　包装企业作为包装生产商或供应商，主要采用包装项目管理的方法来策划设计产品的整体包装解决方案。而产品厂的包装则在新产品开发、产品更新换代、精益生产改善时实施包装项目管理为多。产品厂的产品一般较包装企业的产品复杂，如一些汽车、家电企业的产品由成百上千的零件组成，其中许多零件由供应商供应，原材料也由供应商供应，往往一个主机厂要面对几百个供应商，供应商供应的原材料和零部件均需要包装后通过物流送达厂里；同时产品厂发向目的地的产品、零部件也需要包装后通过物流送至用户。包装在物流中不仅要发挥对产品（零部件）的保护功能，更重要的是要发挥产品（零部件）在物流中的承载功能。为此，对包装的要求一是要降低成本，二是要顺应全球保护环境和节约资源的潮流，所以要求包装应是能循环使用的可回收包装容器（可回收包装容器一般由产品厂提出要求，供应商设计并提交产品厂审核通过），且最好是通用性（通过扩大兼容性、模块化、标准化，使同一个包装容器可以放多个产品，可以同时放，也可以不同时间段放不同产品）高一些的可回收包装；同时为某零部件设计的厂内物流使用的可回收包装容器要能与该零部件在厂外物流上使用的可回收包装容器对应切换（设计可回收包装容器希望在厂内外整个供应链中通用，但由于涉及工艺要求和供应商分布，很多时候厂内外可回收包装容器是不同的），因而产品厂（汽车厂、家用电器厂等）在新产品开发和精益生产改善时，一般要在产品总项目下单独设置包装项目组，承担可回收包装容器的设计、评审、制造、维护或管理的任务。

　　下面以产品厂（汽车厂）的包装（零部件在物流上的可回收包装容器）的设计制作，以及一般包装企业的整体包装解决方案设计为例来介绍包装项目管理的工作流程及管理特点。虽然包装项目管理的基本原理和管理方法同于前面两节已介绍的工程项目管理，但在具体应用中也有其自身的一些特点。

一、汽车行业包装项目管理的流程及特点

1.汽车行业包装项目管理的工作流程

　　汽车行业主机厂的包装项目管理一般由厂部的物流部（或采购部）牵头，跨部门协同管理，包含制造部、质量部、采购部、制造工厂、研发部等，包装工段（车间或班组）负责操作和日常运营。

　　包装项目管理从产品厂对所需开发新产品在设计的同时，即同步设计零部件的可回收包装开始，到可回收包装批量投入使用结束。其工作流程一般为：分析产品或零部件对包装的要求→包装方案设计→包装方案评审→包装样件制作→包装样件评审（含检测）→包装样件试运行→包装评估改进→批量包装投入使用。

流程中的一些阶段很多时候会合并。在批量包装投入使用后，具体的包装操作等日常工作就进入包装工段（车间或班组）的日常运作范畴。工作流程的前期主要是保证合理性和按时到位，是包装项目管理组的管理范围；而后期日常运营管理则是要保证可回收包装容器持续供应、及时维护和日常回收管理等，是包装工段（车间或班组）的日常工作范围。

由于可回收包装容器的设计、制作和使用以及对可回收包装容器回收后的接收和发出的管理对减少包装总成本十分重要，因此在第五节"包装项目管理的主要内容"中为使包装总成本最低的包装整体策划后，还将对规划新产品零部件可回收包装的详细工作流程及可回收包装容器的管理程序进行进一步阐述。

汽车行业包装项目采用的包装容器一般分为通用和专用，通用包装是已经模块化或者标准化的包装，需用时调出来组合使用或调整使用即可；专用包装是针对新产品、新零部件，需进行个性化的设计。

包装使用效果通常由物流部、质量部、制造执行部门负责，具体检查工作由物流部负责；包装改进的具体工作则由包装供货商或工厂物流部的物流仓库负责。检查→反馈→改进是包装项目管理的日常管理内容，且是十分重要的内容。

2. 包装项目管理一般分原材料/零部件和成品两大类实施管理

汽车行业主机厂的原材料和外协的零部件需以包装为载体，经物流进入厂内；生产出的产品又需经包装和物流送至目的地。因此，包装项目管理也相应分为原材料/零部件和成品两大类实施管理。

（1）原材料/零部件的包装管理。

对原材料/零部件的包装，要求以降低成本、提高效率为主要管理目标，采用可回收容器（由供应商按产品厂的设计供货）循环管理、循环取货、区域供货模式等，实施供应链全流程（供应商→运输和装卸→中储/供应商管理的库存→主机厂物流仓储等）的包装一体化管理，大大提高了零部件的物流效率，同时也降低了包装总成本。

循环取货是现在汽车/机械/电子制造业在供应链领域主推的一种综合考虑产量、容器尺寸链等，实行可回收容器循环管理的一种取货模式，该模式指一辆卡车按照既定的路线和时间依次到不同的供应商处收取货物，同时卸下上一次收走货物的空容器，并最终将所有货物送到主机厂整机生产仓库或生产线的一种公路运输方式。对于某一个整机生产商来讲，可能会有十几条甚至上百条的循环取货路线。

汽车/机械/电子制造业在制造内部主推的区域供货模式，更有利于提高容器设计的合理性，使容器更加符合人机工程等，从而提高制造效率15%～20%。

供应商管理的库存指以用户和供应商双方都获得最低成本为目的，在一个共同的协议下由供应商管理库存，并不断监督协议执行情况和修正协议内容，使库存管理得到持续改进的合作性策略。

原材料/零部件的包装管理的另一个重点是避免防护时过度包装，近年由于大量采用可发性聚乙烯EPS（Expandable Polyethylene，俗称珍珠棉）及高强度低克重瓦楞纸板等新材料，在包装减量化同时未降低防护能力，因而目前在原材料/零部件领域过度包装已经很少。

（2）成品的包装管理。

成品包装与原材料/零部件包装属于两个领域。成品包括整机和零部件，除汽车整车由托运架定位运输外，其他零部件以及家电等整机及零部件均用可回收的瓦楞纸箱包装。成品包装注重安全防护、简洁美观和过程追溯。

安全防护指包装的保护功能，保护产品在流通过程中不破损、不变质，这是包装的首要功能，但是目前成品包装因要送至用户，防护的安全系数偏高，因而由于防护过度形成的过度包装还有存在。今后仍应注意包装材料和结构减量化，做到适度包装。

为了掌握产品在运输和仓储过程中的信息，产品包装上普遍应用条码技术：包括传递产品信息的一维条码和同时传递产品及运输物流信息的二维条码与复合码技术。基于RFID电子标签的包装箱管理系统也获得日益广泛的应用，该系统能够对包装箱、运输、入库和储存管理等各个物流环节进行跟踪和记录，实现包装箱的实时信息化管理。在条码技术和RFID电子标签的基础上，通过电子数据保留其可追溯信息，可实现对产品在流通过程各环节的过程追溯。

为降低成本，节约资源和保护环境，产品包装需要回收，且要考核回收率。在一般情况下，物流过程中使用后的包装由企业委托回收公司回收，厂内废弃的包装及包装材料由企业自己负责收集、整理，转交第三方公司并核算，由其与回收公司进行交接处理。

3. 包装项目管理是以供应链为系统的系统管理

原材料/零部件和成品的包装，其物流过程均涉及供应商、运输、装卸、仓储、配送等多个环节，具有明显的供应链管理的特征，在制定可回收包装方案时，必须将包装置于供应链这个大系统中考虑，即不仅需要考虑产品的理化特性，包装材料的自有特性及制造工艺特性，还须考虑产品流通的气象、生化、力学、电磁等环境信息，考虑与物流相关的集装箱、托盘、车厢、船舱的尺寸，装卸的方法与工具、仓库的空间尺寸、堆码高度相匹配。

在将供应链看成一个大系统，运用系统管理方法对包装项目进行设计和管理时，一定要以系统整体功能最佳为目标，以期达到总体效果最优。

4. 包装项目管理把包装作为耗材（物料）管理，其目标是提高回收率、周转率和降低成本

汽车行业实施包装项目管理时，是将包装作为物料（耗材）来进行管理，采用循环使用的可回收包装，其管理目标是提高回收率和周转率，降低物流成本。

包装回收再利用是节约资源和保护环境的重要举措，汽车主机厂要求使用回收再利用容器后，包装的回收率要达到100%；其他较大型的产品厂对回收再利用包装容器的回收率也要求达到60%以上。汽车、家电等产品厂对瓦楞纸板和纸质包装不仅提出原料回收要求，也对纸箱提出修复再利用的回收要求。

可回收容器平均每天周转使用次数是可回收容器周转率，实行包装项目管理后，由于严格执行时间节点，有考核、有奖惩，将人的积极性调动起来。同时减少了包装备用量，避免容器积压，且将甄别、维护等工作并行进展，不会影响主干业务，因而提高了可回收容器的使用效率，其周转率可提升10%，达到每日3次以上。

成本是汽车厂关心的重要指标，实行包装项目管理后，由于采用了可回收包装容器，实行了系统管理，提高了工作效率，包装整体成本要求不超过总成本的3%。

5. 汽车行业是可回收包装的最大需求领域，也是实施包装项目管理的主要行业

可回收包装又称为可持续性包装。新思界产业研究中心制定的《2018—2023年全球及中国可回收包装产业深度研究报告》显示，全球可回收包装市场规模将从2018年的379亿美元增长到2023年的512亿美元，复合年增长率为6.2%。各种行业对可回收包装的需求将不断增长，预计汽车、耐用消费品和食品、饮料等行业对可回收包装的需求将持续增长，又以汽车行业为甚。在可回收包装市场中，以具有优异强度、高耐用性和超过20年长寿命的中型散装容器（IBC）的产量增长速度最快。其中，立方形IBC将越来越多地用于各种终端用途行业，因为它们可堆叠，能够提供最佳的空间利用率，大量包装货物，从而能够在同一空间内运输大量材料。

汽车行业的供应链和网络十分复杂，需要许多流程以实现可回收包装的入厂和出厂流程。目前，一些汽车代工企业（OEM）正在使用可回收包装（见图6-13），通过减少将产品给制造商/供应商所需的交付时间来提高其运营效率，预计OEM对可回收包装的需求将不断增加。

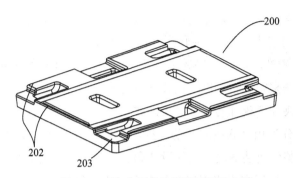

图 6-13 汽车行业使用的可回收包装

澳大利亚 Brambles 是可回收包装市场的主要生产厂家，该公司生产可重复使用的塑料包装箱、托盘（塑料、木材）、专用可回收容器、垃圾箱和安全处理设备。美国 Schoeller Allibert 是一家全球性包装制造商，提供可回收的运输包装解决方案，包括可折叠小周转箱、可折叠大周转箱、刚性托盘容器、饮料周转箱和托盘、托盘和推车，以及可折叠的中型散装容器。

实施包装项目管理，能有效提高汽车行业的管理效率，如与使用可回收包装相结合，更能为汽车行业降低物流成本，使之获得更高的经济效益。

二、整体包装解决方案项目管理的流程及特点

1. 整体包装解决方案具有项目管理的特征

包装业作为一个行业体系，已经形成了一个涉及商品生产、流通和市场销售等多种环节和跨国民经济多领域的大行业，专业服务面几乎横跨商品生产各个部门。整体包装解决方案是整合营销理念在包装行业中的应用，是包装供应（制造）商向用户提供的从包装材料的选取、供应商的遴选，到包装方案设计、制作，到物流配送直至面向终端用户的一整套系统服务。

整体包装解决方案是系统工程思想和供应链管理在包装行业中的应用，它将包装与物流作为一个整体系统全面考虑，追求包装物流系统总成本最低，以增强包装产品的市场竞争力。整体包装解决方案的策划设计一般采用六步法进行，即：分析产品的特性；掌握产品流通环境信息；掌握包装材料的有关信息；进行整体包装物流策划；进行整体运输包装使用总成本分析；进行整体运输包装测试，判定设计方案的合理性。（详见第七章）

由上看出：整体包装解决方案强调系统、全面地进行设计制作；它和项目管理在系统性、目标性、一次性、整体性、步骤渐进性、复杂性上都具有共通点；在策

划设计和制作的过程中，需要设计策划人员与供应商和客户进行大量的协调与沟通，也需要与公司内部的销售、生产、物流等多部门进行协调与沟通；最后还需要进行验证、测试和收尾。所以，我们可将整体包装解决方案的设计制作作为一个包装项目，采用项目管理的方法来完成它，也即包装项目管理。

2. 整体包装解决方案设计的项目管理流程

项目管理流程分为相互联系的启动过程、计划过程、执行过程、控制过程和收尾过程五个阶段。整体包装解决方案的设计和制作也可归纳为五个阶段。

设计项目启动，根据客户或销售部门提出的整体包装解决方案设计要求立项→设计方案计划，包括分析产（商）品特性、掌握流通环境信息、选择材料、选择加工制作工艺、初步形成设计思路→设计方案实施，根据掌握的各方面信息，进行整体包装物流策划，确定整体包装解决的设计制作方案→设计方案控制，在方案进展过程中，要控制包装总成本，同时也要控制制作质量和完成工期→设计方案验证，进行整体运输包装测试，验证设计方案的合理性。

3. 整体包装解决方案设计实施包装项目管理的优越性

① 目标性更加明确：设计整体包装解决方案也应以工期、质量和成本为三大目标。三大目标之间是对立统一的关系，三者相互制约又相互影响，同时它们也是为实现目标彼此的约束条件。

② 合理组织人力资源管理：整体包装方案设计涉及材料、供应、物流、设计、制作等多方面人员构成，采用矩阵型组织将人员组织起来，充分发挥职能部门的纵向优势和项目组织的横向优势，无论对方案设计和方案评审都能充分发挥各方面人员的作用，有利于提高工效。

③有利于对工期、质量和成本的控制：可采用网络计划技术等数学工具对时间、质量和费用进行有效控制，从而有利于实现整体包装解决方案设计的目标。

第五节　包装项目管理的主要内容

依据工程项目管理的基本原理和管理方法，以及汽车行业包装项目及整体包装解决方案项目管理的流程及特点，包装项目管理应有以下主要内容及相应的管理方法。

一、包装项目的范围管理

包装项目组组织有关专家和项目组成员对包装项目进行总体框架设计，包括对项目的目标、范围、阶段进度、成本、预期收益等进行全面设计，将项目研究任务分解到月度进行落实。

编制范围计划时，应从流通全过程的需求进行编制、界定项目范围，采用"工作分解结构"方法，利用树形图进行逐层分解。该方法根据树形图将一个项目先分解为若干子项目，再逐层分解成若干个相对独立的工作单元，并确定每个工作单元的任务及其从属的工作（或称之为活动），以便更有效地组织项目工作的进行。根据工作的分解结构，就可以确定每一项工作指派给哪些项目执行人或者是外协厂家。对于不太复杂的包装项目也可采用较简单的流程图来表示。

例如，汽车厂零部件包装项目的管理范围为：从产品厂设计新开发产品零部件的可回收包装开始，到可回收包装批量投入使用结束。

分析新产品零部件的可回收包装的要求（包装工程师）→可回收包装方案设计（供应商）→可回收包装方案评审（包装工程师组织项目组的评审组）→可回收包装样件制作（供应商）→可回收包装样件评审（包装工程师组织项目组的评审组）→可回收包装样件试运行（包装工程师）→包装评估改进（包装工程师组织项目组的评审组）→批量包装投入使用（包装工程师）。

又如，包装企业整体包装解决方案设计项目组：从整体包装解决方案设计开始到整体包装成批投入使用结束。

明确被包装产品的要求（项目设计师）→依据整体包装解决方案进行包装设计（项目设计师）→对包装方案进行评审（项目设计师组织项目组的评审组）→样件制作（制造部门）→通过模仿流通环境实况对样件进行检测（试验部门）→进行样件评审（项目设计师组织项目组的评审组）→在实际流通路线上样件试运行（试验部门）→根据实际运行状况对样件进行改进后，评估改进方案（项目设计师组织项目组的评审组）→改进方案通过评估及必要的测试后，成批投入使用（项目设计师）。

二、包装项目的人力资源管理

包装项目管理组的组织结构的形式一般选用矩阵型（见图6-14）。即由某一部门牵头，跨部门协同管理的情况。矩阵型组织的优点是把按职能划分的部门和按项目划分的部门结合起来。在矩阵型组织中，同一名员工既与原职能部门保持组织与业务的联系，又参加产品或项目小组的工作。为了保证完成一定的管理目标，每个项目小组都设项目负责人，在该项目组织的最高主管领导下进行工作。矩阵型组织克服了直线职能型中各部门互相脱节的现象，加强了不同部门之间的配合与信息交流，充分发挥职能部门的纵向优势和项目组织的横向优势，因而在包装项目组获得了较广泛的应用。

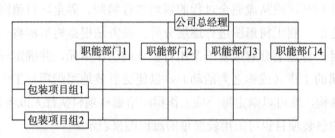

图 6-14　包装项目组矩阵型组织结构

激励是人力资源管理的重要内容。在薪酬激励、股权激励、个人发展和事业激励、文化激励、情感激励、责任激励等多种激励方式中，薪酬激励是企业激励机制中最重要的激励手段，也是目前企业普遍采用的一种有效的激励手段。薪酬激励有短期、中期和长期激励三种模式。包装涉及物料全流程运转，对项目组人员综合素质要求较高，激励方式除固定工资外，一般采用短期激励，如项目奖、创新奖等，由项目经理奖励给包装项目的参与者。

三、包装项目的时间管理

项目时间管理，也称为项目进度管理，是在项目范围确定后，为实现项目的目标而对项目各项工作的进度和时间进行的控制活动。

包装项目一旦批准立项，项目下达部门就会和项目组签订合同，填写项目进度，确定项目的起止时间，并以此为依据对项目承担单位以及项目组进行考核。

制订工期计划常用的编制方法有甘特图和网络计划技术。包装项目一般比较复杂，常采用甘特图制订工期计划。甘特图具有简单、醒目和便于编制等特点，又称为横道图和条状图，在企业管理工作中被广泛应用。甘特图基于作业排序的目的，基本是一条线条图，横轴表示时间，纵轴表示活动（项目），图 6-15 即通过活动列表和时间刻度形象地表示出某物流包装项目工期进度计划的活动顺序与持续时间。

从上面物流包装项目的工期进度计划图表，可直观地表明任务计划在什么时候进行，以及实际进度与计划要求的对比，哪件工作能如期完成，哪件工作能提前完成或延期完成，从而使管理者了解哪些任务能按时完成，哪些任务还需完成什么工作，据此可检查评估工作进度。

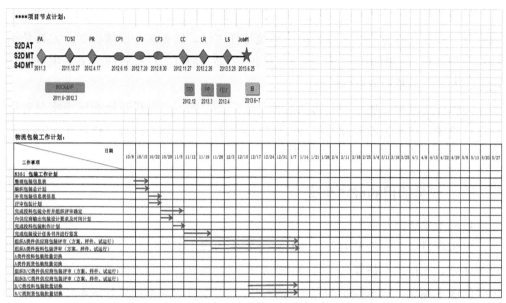

图 6-15　某物流包装项目的工期进度计划图表

四、包装项目的质量管理

包装项目的质量管理包括两个方面：一是被包装物；二是包装本身。在此我们主要讨论包装本身的质量管理。

质量管理是包装项目管理的重要内容，包装质量管理通常被纳入企业的全面质量管理体系，运用全面质量管理的思想，执行 ISO90001（2008 年、2015 年版）质量管理体系标准，从项目质量保证、包装质量保证以及项目质量控制三方面来确保包装项目的质量。

项目质量保证工作是一项事前性和预防性的项目质量管理工作，是为确保项目质量而开展的系统性、贯穿整个项目生命周期的项目质量管理工作。

包装质量保证依靠包装原材料和包装结构、包装技术的一系列包装技术标准与过程控制标准，以及所需要的理化检测和冲击、振动等动力学试验设备。加强包装项目质量保证的管理应是整个管理过程不可缺少的环节，只有切实做好事前和预防性的质量保证工作，才能减少因管理过程而造成的失败，提高工程项目的成功率。

项目质量控制是工程项目质量管理中最重要的一环，质量控制要保证质量计划按约定的方向和轨道运行。包装项目质量控制应对质量计划定期检查，评估项目的质量绩效，以发现与既定质量计划之间的偏差。在检查评估中，一旦发现质量绩效与质量计划之间存在较大偏差，就需要重新制订项目质量计划。

包装工程项目质量控制的方法与一般质量控制方法是相同的，主要有排列图法、因表分析图法、直方图法、控制图法和统计样本法。依据统计质量控制，尤其是抽样检查和概率方面的知识，评价质量控制的结果。项目质量检查的结果是项目质量改进、返工、调整和变更的依据。

为保证包装项目质量，有两项检测是十分必要的，一是模仿流通环境实况对样件进行检测，包括振动和冲击等动力学试验检测；二是样件或批量样件在实际流通路线上试运行的检测，在批量包装件投入使用前尤为重要。

五、包装项目的成本管理

1. 成本管理的目标

包装项目成本管理是为保证项目实际发生的成本不超过项目预算而开展的项目资源计划、项目成本估算、项目预算编制和项目预算控制等方面的管理活动。包装项目的成本预算、成本控制的方法同于一般工程项目的成本预算和成本控制。项目成本管理的目标是运用系统管理的方法，使其总成本最低，即用最少的投入得到最有效的产出。包装是产品在物流中的载体，置身于一个由包装供应（制造）商从包装材料选取，到包装方案设计、制造，到物流配送至终端用户的供应链大系统中，因此要使包装总成本最低，就必须基于供应链大系统，运用系统管理的方法，使其总成本最低。

2. 总成本最低的包装整体策划

同时考虑包装和物流的供应链系统，涵盖了从包装供应商至终端用户的包装原材料选择、包装设计、包装制造、产品包装、物流运输、装卸、仓储、配送直到包装废弃物回收利用等各个环节。

在节约资源和保护环境的当代，包装废弃物回收利用十分重要，使用可回收包装容器和循环包装已成为当代的热门需要。

基于供应链的包装整体策划被称为"整体包装解决方案"。整体包装解决方案的包装总成本包括包装原材料成本、包装设计生产成本、包装使用成本、使用包装后的流通（包括运输、装卸、仓储、配送）成本和包装回收利用成本。因此为使总成本最低，一是要使流通成本最低，为此在设计包装尺寸时，要符合包装系列尺寸标准，以使包装的尺寸能与托盘、集装箱、车厢、船舱和仓储尺寸相匹配，获得最大的装载容量，减少运输装卸和仓储成本。二是为节约资源、降低成本、保护环境，尤其要重视对可回收包装容器的设计及选用，包装容器的变动带来的容器成本变动，同时也带来运输成本、人力成本和容器管理成本的变动；可回收包装容器的多次回收再利用对降低包装成本更是必然。因此在对可回收包装容器的设计、制作和使用以及对可回收包装容器回收后的接收和发出的管理都十分重要。下面介绍某汽车主机厂新产品开发时，包装项目管理组对新产品零部件可回收包装的规划流程和可回收包装容器接收与发出的管理程序。

3. 新品零部件可回收包装规划

本规划是为某新产品零部件设计制作可回收包装时的规划流程，编制规划流程的目的在于明确新产品可回收包装的包装设计制作的工作流程及每步骤的责任部门。本规划涉及两类新产品可回收包装。

投料包装：是指主机厂物流仓库用于向生产部门提供物料所使用的包装形式，如各种专用产品架等（见图6-16）。

（a）汽车前桥总成　　　　　　　　　（b）汽车后减振器总成

图6-16　产品架（料架）

供货包装：是指供应商零件运抵主机厂物流仓库时的零件包装形式，一般为可回收容器。

新品零部件可回收包装规划流程为：

包装关键参数输入（产品计划工程师）→制订供货包装时间节点计划（包装工程师，2个工作日）→根据时间节点制订包装详细计划，包括供应商制定可回收容器设计方案及样件制作时间（配件供应部门，5个工作日）→对包装详细计划均衡性及可行性进行评审（由包装工程师组织，2个工作日）→详细包装计划执行，督促供应商按计划提交包装确认表及样件（配件供应部门）→对包装确认表进行评审，并将评审结果反馈给配件供应部门，对需整改的确认表由包装工程师阐明技术要求（由包装工程师组织，3个工作日）→按包装详细计划对样件进行评审（包装工程师配合制造部）→向产品计划工程师反馈包装进度（包装工程师）→整理供货包装为可回收形式的零件清单，提交配件供应科（产品计划工程师，3个工作日）→包装切换计划评审（指厂内外物流上使用的可回收包装容器对应切换，由包装工程师组织，2个工作日）→包装切换计划执行（配件供应部门）→包装切换计划实施情

况监控（由包装工程师组织）→编制投料包装设计任务书（包装工程师与物流仓库）
→包装设计任务书评审（由包装工程师组织，任务书编制后3个工作日）→提交委
外需求（包装工程师向制造部提出）→供应商投料包装设计方案评审（包装工程师
配合制造部在获得设计方案后3个工作日内完成评审）→投料包装样件评审（包装
工程师配合制造部完成）→投料包装批量制作评审（包装工程师配合制造部完成）
→投料包装容器接收（包装工程师配合制造部接收并交物流仓库）→投料包装的使
用（物流仓库投料并监控）→新品包装规划工作结束。

　　4. 可回收包装容器管理程序

　　本程序是对可回收包装容器管理规定的工作流程，目的是使可回收包装容器管
理工作规范化，确保各个部门在可回收包装容器管理过程中的协调和配合。物流仓
库负责对包装容器的接收与发出；产品生产部门确保包装容器保持在额定数量；质
管部门负责对包装容器破损的急件物料进行质检。

　　可回收包装容器的接收和发出的管理程序为（按顺序编号）：

　　供应商依照规定时间将用可回收包装容器包装的物料送达仓库（到货通知单）→
验收可回收容器（包装容器管理员目测）→容器检验（包装容器管理员目测判定容
器有无变形、破损、潮湿等，若无，合格，转6；若有，不合格，转4）→不合格
的包装容器由供应链管理负责人判定零件是否急用（是，转5，否则进入退货流程）→
质管部对包装容器不合格急件物料进行质检（若物料合格转6；物料不合格则进入
退货流程）→容器接收（对合格的容器确认接收，对不合格的容器，物料为急件且
质管判定零件合格则接收，但需备注栏记录不合格具体状态）→接收的容器状态分
类记录到包装容器管理台账（包装容器管理员）→判定包装容器是否直接投送到线
上（若是，转9；若否，转12）→厂内容器周转（投料工按同步化物流规定的生产
线边容器数量，投递相应数量的上线容器）→工作站（指制造过程中某些工序的集
合单位，这里指包装回收与维护等）包装容器数量保持在额定数量（各专业厂确保
工作站包装容器数量保持在额定数量）→带回相等数量的空容器（投料工投料到生
产线边，并带回相等数量的空容器移交容器管理员）→容器管理（包装容器管理员
对空出的包装容器进行分类管理）→容器回收（包装容器管理员与供应商进行容器
具体回收交接，回收频次由供应链管理部门与供应商协商确定，并告知仓库包装容
器管理员）→供应商是否遵照协商规定回收（若是，转16；若否，转15）→与供
应商协调回收事宜（对于未遵照规定准时回收的容器，包装容器管理员登录到采购
网站，在供应商信息互动界面进行相关维护，告知供应商，由供应商确认回收时间
及种类）→容器发出（供应商持包装容器交接单回收联至包装容器管理员处回收容

器。容器管理员同时将容器发出状态记录到包装容器管理台账）→汇总包装容器交接状况（由包装容器管理员汇总包装容器交接状况，且根据容器的收发记录每月计算可回收容器的回收率并标注状态）→将回收工作纳入供应商评价制度（物流采购计划员将回收工作纳入供应商评价制度）。

六、包装项目的风险管理

包装项目在运行中会遇到许多不确定性的求职因素，常需将具有不同经历、来自不同组织的人员有机地组织在一起，且包装项目的技术性能、成本、进度等约束条件均较为复杂，为实现项目目标就存在不确定性，故对包装项目的管理需要留有余地，保持一定的应变能力。

包装项目中的管理风险同工程项目管理一样，主要是管理风险和技术风险。管理风险重在搜集项目组内部人员信息，包括项目组人员的技术能力、项目进度、项目成本等；也要收集有关外部信息，如供应商的技术、信用情况，市场上同类技术及市场竞争情况等。如果对内外部信息不了解，不确定性因素就会增加，就会给项目带来较大的风险；反之，如果能获得充分的信息，不确定性减少，项目风险也随之减少。因此，风险管理的重要策略就是加大信息的搜集量，进行有效的决策。

技术风险具有更大的不可控性。包装项目也会遇到使用某种新技术，新技术究竟是否成功是一个未知数，而且在被实际运用之初都是不可能非常完善的，只能在实际运用中逐渐成熟；另外由于技术的不连续性，技术的变化不一定连续，而可能呈现出一种跳跃性的状态，由于这种非连续性，今天还是先进的技术，明天就可能落后了。

对包装项目风险管理一般也可分为风险识别、风险评估和风险应对计划三个部分。主要还是应当掌握有关信息：对供货商的技术及信用，应当准备预案，出现问题后能及时化解；对项目组内的人员，则应当加强平时的人力资源管理，项目组成员出现冲突则可通过沟通、调解等方式去解决。

案例分析：包装项目管理

案例：某汽车厂零部件包装项目管理——设计使用可回收包装容器

某汽车主机厂开发新产品，为在物流全供应链上降低流通总成本，要求供货商对其零部件在厂内外设计使用可回收包装容器。为此，主机厂在产品总项目下单独设置包装项目组，围绕零部件的可回收包装容器，对其规划、设计、评审、制造、验收、维护、接收、发出实行管理。

（1）可回收包装容器的规划、设计、评审、制造的工作流程。

参与该工作流程的有产品主机厂的规划、设计、物流、包装、仓库、制造、容器管理员、物流采购计划员等部门和供应商等。其工作流程见第四节第五条中的"3.新品零部件可回收包装规划"。

（2）可回收包装容器的验收、检验、接收、发出、评价的工作流程

参与该工作流程的有产品主机厂的仓库、质检、容器管理员、物流等部门和供应商等。其工作流程见第四节第五条中的"4.可回收的包装容器管理程序"。

思考题：

1. 何为项目管理？它具有什么特征？有什么功能？在应用上具有什么优点？

2. 项目管理何时由何人引进我国？最早在我国叫什么？取得了什么成绩？目前项目管理在我国应用情况如何？取得了什么成绩？

3. 工程项目管理应用哪些基本原理？知识颂领域（管理方法）？具有什么样的管理流程？常用哪些管理技术？

4. 何为包装项目管理？包装项目管理常用于哪些场合？

5. 汽车行业包装项目管理主要围绕什么进行？经过什么样的工作流程？

6. 对整体包装解决方案设计实施包装项目管理，其流程可以划分为哪五个阶段？

7. 设计可回收包装容器的主要目的是什么？试述设计新产品零部件可回收包装容器的规划流程。

参考文献：

[1] 雷金华.工程项目管理模式及激励方法研究 [C].重庆：重庆大学自动化学院,2006.

[2] 李万庆.工程网络计划技术 [M].北京：科学出版社,2009.

[3] 高福聚.工程网络计划技术 [M].北京：北京航空航天大学出版社,2008.

[4] 李建忠.网络技术在工程施工管理中的应用 [J].网络与信息,2011(5).

[5] 焦宏波.勘探设计项目管理研究 [J].网络与信息,2003(5).

[6] 新思界产业研究中心.2018—2023年全球及中国可回收包装产业深度研究报告 [R].百度 2020.

[7] 美国项目管理协会.项目管理知识体系指南 [M].卢有杰,王勇,译.北京：电子工业出版社,2005.

[8] 黄昌海,黄佐钚,黄秀玲.基于项目管理视角的整体包装解决方案设计 [J].包装工程,2011(3).

第七章　包装物流管理及 CPS

物流是企业继"资源"和"人力"之后创造生产财富的"第三利润源",现代物流管理正向着实现供应链管理的方向发展。包装是物流的重要环节,是贯穿物流全过程的商品载体。本章着重介绍了包装的物流功能,物流环节对包装的要求,整体包装解决方案,以及条码技术、电子标签 RFID 在物流管理中的应用。

第一节　物流及物流环节的功能与合理化

在本节中,将介绍物流的概念及现代物流的特征,同时将介绍物流中一些主要环节,如运输、仓储、装卸搬运、流通加工、配送的物流功能与合理化。包装的物流功能与合理化将在第二节中介绍。

一、物流与物流系统

物流是物品从供应地向接收地的实体流动过程。根据实际需要,将运输、仓储、装卸搬运、包装、流通加工、配送、信息处理等基本功能进行有机结合。

物流管理包含两个方面:一是物流活动的主要环节,包括包装、运输、装卸搬运、储存、流通加工、配送、物流信息七个环节;二是物流系统的要素,包括人、财、物、设备、方法、信息六要素。现代物流管理的发展方向是实现供应链(由供应商、制造商、仓库、配送中心和批发商、零售商等构成的物流网络)管理。现代物流活动已不是物流系统中某单个生产、销售部门或企业的事情,而是包括供应商、批发商、零售商等关联企业在内的整个统一体的共同活动,因而现代物流通过供应链强化了企业之间的关系;供应链通过企业计划、企业信息和在库风险共同承担的联结等有机结合,包含了流通过程的所有企业,从而使物流管理成为一种供应链管理。供应链管理通过对整个供应链系统进行计划、协调、操作、控制和优化的各种活动和过程，其目标是要将顾客所需的正确的产品（Right Product）能够在正确的时间（Right Time）、按照正确的数量（Right Quantity）、正确的质量（Right Quality）和正确的状态（Right Status）送到正确的地点（Right Place），并使总成本达到最佳化。

为求得物流系统功能的最优化，必须使物流活动各主要环节合理化，如包装合理化、运输合理化、仓储合理化、装卸合理化、流通加工合理化、配送合理化，再通过系统化的集成管理，最终实现物流系统的最优化。

二、现代物流的特征

在现代物流管理和运作中，广泛采用了先进的管理、工程和信息技术，使物流的现代化水平不断提高。现代物流的特征可概括为以下几个方面：

1. 物流自动化和智能化

物流自动化是指物流作业过程的设备和设施自动化，包括包装、装卸、分拣、运输、识别等作业过程，如自动识别系统、自动检测系统、自动分拣系统、自动跟踪系统。物流自动化可方便物流信息的实时采集与追踪，提高整个物流系统的管理和监控水平。

智能化则是自动化的继续和提升，它通过使用集成电路和计算机软硬件，从而比自动化含有更多的电子化成分，它不仅可以代替人的体力，而且可以部分代替人的脑力进行工作，从而使物流作业和管理上升到更高层次，如智能化库存管理系统，智能化成本核算系统等。

2. 物流标准化和设施现代化

在物流管理发展过程中，不断采用和制定新的标准，逐步完善了物流标准体系，如企业物流标准，行业物流标准和国家物流标准；物流技术上有物流装备标准，物流设备标准，物流信息标准（条码标准、EDI 电子数据交换标准）和物流企业管理标准（ISO9000、ISO14000 等）。

物流设施现代化包括运输装备的大型化、高速化、专用化、装卸搬运机械的自动化，包装单元化、集合化，仓库主体化、自动化，以及信息处理和传输计算机化、电子化和网络化。物流设施现代化为物流高效率提供了物质保证。

3. 现代物流管理重视整个流通渠道的商品运动，形成供应链管理模式

传统的物流管理认为物流是从生产阶段到消费阶段商品的物质运动，物流管理的主要对象是"销售物流"和"企业内物流"；而现代物流管理的范围则不仅包括销售物流和企业内物流，还包括退货物流以及废弃物物流。现代物流管理将销售渠

道的各个参与者（供应商、制造商、批发商、零售商和消费者）结合起来，形成一个整体网链的供应链，从而大大促进了销售物流行为的合理化。

现代物流活动也不再是物流系统中某单个生产、销售部门或企业的事，而是包括供应商、批发商、零售商等关联企业在内的整个统一体的共同活动，通过这种供应链强化了企业相互间的关系，从而使物流管理形成一种供应链管理。供应链管理就是从供应商开始到最终用户，对整个流通过程中的全部商品运动实行综合管理，追求流通生产全过程效率最高。

4. 现代物流管理以环节和企业的整体最优为目的

物流管理是一项大的系统工程。物流的整体功能是通过各环节活动的有机结合来实现的，物流整体的最优化离不开各环节的合理化，再通过系统化和集成化，实现物流整体的最优化；从企业内的物流看，从原材料的调拨计划到产品向最终消费者移动的物流，也需要将各部门，包括调拨、生产、销售、物流看成是一个系统，追求整体最优。故跨国公司的生产全球化或许多企业工厂生产的集约化，虽然使物流运输成本增加，但是由于这种生产战略有效利用了低价的生产要素，降低了总的生产成本，从而提高了企业的竞争力。

三、运输的功能与合理化

1. 运输方式及运输合理化

运输是物流中最主要的环节，具有两大功能，一是实现产品移动，通过改变产品的地点与位置而创造空间价值，它是一项增值的生产活动，会提高商品的价格；二是储存，运输工具可作为产品临时的储存场所和设施。

运输方式有：① 铁路运输：可以大批量运输，运输成本比较低，最适宜于中长距离、运量大的货运任务；② 公路运输：优点是灵活性强，可以把货物从发货点送到收货点，实现"门到门"的运输，最适宜承担短距离，且运量不大的货运任务；③ 水路运输：其优点是运输能力最大，部分船队的运载量可达万吨以上，适宜于承担运量大、运距长、运费负担能力低和对时间要求不太紧的货运任务；④ 航空运输：其最大优点是运输速度最快，适用于运输小批量的贵重物品、邮件和鲜活物品，也适用于运距大，对时间要求紧，运量较少，运费负担能力较高的货运任务；⑤ 多式联运：指至少两种以上运输方式，如陆海、陆空、海空等的联运，这是现代物流理念在运输中的体现。国际多式联运是基于集装箱化的国际物流运输，具有手续简便、节省费用、迅速快捷、有利安全交货等优点。

运输合理化的措施包括：① 正确选择运输路线。常用最短路线法（迭代法）来确定最短运输路线。② 提高运输工具实载率。实载率有两个含义：一是单车、单船等实际载重与运距之乘积和标定载重与行驶里程之乘积的比率，它是在安排单车、单船等运输时，判断装载状况的重要指标；二是车、船等的统计指标，即一定时期内实际完成的货物周转量占车、船载重吨位与行驶里程之乘积的百分比，提高实载率的意义在于充分利用运输工具的额定能力，减少空驶和不满载行驶的时间。③ 选择合理的运输方式。一般认为，公路的经济里程为200 ~ 500公里，随着高速公路网的形成，新型货车与特殊货车的出现，公路运输的经济里程有时可达1000公里以上。④ 分区产销平衡合理运输。根据供需地的分布情况和交通运输条件，在供需平衡的基础上，按照近产近销的原则，使运输里程最少而组织运输活动。⑤ 尽量发展直达运输。将物品从产地或起运地直接运到销地或目的地用户，以减少中间环节的运输。⑥ 直拨运输。商业、物资批发等企业在组织物品调运过程中，对当地生产或由外地到达的物品不运进批发站仓库，而是采取直拨的办法，将物品直接分拨给基层批发、零售中间环节甚至直接用户，以减少中间环节，通常采用就厂直拨、就车站直拨、就仓库直拨、就车船直拨等具体运作方式。⑦ 合整装载运输。通常采用零担拼整直达、零担拼整接力直达或中转分运、整车分卸、整装零担等运作方式。

2. 利用迭代法确定运输最短路线

迭代法也称辗转法，是一种不断用变量的旧值递推新值的过程，它是数值分析中通过从一个初始估计出发寻找一系列近似解来解决问题（一般是解方程或者方程组）的过程的方法。对分离的、单个始发点和终点的网络运输路线选择问题，最简单和直观的方法是最短路线法。网络由结点和线组成，线代表点与点之间运行的距离，点与点之间由线连接。初始，除始发点外，所有结点都被认为是未解的，即均未确定是否在选定的运输路线上。始发点作为已解的点，计算从原点开始。

图7-1所示的是一张高速公路网示意图，其中A点是始发点，J点是终点，B、C、D、E、G、H、I是网络中的结点，结点与结点之间以线路连接，线路上标明了两个结点之间的距离，以运行距离（公里）表示。要求确定一条从原点A到终点J的最短的运输路线。

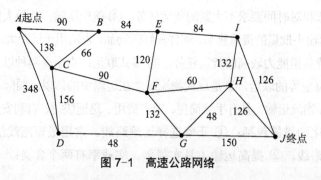

图7-1　高速公路网络

我们首先列出一张表（见表 7-1）。第一个已解的结点就是起点或 A 点。与 A 点直接连接的未解的结点有 B、C 和 D 点。第一步，我们可以看到 B 点是距 A 点最近的结点，记为 AB。由于 B 点是唯一选择，所以它成为已解的结点。

表 7-1 最短路线方法计算表

步骤	直接连接到未解结点的已解结点	与其直接连接的未解结点	各条相关路线距离/公里	第 n 个最近结点	最短路线/公里	最近连接
1	A	B	90	B	90	AB^*
2	A B	C C	138 90+66=156	C	138	AC
3	A B	D E	348 90+84=174	E	174	BE^*
4	A C E	D F I	348 138+90=228 174+84=258	F	228	CF
5	A C E F	D D I H	348 138+156=-294 174+84=258 228+60=288	I	258	EI^*
6	A C F I	D D I J	348 138+156=294 228+60=288 258+126=384	H	288	FH
7	A C F H I	D D G G J	348 138+156=294 288+132=420 288+48=336 258+126=384	D	294	CD
8	H I	J J	288+126=414 258+126=384	J	384	IJ^*

注：* 号表示最小成本线

随后，找出距 A 点和 B 点最近的未解的结点。只要列出距各个已解的结点最近的连接点，我们有 $A \sim C$，$B \sim C$。记为第二步。注意从起点通过已解结点与未解结点之间的距离，也就是说，从 A 点经过 B 点到达 C 点的距离为 $AB+BC$=90+66=156（公里），而从 A 直达 C 的距离为 138（公里）。现在 C 也成了已解的结点。

第三次迭代要找到各已解结点直接连接的最近的未解结点。如表 7-1 所示，有三个候选点，从起点到这三个候选点 D、E、F 的距离，相应为 348 公里、174 公里、228 公里，其中连接 AE 的距离最短为 174 公里，因此 E 点就是第三次迭代的结果。

重复上述过程直到到达终点 J，即第八步。最短路线是 384 公里，连线在表 7-1 以星（*）符号标出，最优路线 A—B—E—I—J。

在结点很多时用手工计算比较繁杂，如果把网络的结点和连线的有关数据存入数据库中，最短路线方法就可用计算机求解。绝对的最短距离路径并不说明穿越网络的最短时间，因为该方法没有考虑各条路线的运行质量；因此需对运行时间和距离都设定权数，就可得出比较具有实际意义的路线。

四、仓储的功能与合理化

1. 仓储的功能与合理化的主要措施

仓储是包含库存和储备在内的一种广泛的经济现象，主要含义是保护、管理、储藏物品。在物流活动中的主要功能是：① 储存和保管的功能。储存的基本载体是仓库，须具有容纳物品足够的空间，库容量是其基本参数，在保管时使用搬运机具进行搬运和堆放。② 调节供需的功能。当供需不平衡时，可将仓储作为平衡环节加以调控，使生产和消费协调起来。③ 调节货物运输的功能。各种运输工具运输能力的差异也需通过储存进行调节和衔接。④ 配送和流通加工的功能。现代物流的仓库正在向流通仓库方向发展，仓库应是流通、销售、零部件供应的中心，因此仓库除了保管储存的功能外，还增加了分拣、配送、捆包、流通加工、信息处理等功能，成为现代物流的物流中心。

合理化的主要措施有：① 进行储存物的 ABC 分析。对重点物资实施重点管理，分别决定各类（A、B、C）物资的合理库存储备数量及经济地保存合理储备的方法，乃至实施零库存；或适度集中库存，利用储存规模优势，以适当集中储存代替分散的小规模的储存。② 加速总周转。变静态储存为动态储存，采用单元集装存储，建立加速分拣系统，实现快进快出，大进大出，从而加快资金周转，降低仓储成本。③ 提高储存密度，提高仓容利用率。④ 采用有效的集装储存系统。采用集装箱、集装袋、托盘等储存装备一体化方式，以集装代替库存，省去传统的入库、验收、清点、堆垛、保管、出库等一系列储存作业，提高物流效率。

2. 合理控制库存量的方法

库存是企业一项庞大昂贵的投资，因此合理控制库存量是仓储合理化的首要问题，库存量过少，不能保证正常需要，导致费用增加，产品短缺；反之库存量过大，又将积压商品、积压资金，从而提高产品成本，减少盈利。合理控制库存量的关键是要解决好何时订货和订货多少这两个问题，常用的有 ABC 分类管理法和经济订货批量法。

（1）ABC 分类管理法。

ABC 分类的指导思想是 80 对 20 法则，这是一个统计规律，即 80% 的结果是由 20% 的原因带来的，20% 的产品带来 80% 的利润，20% 的客户提供了 80% 的订单，20% 供应商造成了 80% 的延迟交货等。当然这也不是绝对的，也可能是 25% 对 75% 或 30% 对 70%。一般表达为：如果控制好了 20% 的部分，就可以收到 80% 的效果，从而避免"捡了芝麻，丢了西瓜"的失误。在库存管理工作中，同样存在着 80 对 20 法则。即通过对大量存货进行分类，找出占用大量资金的少数物品，对它们进行重点管理与控制；而对那些占用少量资金的大多数物品，则实施较为宽松一些的管理控制。

A 类物品：库存物品品种数占总数 10% ～ 20%，价值占 70% ～ 85%。对 A 类物品，要努力降低其库存水平，进行重点、严格的控制。

B 类物品：库存物品品种数占总数的 20% ～ 30%，价值占 10% ～ 20%。对 B 类物品要进行适当控制。

C 类物品：库存物品品种数占总数的 50% ～ 70%，价值仅占 5% ～ 10%。对 C 类物品只进行简单控制，如每年 1 ～ 2 次的盘点和检查、简单的库存记录等。

如何进行 ABC 分类：我们而临的处理对象，可以分为两类，一类是可以量化的；另一类是不能量化的。对于不能量化的，我们通常只有凭经验判断。对于能够量化的，分类就要容易得多，而且更为科学。第一步，计算每一种材料的金额（年总费用）。第二步，按照金额由大到小排序并列成表格。第三步，计算每一种材料金额占库存总金额的比率。第四步，计算累计比率。第五步，分类。据《建筑工程管理与实务》规定：累计比率在 0 ～ 75% 的，为最重要的 A 类材料；累计比率在 75% ～ 95% 的，为次重要的 B 类材料；累计比率在 95% ～ 100% 的，为不重要的 C 类材料。

如某库存产品共有 10 个类别，它们的需求预测数量和单价情况如表 7-2 所示。试将其进行 ABC 分类，以便更好地控制。

表 7-2　某库存产品需求预测数量和单价情况

物品代码	年需求量 / 件	单价 / 元	年总费用 / 元	费用大小序号
x-30	50000	0.08	4000	5
x-23	200000	0.12	24000	2

物品代码	年需求量/件	单价/元	年总费用/元	费用大小序号
k-9	6000	0.10	600	9
G-11	120000	0.06	7200	3
H-40	7000	0.12	840	8
N-15	280000	0.09	25200	1
Z-83	15000	0.07	1050	7
U-6	70000	0.08	5600	4
V-90	15000	0.09	1350	6
W-2	2000	0.11	220	10

首先，根据已知存货数据，计算出各类物品的总费用，然后按照大小排序。结果见表 7-2。

其次，按照费用大小顺序将库存物品重新排列，计算出累计总费用和累计百分比（计算方法可参考有关专业书籍）。结果见表 7-3。

表 7-3　累计总费用和累计百分比

物品代码	年总费用/元	年总费用累计/元	累计百分比/元	分类
N-15	25200	25200	36	A
x-23	24000	49200	70	A
G-11	7200	56400	81	B
U-6	5600	62000	88	B
X-30	4000	66000	94	B
V-90	1350	67350	96	C
Z-83	1050	68400	98	C
H-40	840	69240	99	C
K-9	600	69840	99	C
W-2	220	70060	100	C

最后，根据分类标准，划分和确定各种物品的 A、B、C 类别（结果见表 7-3）。然后，列出 ABC 分类总表 7-4 或画出 ABC 分析图（见图 7-2）。

表 7-4　ABC 分类总表

类别	物品代码	品种类百分比/%	每类费用/元	费用百分比/%
A	N-15,x-23	20	49200	70
B	G-11,U-6,x-23	30	16800	24
C	V-90,Z-83,H-40,K-9,W-2	50	4060	6

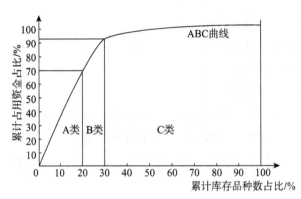

图 7-2　ABC 分析（ABC 曲线图）

（2）经济订货批量法。

经济订货批量 Economic Order Quantity（EOQ），通过平衡采购进货成本和保管仓储成本核算，以实现总库存成本最低的最佳订货量。当企业按照经济订货批量来订货时，可实现订货成本和储存成本之和最小化。

① 总库存成本：库存成本一般是由订货成本、采购成本、储存成本和缺货成本构成。订货成本是指为补充库存而进行订货时发生的各种费用，如各种手续费、装卸费、差旅费、验收费等，主要由订货次数决定，一般与批量关系不大。采购成本，即购买物品所花的货款。如果供应商采取差别定价策略，为用户提供批量折扣时，可增大采购批量，获得价格优惠，降低采购费用。储存成本，它是物品在库存过程中发生的费用，一般与库存数量成正比。通常按存货价值一定百分率计算。根据有关资料估算，储存成本一般占每年库存物品价值的 25% 左右。如表 7-5 列出的 25% 储存成本构成及其所占百分比。缺货成本，即由于供应中断，无法满足顾客需求所发生的费用；一般分为三类：延期交货费用、销售额损失、商誉损失（丧失顾客）。

表 7-5　储存成本　　　　　　　　　　　　　　　　　　　单位：%

保险费	仓库设施	税金	运输	搬运费	陈旧贬值	利息	过时削价损失	总计
0.25	0.25	0.50	0.50	2.50	5.00	6.00	10.00	25.00

② 经济订货批量：经济订货批量（*EOQ*）是指库存总成本最小时的订货量。研究经济订货批量的方法，用年库存管理的总费用和订货公式来表示，根据该公式确定最佳订货量。

$$EOQ = \sqrt{\frac{2CD}{K}} \text{或} \sqrt{\frac{2CD}{PF}} \tag{7-1}$$

式中　*C*——单位订货成本，元/次；

　　　D——某库存物品年需求量，件/年；

　　　P——单位采购成本，元/件；

　　　Q——每次订货批量，件；

　　　K，*PF*——单件库存平均年库存保管成本，元/件·年；

　　　F——单件库存保管成本与单件库存采购成本之比。

如果用图形表示，经济订货批量可用图7-3表示。此时的订货成本与储存成本相等（图中*A*点）。

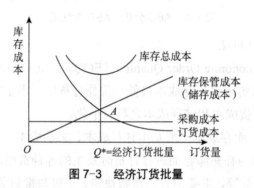

图7-3　经济订货批量

从图7-3可见，库存保管（储存）成本，随订货量增大而增大；订货成本，随订货量增大而减少。当两者成本相等或库存总成本曲线位于最低点时，就是最佳经济订货批量。

例7-1：某企业每年需要用1000件某种零件，已知其单价为20元；每次订货成本为5元；订货提前期为10天；每年工作250天，保管费用为其物品价值的20%。试求其经济订货批量、库存总成本，并帮助找出订货点。

$$EOQ = \sqrt{\frac{2 \times 5 \times 1000}{20 \times 20\%}} = 50 \text{（件）}$$

库存总成本 = 订货成本 + 保管成本（储存成本）+ 采购成本

$$= \frac{DC}{Q} + \frac{QK}{Z} + DP \tag{7-2}$$

$$= （1000÷50）×5+（50×20×20\%）÷2+1000×20$$
$$=100+100+20000=20200（元）$$

订货点处的储备量 = 订货提前期 × 单位（每日）需求量　　　　　（7-3）

$$=10×（1000÷250）=40（件）。$$

五、装卸搬运的功能与合理化

装卸搬运分散在物流活动的各个环节，构成物流系统的一个子系统。其中，装卸是指以对物品上下移动为主的物流作业，而搬运则是指以对物品水平移动为主的物流作业。装卸搬运的基本作业包括装卸、搬运、堆码、取出、分类、备货集货六个方面。随着物流配送中心的出现，发货配送功能日益受到重视，因而装卸搬运管理在物流系统的管理中也日益显得重要。

装卸搬运合理化的措施主要有：① 提高机械化水平。如对集装箱装卸采用轨道式龙门起重机、集装箱叉车，港口的装卸采用门座式起重机、斗式提升机、浮式起重机（浮吊），仓库中装卸采用巷道式堆垛起重机、辊子输送机、链条式输送机、胶带输送机等，均可将人力作业降低到最低程度，而使机械化、自动化水平得到很大提高。② 减少无效作业。避免或减少无用的作业数量，以及设法使搬运距离尽可能缩短等。③ 尽量采用集装单元化。尽可能扩大货物的物流单元，如采用托盘包装、集装箱等。④ 利用重力和减少附加重量。如利用地形差进行装货、采用重力式货架堆货等。⑤ 强调各环节均衡协调。装卸搬运作业是各作业线、环节的有机组成，只有和作业线上各环节相互协调，才能使整条作业线产生预期的效果。⑥ 系统效率最大化。在货物的流通过程中，应力求改善包装、装卸、运输、保管等各物流要素的效率，由于各物流要素间存在着效率背反的关系，如果分别独自进行，则物流系统总体效率不一定能够提高，因此，要从物流全局一盘棋，用系统工程的观点来解决问题。

六、流通加工的功能与合理化

流通加工是流通中的一种特殊形式，是指物品从生产地到使用地的过程中，根据需要施加包装、分割、计量、分拣、刷标志、拴标签、组装等简单作业的总称；是在物品从生产领域向消费领域流动的过程中，为了促进销售、维护产品质量和提高物流效率，对物品进行的加工。流通加工使物品发生物理、化学或形状的变化。

流通加工的主要功能是：① 将生产厂直接运来的简单规格产品按用户要求进行

下料，如将钢板进行剪板、切裁等；② 按用户要求，对原材料进行高效率的初级加工，如将水泥加工成混凝土，将木材加工成门窗等。无论是哪一种形式的流通加工，因采用高效率设备集中加工，有较大的产出投入比，故使成本较低。

流通加工合理化的措施：流通加工地点设置即布局状况是关系到整个流通加工能否有效的重要因素。

为使流通加工最优配置，一般应考虑：① 加工和配送结合，即将流通加工设置在配送点；② 加工和运输结合，加工点应设置在衔接干线与支线运输处；③ 加工与节约结合，节约能源、设备、人力和耗费是流通加工合理化需考虑的重要因素。

七、配送的功能与合理化

配送是物流领域里一种特殊的物流活动。在经济合理区域范围内，根据用户要求，对物品进行拣选、加工、包装、分割、组配等作业，并按时送达指定地点的物流活动。配送的本质是送货或发货，但这种送发货是建立在一定的组织、比较明确的供货渠道和具有相关的规章制度的约束，并在备货和配货的基础之上的。

配送中心是一种物流结点，是发挥配送职能的流通仓库。配送中心的目的是降低运输成本，减少销售环节的损失，为此建立设施、配备设备并开展经营、管理工作。

配送中心一般具备储存、分拣、装卸搬运、加工和协调季节性货物供求关系五项功能。

配送中心的种类很多，可按配送货物种类分为以下几类：① 食品配送中心；② 日用品配送中心；③ 医药品配送中心；④ 化妆品配送中心；⑤ 家电产品配送中心；⑥ 化工品配送中心；⑦ 金属品配送中心；⑧ 电子产品配送中心；⑨ 书籍产品配送中心；⑩ 汽车零部件配送中心等。也可按配送中心的地域进行分类：① 城市配送中心；② 社区配送中心；③ 全球配送中心；等等。

配送中心地址应该尽可能地与生产地和配送区域形成短距离优化；配送中心的选址应接近交通运输枢纽，使配送中心成为物流过程中的一个恰当的结点。

配送路线优化的主要原则是成本最小化，或配送路线最短；优化的方法常采用线性规划方法。线性规划是运筹学的一个最重要的分支，应用于有限资源的最佳分配问题，即如何对在有限的资源约束条件下，作出最佳方式调配和最有利使用，以能获取最佳的经济效益。该方法的最大优点是可以处理多品种问题。

比如，某配送中心从 A 处出发，将货物配送 B、C、D、E 各用户之后返回。各地之间的距离（公里）见表 7-6 和图 7-4。请按成本最小化原则确定配送路线。

表 7-6　各地之间的距离　　　　　　　　　　　　　　　　　单位：公里

地点	A	B	C	D	E
A		10	7	5	5
B	11		4	6	8
C	7	4		7	8
D	5	5	7		8
E	3	8	8	3	3

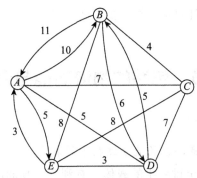

图 7-4　按成本最小化原则确定配送路线（无箭头表示可来回路线）

计算过程见表 7-7。

表 7-7　按成本最小化原则确定配送路线的计算过程

方案	路线	距离	方案	路线	距离	方案	路线	距离
1	$ABCDEA$	27	9	$ACDBEA$	30	17	$ADEBCA$	27
2	$ABCEDA$	30	10	$ACDEBA$	36	18	$ADECBA$	31
3	$ABDCEA$	34	11	$ACEBDA$	34	19	$AEBCDA$	29
4	$ABDECA$	34	12	$ACEDBA$	34	20	$AEBDCA$	33
5	$ABECDA$	39	13	$ADBCEA$	25	21	$AECBDA$	28
6	$ABEDCA$	35	14	$ADBECA$	33	22	$AECDBA$	36
7	$ACBDEA$	23	15	$ADCBEA$	27	23	$AEDBCA$	24
8	$ACBEDA$	27	16	$ADCEBA$	39	24	$AEDCBA$	30

从表 7-7 中的具体计算列举如下：

$$方案1： A \xrightarrow{10} B \xrightarrow{4} C \xrightarrow{7} D \xrightarrow{3} E \xrightarrow{3} A=27$$

$$方案2： A \xrightarrow{10} B \xrightarrow{4} C \xrightarrow{8} E \xrightarrow{3} D \xrightarrow{5} A=30$$

$$方案3： A \xrightarrow{10} B \xrightarrow{6} D \xrightarrow{7} C \xrightarrow{8} E \xrightarrow{3} A=34$$

从表 7-7 中可以看出：方案 7 距离最短，为 23 公里。与平均距离 31 公里相比，要减少 8 公里。如按每年计算可节约不少配送费用。

第二节 包装的物流功能与合理化

一、包装的物流功能

1. 承载功能：包装是商品在物流全过程中的载体

包装作为商品在物流全过程中的载体，有利于提高商品的装卸效率；更由于包装尺寸符合包装尺寸系列标准，提高了商品在集合包装和运输工具中的装载容量和在运输中的装载效率，从而有效降低了运输和装卸成本。

包装尺寸系列化是以集装基础模数尺寸为基数，按倍数分割而形成的。欧洲的包装标准尺寸是以符合欧洲托盘尺寸（800mm×1200mm）和 ISO 的标准托盘尺寸（800mm×1000mm 和 1000mm×1200mm）为基础，取其 95%（760mm、950mm、1140mm）为基数，用 2、3、4 等整数来除，然后把各个商数组合起来，即为有效地装在托盘上的包装容器的长、宽标准内侧尺寸；取 95% 的原因是考虑到将包装材料厚度取为 5% 的缘故。将外包装的包装容器再以整数来除，所得的商数的组合又可作为内包装的外侧尺寸，用此办法即可得到系列化的包装尺寸，并形成包装尺寸系列化标准；标准中对包装尺寸的长、宽尺寸予以规定，而把高度定为自由尺寸，否则难以适从。

我国也已对包装尺寸进行了系列化（模数化），制定了包装尺寸系列化标准；而且以包装尺寸系列化（集装基础模数）为基础，对联运平托盘、集装箱、叉车、吊车等进行了标准化。从而把商品整理成适合使用托盘、集装箱、货架或载重汽车、货运列车等运载的单元，称为包装的成组化功能。故我们在设计包装时，对其长、宽尺寸一定要按我国包装尺寸系列化标准选用。

2. 保护功能：保护商品在物流全过程中不破损不变质

商品在流通过程中，因外力、气候、虫害而使商品可能产生破损和变质。

外力环境最易引起货物损坏的原因是震动、碰撞、挤压和刺破，震动常见于运输过程中，碰撞在运输和搬运过程中都可能发生，刺破一般在搬运作业场地受尖锐硬器而损坏，挤压则主要发生在堆垛时，过高的堆垛会使底层货物受压变形甚至压碎。对此，包装必须按流通环境选用适合的包装技术，如防震包装、缓冲包装等，以及须具备足够的强度和刚度以及材料的戳穿度。

气候环境主要指温度和湿度等因素，有些物品在高温下会软化熔解、分解变质、变色；而有些物品则会在低温下爆炸、变脆或变质；时鲜果蔬则会因过高的温度发生变质变味；另外水和蒸汽对物品的损害也很大，危害性要超过温度，几乎绝大多数货物在潮湿的环境中都会受到不同程度的损坏，如生锈、霉变、收缩变形，严重的会发生腐蚀、潮解；空气中有害化学物质对物品也有影响，还有些物品怕光，见光则会变色变质。所以在设计包装时需根据不同的自然气候环境选用适合的包装材料，选用适合的包装技术，如防霉、防锈、防爆、防水、保鲜等包装，有时仅包装技术还不够，还需在运输和储存条件等方面采取必要的措施。

虫害、鼠害环境主要发生在仓储过程中，对此要采用防虫、防鼠包装，同时在仓库中采取灭虫、灭鼠等必要措施。

3. **方便功能：方便商品在物流过程中的装卸、搬运和保管**

货物的形态是各种各样的，有固体、液体、气体之分，有大小、规则与不规则，有块状与粉末状，有硬与软等各种特性，故为了适应商品不同的性能需求、提高处理的效率，须对货物进行包装。包装还能方便商品在物流各个环节中的处理，如对运输环节，包装的尺寸、重量和形状，最好能适应运输和搬运中设备的尺寸、重量，以便于搬运和放置；对仓储环节，包装则能方便商品的保管和移动，且包装上附有鲜明的标志，使人容易识别。

包装后所形成的货物单元使管理计数工作方便，也有利于在流通全过程中提高劳动生产率。

4. **促销功能：吸引顾客激发其购买欲望**

包装的设计装潢能起到识别、美化及广告宣传作用，成为产品推销的一种主要工具和有力的竞争手段；同时精美的包装还不易被仿制假冒、伪造，有利于保护企业的信誉。

5. **信息功能：包装储运图示标志及条码能减少商品在流通过程中的货损货差**

包装上印有如小心轻放、禁用手钩、向上、怕热、怕湿、远离放射源和热源、禁止滚翻、堆码重量极限、堆码层数极限和温度极限等图示标志，在运输、装卸、仓储过程中传达了商品需要保护的信息和应该注意的事项；包装上印有的条码为商品收货、储存、取货、出运等过程中提供电子仪器识别，起到跟踪商品的作用，从而使生产厂家、批发商和仓储企业能迅速采集、处理和交换有关信息，加强了对货物的控制，减少了物品在流通过程中的货损货差，提高了跟踪管理的能力和效率。

二、物流（运输）包装装载合理化

包装按照用途一般分为运输包装和销售包装。运输包装（物流包装）重在保护、承载和方便功能，销售包装则重在促销功能。在物流中应用的主要是运输包装，运输包装是商品在整个物流过程中的载体，运输包装为适应物流的需要，近年在材料、技术、容器和集合包装等方面均有很大的发展。

1. 合理选用包装材料和包装技术

现代使用的包装材料主要有纸和纸板、塑料、金属、玻璃陶瓷四大类。最常使用的运输包装有瓦楞纸板箱、蜂窝纸板箱、塑料托盘集合包装和金属集装箱（袋）；设计物流（运输）包装时应根据所需强度及理化性能并遵循减量化、再利用、再循环、可降解的绿色化原则选择相应的包装材料。

为保护商品在流通过程中不破损不变质的包装技术有缓冲包装、防震包装、防潮包装、防锈包装、防虫包装、防霉包装、防水包装、防爆包装、防菌包装、真空包装、充气包装和托盘集合包装的收缩包装、拉伸包装等技术，物流（运输）包装设计时应根据流通环境条件选择适用的包装技术。

2. 大力采用集合包装

现代物流（运输）包装为提高物流效率、降低物流成本，迅速发展起集合包装，包括托盘集合包装和集装箱。现代物流（运输）包装的包装程序一般是：个包装→内包装→外包装→托盘集合包装→集装箱→运输工具。

个包装是指商品按个进行的包装，目的是提高商品价值或保护商品；内包装是个包装的集合，目的是防止水、湿气、光热和冲击对商品的破坏；外包装则是内包装的集合，将内包装的商品放入箱、盒、罐等容器中，并标上标记、印记等，目的是便于对商品进行运输，装卸和保管，保护商品；托盘集合包装则是将外包装商品进行单元化的集合，目的是便于装入集装箱，提高装载效率，入库储存时也便于清点。托盘集合包装和集装箱的出现大大提高了现代物流中运载和装卸的工作效率，下面将分别介绍。

（1）托盘集合包装。

托盘集合包装是把货物集合为一个整体进行包装，使包装单元化，便于清点数量，便于装卸，可高层堆码，更能保护商品使之不易破损，提高运输能力和运输效率，因而在现代物流中获得了广泛的应用。

托盘集合包装是把包装件按一定方式（简单重叠、交错式叠放、纵横式叠放、旋转式叠放）在托盘上叠放，然后通过用收缩薄膜、拉伸薄膜、捆扎、胶合、护棱等将包装件固定而形成搬运单元，便于机械化装卸和储运，整体性能好，堆码稳定性高，能避免散垛摔箱等问题。

① 托盘的分类：在物流中使用量最大的是平托盘，如图 7-5 所示。平托盘按材料分类有木制平托盘、钢制平托盘和塑料平托盘；按叉入形式可分为单向叉入型、双向叉入型、四向叉入型。其他还有柱式托盘和箱式托盘，但应用均较少。

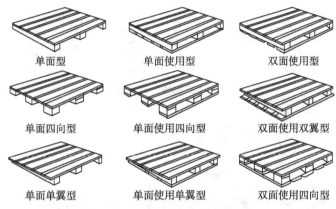

单面型　　　　单面使用型　　　　双面使用型

单面四向型　　单面使用四向型　　双面使用双翼型

单面单翼型　　单面使用单翼型　　双面使用四向型

图 7-5　各种平托盘形状构造

② 托盘装载模式及其优化：托盘装载模式是指外包装件（通常是瓦楞纸箱）在托盘平面摆放和空间堆码的方式。在承受堆码负荷、确保装载物品强度的前提下，最大限度地利用托盘表面和堆码空间，以便托盘装载的包装件最多，具有最好的经济性，称为托盘装载模式的优化。托盘装载模式的优化对提高托盘集合包装的经济性和安全性有很大影响。

优化装载模式，能改善托盘的平面及高度与运输工具或仓库的适应性，增加装载包装件的数量，从而减少运输和储存成本，使流通总成本降低；优化装载模式，还能降低瓦楞纸箱的材料成本，也使流通总成本降低。据德国人 Janer/Graefentein 的设计法则，托盘体积利用率增加 5%，包装总成本可降低 10%。

托盘装载模式，可从两个方面进行优化。一是对给定包装纸箱尺寸，如何提高托盘装载能力，称为"从里到外"进行托盘装载，见图 7-6。这时被包装商品在生产车间单独包装为小包装件，继之将多件小包装装入外包装的瓦楞纸箱，再将瓦楞纸箱在托盘上进行集合包装，最后将托盘集合包装装进集装箱或运输工具运送到用户处。由于尺寸一定的瓦楞纸箱在托盘平面上的摆放方式和空间堆码层数有很多种，需要对各种摆放和堆码方式进行比较，选择装放包装件最多为最优者，这是托盘装载的一种优化方式。二是根据给定的标准托盘尺寸，优化选择外包装的瓦楞纸箱及内包装的小包装件，使托盘的装载能力最大，这是"从外到里"进行托盘装载，见图7-7。这种方式是先根据标准托盘尺寸模数分割出外包装的瓦楞纸箱尺寸作为标准瓦楞纸箱，内包装的小包装件应以这样分割出的瓦楞纸箱作为外包装，而不能根据被包装的商品去设计任意尺寸的瓦楞纸箱。只有以分割出的瓦楞纸箱作为外包装尺寸才能充分利用托盘表面积，提高托盘的装载能力；同时也有利于瓦楞纸箱的标准化和批量生产，并降低瓦楞纸箱的生产成本。

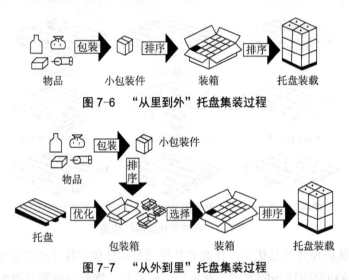

图7-6 "从里到外"托盘集装过程

图7-7 "从外到里"托盘集装过程

③ 物流基础模数尺寸和托盘标准化：为使集合包装的物流系统中的各种因素，包括包装、托盘、集装箱、装卸机械、搬运机械和货车、卡车、轮船等运输工具的内装尺寸能相互匹配而有最大的装载容量，以使物流成本降低，需要对它们实行标准化，而标准化的基础是物流基础模数尺寸，物流基础模数（或称物流模数）是指为了物流的合理化和标准化而以数值表示的物流系统各种因素的内装尺寸和标准尺度，它的作用和建筑模数尺寸的作用大体相同，考虑的基点主要是简单化。由于物流标准化较其他标准化系统建立晚，因此确定物流基础模数尺寸主要考虑了现有物流系统中影响最大而又最难改变的运输设备，采用"逆推法"由运输设备的尺寸来推算最佳的基础模数，欧洲各国和ISO中央秘书处已基本认定600mm×400mm为物流基础模数尺寸。

在物流基础模数尺寸上可推导出各种集装设备的基础尺寸，称为集装基础模数尺寸，即最小集装尺寸，也即托盘标准尺寸，以此尺寸作为设计集装设备三项（长、宽、高）尺寸的依据。在物流系统中，集装起贯穿作用，集装尺寸必须与各环节物流设施、设备、机具相匹配，整个物流系统设计均需以集装基础模数尺寸为依据，决定各设计尺寸，集装基础模数尺寸是影响和决定物流系统标准化的关键。

集装基础模数尺寸，可以从 600mm×400mm 按倍数系列推导出来，也可以在满足 600mm×400mm 基础上，从卡车或大型集装箱的"分割系列"推导出来。集装基础模数尺寸（最小集装尺寸）也即托盘标准尺寸以 1000mm×1200mm 为主，也允许 800mm×1200mm，考虑到铁路车皮和载重卡车车厢的通用标准尺寸为 2300mm，故托盘尺寸也允许 1100mm×1100mm。我国联运平托盘外部尺寸系列规定优先选用 TP2—800mm×1200mm 和 TP3—1000mm×1200mm 两种尺寸，也可选用另外一种尺寸，即 TP1—800mm×1000mm；托盘高度基本尺寸为 100mm 与 70mm 两种。物流基础模数尺寸（600mm×400mm）与集装基础模数尺寸的配合关系，可以集装基础模数尺寸的 1000mm×1200mm 为例说明，如图 7-8 所示。

包装尺寸系列化则是以集装基础模数尺寸为基数，按倍数分割而形成的（详见本节一）。

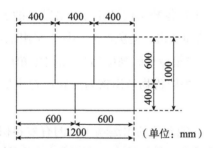

图 7-8　物流基础模数尺寸与集装单元基础模数尺寸的配合关系

（2）集装箱。

现代物流运输广泛采用集装箱进行产品或包装件的成组运输，已经实现了集装箱标准化与管理。集装箱运输具有足够强度，可保证产品或包装件运输安全，使产品破损降至最低程度。

① 集装箱的分类：按材质可划分为铝制集装箱、钢制集装箱和玻璃钢制集装箱，见表 7-8。

表 7-8　集装箱的分类

项目	质量	强度	加工性	耐腐蚀性	价格
铝制集装箱	轻	小	好	差	高
普通钢制集装箱	重	大	好	差	较低
不锈钢制集装箱	重	大	好	好	太高
玻璃钢制集装箱	重	大	好	好	一般

　　按集装箱使用性能又可划分为：散装集装箱，适用运输散装的粉状和颗粒状产品；通风集装箱，适用运输新鲜食品及易腐食品等；通用集装箱，适用于工业产品或包装件的运输等。

　　② 集装箱的规格：集装箱已经标准化，为了发展国际物流，应积极贯彻 ISO 标准，优先选用 1AA、1CC、1OD、5D 型四种规格的集装箱。1AA、1CC 适用于国际运输，1OD 和 5D 型用于国内运输。

三、物流环节对运输包装合理化的要求

1. 运输对运输包装合理化的要求

　　① 具有合理的强度：进行包装结构设计时，必须详细了解运输过程中的流通环境，防止运送过程中的震动和冲击，避免产品破损。采用纸箱包装时，要质量坚韧，能承担所载货物重量，货物装箱后堆码高度为 2.5m 时纸箱应不变形；采用木箱包装，则应对价值高、容易散落丢失的货物使用密封木箱；对重量较大较长的货物则应增加箱档和箱板厚度等。

　　② 采用集合包装时，为能充分利用运输工具的有效容积和载重量，包装尺寸应标准化、系列化，同时采用集合包装技术，实现集装化运输；货物的运输包装应完整、满装、成型，内装货物应均匀分布装载，排摆整齐，压缩体积、内货固定、重心位置居中靠下，对庞大的产品则应考虑折装，以满足运输工具装载的规定；包装箱应印刷必要的标志，方便理货，对某些有防潮、易碎、易燃等防护要求的包装件，则应根据相应标志进行合理的操作。

2. 装卸对运输包装合理化的要求

　　① 采用托盘集合包装或采用集装箱。便于机械装卸，提高装卸效率，同时减少商品破损。

　　② 掌握运输和装卸实态。按照缓冲包装设计原理，务使商品运输包装允许的最

大冲击加速度（线冲击速度）大于装卸时因跌落冲击产生的最大冲击加速度（线冲击强度），以避免商品受冲击而破损。

3. 仓储对运输包装合理化的要求

① 堆垛对于包装结构的要求：商品在仓库内的保管费用，取决于商品在仓库内的占地面积，所以仓库内的商品通常堆叠很高，为此商品的包装结构需要有足够的强度，以使压在底层的货物不被上层货物压坏或变形。因此设计包装结构时必须了解流通过程中各仓库的具体高度和可能的堆叠高。

仓库堆叠高度与商品抗压强度之间的关系式为

$$P=aw[（H/h）-1] \tag{7-4}$$

式中　H——仓库的可能堆叠高度，m；

　　　h——包装容器的高度，kg；

　　　w——货物的重量，kg；

　　　a——安全系数，通常取 3 ～ 5，木箱取 3，压楞纸箱在梅雨季节时要取为 5；

　　　p——最下层容器承受的货物重量，kg。

对瓦楞纸箱的安全系数还要考虑温度与湿度，纸板强度因印刷而变劣和搬运时动负荷等因素的影响，在温湿度高于测量瓦楞纸箱抗压强度的 20℃ 和 65% 湿度时，或因印刷强度变劣情况越严重以及动负荷越大时，安全系数越应趋于上限。

② 堆垛稳定性对包装结构的要求：在包装容器的上表面不应有突起物和起鼓现象，包装容器应与上面所堆叠的容器底面成平面接触。设计包装结构时，要使荷重均匀地分布在底面上；如果商品本身有偏重，就应在容器外表面作出明显标志要明确表示堆垛的方向。选择包装材料和进行结构设计时，应使包装容器具有能承受高层堆叠的强度。在堆垛实践中，证明在堆叠很高的货物若干层之间加一层隔板（托盘），可提高堆垛的稳定性，减少坍塌损失。

③ 仓库环境位置对包装结构的要求：仓库靠近海岸或有海风刮进来，库房物品会因盐分而引起生锈现象，故需采取防锈措施；如向东南亚或中东出口商品，因一天可能受到几次暴风雨袭击，商品往往又露天堆放，则须采取防水包装。

④ 仓库自动化程度对包装形态的要求：仓库自动化程度高的仓库，采用了非常先进的仓库管理系统，被装在运载托盘上的货物入库时，会自动地把货物搬运到保管场所，所以入库的货物都应采用符合该仓库的托盘尺寸，因为集合包装的尺寸与仓库托盘尺寸相配，故能充分利用托盘的有效尺寸，从而也充分利用了仓库的储存空间。

⑤ 合理的包装结构对仓库装卸堆叠作业的要求：须遵守包装容器上的包装储运图示，并在货物上面铺上胶合板后，方可进行货物装卸作业。堆叠的层数不能高于

规定的极限层数，且不得从垫板或运载托盘上抽出货物进行堆叠。在仓库拐角处堆叠的包装容器要铺上保护板，防止叉车作业时碰坏。不得在仓库内洒水，必须洒水时务必不要淋湿货物，并考虑必要的通风。高层堆叠时，隔一定层数须使用托盘垫板，以保证堆垛的安全与稳定。

四、物流（运输）包装设计合理化的措施

1. 掌握流通实况，发挥最经济的保护功能

包装的保护功能应使商品承受流通过程中各种环境的考验，只有通过测试和实地调查或查阅有关流通环境资料后确切掌握运输、装卸、仓储的流通实况，才能合理选用包装技术及包装材料，进行合理的包装结构设计，发挥应有而经济的保护功能。

2. 包装设计时尺寸应按标准选用系列化尺寸

商品的内包装和外包装尺寸设计应尽量选用标准的系列化尺寸，应按国家标准GB/T4892-1996《硬质直方体运输包装尺寸系列》的规定选用适合的长、宽尺寸（高度尺寸有推荐值，也可自由选择），使设计出的包装尺寸能与托盘和集装箱尺寸匹配，也能与运输车辆和搬运机械的尺寸匹配，从而能在集合运输包装中获得最大装载容量，提高装载效率，降低物流成本。

3. 包装材料选用时应注重减量化、轻薄化和不污染环境

包装要对商品起到保护作用，故在结构设计时应具备足够的强度和寿命，但在选择材料时应在保证强度、寿命、成本相同的条件下，尽量减少材料用量，采用更轻、更薄的包装材料。这样不仅降低了包装的成本，而且从源头减少了废弃物的数量，同时还提高了装卸搬运的效率。

为不污染环境，应尽量选用易自行降解和易回收再利用的绿色包装材料，如高强度低克重瓦楞纸板、蜂窝纸板、纸浆模塑、生物可降解塑料，水溶剂型的黏合剂、涂料、油墨等。

4. 设计时应注意装卸及开箱的方便性

商品在物流过程中需多次装卸，因此包装设计时必须考虑便于装卸。为此，凡手工装卸的货物应重量适当，为使人的疲劳程度最小，每一包装单位重量限于20kg，体积限于长 × 宽 × 高 =700mm×800mm×400mm 为宜，连续装卸重量不宜超过人体的 40%，对于大型容器和包装，其重量和体积应与所采用的装卸机械相适应，如用叉车装卸，包装件厚度应与叉车高度相适应；用船吊装货物，重量不超过3t。包装设计时，还应注意开箱方便，对木包装尤其须注意。

5. 设计运输包装的内包装（销售包装）时，包装费用与内容物价值应相适应

目前国内销售包装（一般是内包装）为促进销售仍多有过分包装，甚至是欺骗包装，设计时应尽量避免。国际上为杜绝过分包装，对包装费用占内容商品的价值规定有一定的比例，如酒类和食品罐头一般占 18% ～ 25%，儿童食品可占到 40%，一般食品仅占 20%。

第三节　基于供应链管理的整体包装解决方案 CPS

一、整体包装解决方案的新理念

进入新世纪，世界经济日益重视环境保护、降低成本、大力发展现代物流。国际包装业为适应这种新形势，提出了"整体包装解决方案"（Complete Packaging Solutions，CPS）新理念。"整体包装解决方案"，就是包装供应（制造）商向用户提供的从包装材料的选取，到包装方案设计、制造，到物流端配送直至面向终端用户的一整套系统服务；其内容涵盖了包装设计、包装制造、产品包装、物流运输、装卸仓储、加工配送等各个环节。

新理念是系统工程思想和供应链管理在包装行业中的应用，它将包装与物流看作一个整体，用系统分析的方法追求包装物流总成本最低。供应链管理（Supply Chain Management，SCM）是指为使整个供应链系统成本达到最小，而把供应商、制造商、仓库、配送中心和渠道商（即供应链）等有效地组织在一起来进行的产品制造、转运、分销及销售的管理方法。供应链管理包括计划、采购、制造、配送、退货五大基本内容。

新理念最早起源于美国，流行于发达国家，不少跨国公司借助"整体包装解决方案"，将产品包装的生产制造全过程委托供应商完成，由此来压缩包装系统的成本，而将主要精力集中到自身的核心能力上。该先进理念随着近年国外大型企业的进驻已被引入我国沿海城市，目前沿海城市包装订单的一个明显特点就是要提供包括包装物流在内的完整包装解决方案。"整体包装解决方案"将成为今后包装设计和包装供应的潮流和趋势。

二、整体包装解决方案的策划目标和原则

1. 整体包装解决方案策划目标
整体包装解决方案策划有两个目标。一是总成本最低。将包装与物流的各个环

节看作一个整体，用系统分析方法求得整个系统的总费用最低。二是资环性能好。采用不污染环境、可回收再利用的包装系统，使策划的包装解决方案在生命周期全过程中有利于节约资源和保护环境。

2. 整体包装解决方案策划原则

① 整体并行策划原则：整体包装解决方案有别于一般包装设计的不同点，就是对产品包装从原材料选用、包装结构设计、运输仓储设计，直至包装使用完后的回收再利用均要围绕实现双目标进行整体思考、采用并行设计方法进行，而不能按传统习惯顺序进行。不如此，就不能很好实现总成本最低和资环性能好的双目标。

② 包装总成本最低原则：整体包装解决方案要考虑的总成本不仅是包装制品的生产成本，还是包括包装生产成本、使用成本、流通成本在内的总成本。策划整体包装解决方案必须使包装总成本最低，而不是其中一项最低。

③ 包装材料"3R1D"和无毒害原则：包装材料"3R1D"指包装材料减量化（含无毒害）、再利用、再循环和可降解。"3R1D"和无毒害是实现包装绿色化须遵循的策划原则，也是进行国际贸易的需要。

欧盟绿色包装制度的主要要求有三个。一是严格限制包装材料的有毒有害成分，如铅、镉、汞和六价铬等重金属、多氯联苯，苯残留、含氯氟物质等的浓度总量，四种重金属应达到国际上 100mg/kg（即 100ppm）的标准；食品包装材料（包括主材、添加剂、色素以及黏合剂、油墨、涂料等助剂）则应按塑料、纸、陶瓷、橡胶、马口铁等大类符合欧美"食品包装安全法规"中有害元素限量及其迁移极限的类别安全标准。二是减量化，禁止过度包装：欧盟"94/62/EC 指令"考虑到适度包装的多种属性，提出需从满足保护功能、制造要求、填充灌装需要、物流管理要求等 10 种性能指标来判断包装是否"过度"。三是包装或包装材料的性质须是可重复利用或可回收再生的，若包装废弃物不能回收利用，则其材料须能自行降解。

三、整体包装解决方案策划（设计）方法

策划（设计）整体包装解决方案，需要并行考虑材料选择、选用适宜的包装技术、进行包装结构设计或选用适宜的包装、进行物流设计等各个环节，相互间联系密切又有交集。其策划（设计）方法一般应以运输包装设计为主干来考虑，从技术路线讲可划分为如下六步：

1. 分析产品的特性

在进行整体包装解决方案策划（设计）时，分析产品特性是首要的一步。产品特性包括产品的固有特性、市场定位特性和结构特性。

产品的固有特性指产品的强度、刚度、脆值、固有频率，产品的重量、重心、轮廓尺寸，产品表面的耐磨度、防潮防锈性能等。其中最重要的就是产品的脆值和固有频率。这两个性能参数是包装设计师进行运输包装防冲击、防震动设计的必要条件。

产品的市场定位特性决定了产品内包装（销售包装）的档次、选材和装潢。对于市场定位较高、较贵重的高档化妆品、高端手机，包装材料选用高档材料，且采用精美装潢；而对于一般通用的产品，则包装材料选用成本较低的材料，进行一般装潢或不装潢。

在包装设计时，认真分析产品的结构特性对改进产品不合理结构，或寻找可支撑部位、进行包装的支撑设计都具有重要作用。产品脆值偏低时需对过于脆弱的零部件进行重新设计，以提高整个产品的脆值；而对一些形状不规则复杂的产品，对其结构进行受力分析和支撑部位设计十分重要。

2. 掌握产品流通环境信息

产品流通环境信息是对产品进行安全性包装设计的必要条件，也是整体包装解决方案中所需的最重要基础信息。流通环境信息指从将包装材料（制品）配送至产品企业和产品下线开始包装至产品流入客户手中的全过程，包括配送、包装、装卸、运输、仓储等的环境信息。

环境包括气象性环境、生化环境、力学环境和电磁性环境四大类，环境信息具体指：包装材料（制品）向企业配送的距离、时间、安全备存量，产品包装的操作难易度，产品仓储的温湿度极限、仓储空间、堆码高度、虫害，产品装柜的托盘尺寸、集装箱尺寸、堆码高度、装卸起吊能力，产品的运输工具、最大装载量、运输路线、距离、时间、价格，产品运输起点至终点的路况、可能发生的冲击和震动、气候环境及温湿度，有无电磁力，产品包装的拆卸难易度，产品的上架要求等所有与产品包装有关的流通环境信息。

3. 掌握包装材料（制品）的有关信息

产品的包装材料（制品）信息是整体包装解决方案策划所需的另一最重要基础信息。

产品的包装材料（制品）信息包括材料（制品）的生产厂家、尺寸规格、型号、化学成分和性能信息；性能信息又指材料有无超过规定的毒害成分，能否自行降解，是否易于回收再利用或回收再生，防湿防锈能力，防静电能力，阻隔性能（透水、透湿、透氧、透二氧化碳等）以及各类力学性能；力学性能包括抗压强度、密度、缓冲系数曲线、加速度－静应力曲线、应力－应变曲线、传递率曲线等；常用的瓦楞纸板的信息包含用纸克重、瓦型、边压、耐破性等；食品包装材料还要包括有毒有害成分允许渗透和迁移量的信息。

4. 进行整体包装方案设计

在分析产品的特性、市场定位，掌握产品流通环境和包装材料（制品）信息后，采用"并行"设计方式，同时考虑流通各环节进行内包装及外包装（含装潢）的结构设计和物流设计。内外包装设计时要综合运用保护商品的各项技术，如缓冲、防震、防潮、防锈、防静电、真空、气调等包装技术，但运输包装通常以缓冲包装设计为主干技术。设计的主要内容有：

① 根据产品特性、流通环境条件及绿色包装制度要求选用包装材料，确定内外包装需用的包装技术。

② 按照与流通过程中托盘、集装箱、运输工具、仓库尺寸相匹配原则确定内外包装外尺寸，提倡选用标准的系列尺寸，以提高流通过程的装载容量。

③ 进行内包装的包装技术及结构设计。内包装通常是纸板箱、瓦楞纸箱、塑料容器等；内包装或里面的小包装采用的包装技术则视需要分别采用真空、充气、气调、无菌、防潮、防锈等。并按市场定位确定内外包装的装潢档次。

④ 进行外包装的包装技术及结构设计。外包装通常是纸板箱、瓦楞纸箱、蜂窝纸板箱、木箱、金属及塑料容器等，外包装容器需进行堆码后抗压校核；同时按照六步法设计缓冲衬垫，并进行防震校核，以及进行其他需用的包装技术（防震、防潮、防锈、防静电等）设计。

⑤ 进行物流设计。为用户包装的产品选择适合的集合包装、运输方法及仓储方案。具体包括确定最佳运输路线、运输工具，选用集合运输包装的托盘及集装箱，选用适宜的仓储及物流中心；仓储及物流中心应着重空间陈列、布置、进仓、搬运，以期发挥最佳的效果，最后还要考虑废弃包装的收集及返回运输。

5. 进行整体运输包装总成本分析

整体包装解决方案的包装总成本包括包装生产成本、包装使用成本、使用包装后的流通成本在内的总成本。计算时尤要重视对包装容器的选用，包装容器的变动会带来容器成本的变动，同时也带来运输成本变动、人力成本变动和容器管理成本变动，所以最宜设计和选用可回收再利用的包装容器。

对多个方案应进行综合分析比较，兼顾经济成本和资源环境效益，择优选择之。

6. 进行整体运输包装测试

整体运输包装测试是对整体包装解决方案策划（设计）成败的验证。测试内容根据采用的包装技术而定，一般有跌落测试、震动测试、堆码测试、防潮防水测试等。

测试数据采集完毕后，需由专业技术人员对测试数据进行分析评定，目的是判定所设计的整体运输包装的合格性。如发生破损或其他不合格情况，则需重新设计或采取有关措施。如测试合格也需对设计方案进行全程跟踪，以进一步精确判定设计方案的合理性。

第四节　条码技术在物流信息管理中的应用

条码（条形码）表示物流和商品的信息。条码技术是一种借助扫描阅读器和微型计算机进行信息数据自动识读和自动输入计算机的自动识别技术。信息是物流管理的基础，物流管理信息是物流管理部门进行管理和控制物流活动最重要的信息，它借助印刷在包装表面上的条码，追踪和控制商品的物流活动。

一、条码的概念与类型

1. 条码是一种编码

编码是一种信息表现形式，在物流中用来表示物品和商品信息。为了保证编码作为一种信息表现和信息交换的一致性，信息编码必须遵循以下基本要求：① 编码的唯一性，一种事物或概念只能与一个编码相对应，否则将出现混乱；② 简短性，代码应尽量简短；③ 易识别性，代码应尽可能反映编码对象的类别和特性；④ 易扩展性，为适应编码对象发展的需要，代码结构设计上要留有足够的备用码空间；⑤ 操作方便，尽可能减少人工和机器的处理时间。

标准化的信息编码与标准化的信息分类有密切的联系，分类是编码的基础，编码是分类的体现。信息分类结构与信息编码结构之间有一定的对应关系。

2. 条码是一种自动识别技术

自动识别技术是一种信息数据自动识读、自动输入计算机的重要方法和手段。随着计算机和通信技术的智能化、无线化、微型化的发展，为了对物流供应链中的物品信息进行实时采集、传输和处理，因而利用计算机和通信技术快速识别物品在物流中的信息成为物流信息化首要解决的问题，条码正是物流信息化能进行快速识别的自动识别技术。

目前，主要的自动识别技术有：① 光学字符识别 OCR，它可通过机器扫描并识读全部字母与数字符号及图像字符，条码的自动识别技术即属这类识别；② 磁卡；③ 光学记忆卡片；④ IC 卡；⑤ 射频识别技术，今后自动识别技术的发展趋势还会有生物测量，语音识别技术，机器视觉识别等。

3. 条码的定义

我国国家标准 GB/T 12905—2019 给条码的定义为：由一组规则排列的条、空组成的符号，可供机器识别，用以表示一定的信息包括一维条码和二维条码。

条码是一种特殊的代码。条码中的条、空分别由两种不同深浅的颜色（通常为黑、白色）表示，并满足一定的光学对比度的要求。在进行辨识的时候，用光学扫描阅读器对条码进行扫描，得到一组反射光信号，此信号经光电转换后变为一组与线条、空白相对应的电子信号，经解码后还原为相应的数字，再输入计算机，即可查阅条码表示的有关信息。

条码下面的字符（数字）供人直接阅读，或通过键盘向计算机输入数据。

条码技术已相当成熟，辨识的错误率约为百万分之一，首读率大于 98%，是一种可靠性高、输入快速、准确性高、成本低、应用面广的自动识别技术。

4. 条码的码制

码制即指条码条和空的排列规则。一般可分为一维条码和二维条码、复合码三类。在商品销售、图书管理、工业生产、机票管理上广泛应用的是一维条码；近年为了增大商品信息容量和增强保密防伪性，以及支付费用已应用功能更强的二维条码；为了标识微小物品及表述附加商品信息，以及采集和传递更多的物流运输信息，又发明和使用了复合码。

（1）一维条码。

一维条码只在一个方向（一般是水平方向）表达信息，垂直方向不表达任何信息；具有一定的高度是为了便于阅读器的对准扫描。一维条码种类达 225 种之多，主要应用在商品、机票、图书管理、工业生产线上。码制有：EAN 码、UPC 码、39 码、25 码、交叉 25 码、128 码、93 码、库德巴码（Codabar）和 PDF417 码等。此外，书籍和期刊也有国际统一的一维条码，称为 ISBN（国际标准书号）和 ISSN（国际标准丛刊号）。不同的码制有各自的主要应用领域。

EAN 和 UPC 码：世界上有两大编码组织，一个是国际物品编码协会（IAN/EAN），制定了 EAN 码，主要应用在欧洲；另一个是美国统一编码协会（UCC），1973 年在世界上率先建立了 UPC 码，主要应用在北美。为了保证编码的唯一性，世界各国若要使用 EAN 和 UPC 码，必须向 IAN/EAN 和 UCC 提出申请，成立分支组织，方可使用。中国物品编码中心已通过申请参加了两大组织，成为 IAN/EAN 和 UCC 的会员，获准使用 EAN 码和 UPC 码；今后我国出口欧洲的商品应使用 EAN 码，而出口北美的商品则可使用 UPC 码。EAN 和 UPC 码均是一种长度固定的条码，所表达的信息全部为数字，主要应用于销售、贸易过程的商品标识。

（2）二维条码。

二维条码是用某种特定的几何图形，按一定规律在平面（二维方向上）分布的黑白相间的图形来记录数据符号信息。二维条码的原理是二进制运算，利用二进制的 0 和 1 作为代码，同时使用若干个与二进制相对应的几何形体表示文字数值信息。常用代表正方形的黑白格来记录信息，并且可以在水平和竖直方向上进行编码。二维条码的优点是存储的数据量更大，在横向和纵向两个方位可同时以图形表达信息，因而能在很小的面积内表达大量的信息。

二维条码分为层排式和矩阵式两种。层排式二维条码形态上是由多行一维条码堆叠而成，具有代表性的层排式二维条码包括 PDF417、Code49、Code16K 等，PDF417 码可用来为运输／收货标签的信息编码。层排式二维条码可用一维的线性扫描阅读器或 CCD 二维图像式阅读器来识读。

矩阵式二维条码以矩阵的形式组成，在一个规则的印刷（格子）内用点（方形或圆形等）的出现表示二进制"1"，点的不出现表示二进制"0"，通过多个"1"与"0"的组合来表示信息，如 Code One、Aztec、Data Matrix、QR 码等。矩阵式二维条码具有更高的信息密度，可作为物流中包装箱的信息表达符号。目前手机上用来付款的也是矩阵式二维条码。

（3）复合码（CS）。

它是一种由一维条码和二维条码两种条形码叠加在一起而构成的一种新的码制，以实现在读取一维条码所表示的商品单品识别信息的同时，还能够通过读取二维条码来获取更多描述商品物流特征的信息，主要用于物流及仓储管理。

二、条码的结构

1. 一维条码

（1）条码的符号结构。

一个完整的条码符号由两侧静区、起始符、数据符、校验符（也为数据符）和终止符组成，如表 7-9 和如图 7-9 所示。

表 7-9　条码的符号结构

静区	起始符	数据符	校验符	终止符	静区

图 7-9　条码组成

静区：指条码左右两端外侧与空的反射率相同的限定区域，它能使阅读器进入准备阅读的状态，当两个条码相距距离较近时，静区则有助于它们加以区分，静区的宽度通常应不小于 6mm（或 10 倍模块宽度）。

起始 / 终止字符：指位于条码开始和结束的若干条与空，标志条码的开始和结束，同时提供了码制识别信息和阅读方向的信息。

数据字符：位于条码中间的条、空结构，它包含条码所表达的特定信息。

构成条码的基本单位是模块，模块是指条码中最窄的条或空，模块的宽度通常以 mm 或 mil 为单位。构成条码的一个条或空称为一个单元。

（2）EAN 码结构。

通用商品条码 EAN 是世界上应用最广泛的条码，它有商品销售包装 EAN 条码和商品运输包装 EAN 条码两大类。商品销售包装 EAN 条码又分为标准式和短式两种，标准式由 13 位数字符号组成，称为 EAN-13 条码，短式由 8 位数字符号构成，称为 EAN-8 条码。

EAN-13 条码结构如图 7-10。

图 7-10　EAN-13 条码结构

左侧空白区：位于条码符号起始符左侧的无印刷符号且与空的颜色相同的区域，其最小宽度为 11 个模块宽。

起始符：位于条码符号左侧，表示信息开始的特殊符号，由 3 个模块组成。

左侧数据符：介于起始符和中间分隔符之间的表示 6 位数字信息的一组条码字符，由 42 个模块组成。

中间分隔符：在条码符号中间位置，是平分条码符号的特殊符号，由 5 个模块组成。

右侧数据符：中间分隔符右侧的条码字符，表示 5 位数字信息，由 35 个模块组成。

校验符：最后一个校验符字符，由 7 个模块组成，表示校验码。

终止符：位于条码符号右侧，表示信息结束的特殊符号，由 3 个模块组成。

右侧空白区：位于终止符之外的无印刷符号且与空的颜色相同的区域，其最小宽度为 7 个模块宽。

EAN-13 条码符号所包含的模块总数为 113 个。

EAN-13条码的前置码（6即前置码）不用条码符号表示，不包括在左侧数据符内。

EAN-8条码构成与EAN-13的不同之处，主要是减少了表示数据符的条码字符数量，其结构如图7-11所示。

图7-11　EAN-8条码结构

EAN-8条码的左侧空白区的宽度为7个模块宽；左侧数据符由28个模块组成，右侧数据符由21个模块组成；起始符、中间分隔符、校验符、终止符及右侧空白区的构成与EAN-13条码相同。EAN-8条码所包含的模块总数为81个。

EAN-13的13位数字构成如下。①国家代码：由3位数字构成，称为前缀码，用以标识国家或地区，由EAN组织统一分配，中国的前缀码目前有3个，即690、691、692。②厂家代码：由4～5位数字构成，用以标识厂商，由中国物品编码中心统一分配。③商品代码：由4～5位数字构成，用以标识商品的特性和属性（如重量、颜色、价格等），由制造厂商或物品编码机构分配。④校验码：由1位数字构成，用以检验国家代码、厂家代码和商品代码的正确性。

EAN-8条码的8位数字构成如下。①国家代码：由3位数字构成，中国是690、691、692。②商品代码：由4位数字构成，由国家条码组织分配。③校验码：由1位数字构成。

EAN-8条码的使用是有限制的，按照《商品条码管理办法》的规定，商品条码印刷面积超过商品包装表面面积或者标签可印刷面积1/4时，才可申请使用短式商品条码。

2. 二维条码

矩阵式二维码，最流行莫过于 QR CODE，解码速度快。QRCODE 矩阵式二维码的基本结构如图7-12所示。

位置探测图形、位置探测图形分隔符、定位图形：用于对二维码的定位，对每个 QR 码来说，位置都是固定存在的，只是大小规格会有所差异。校正图形：规格确定，校正图形的数量和位置也就确定了。格式信息：表示改二维码的纠错级别，分为 L、M、Q、H。版本信息：即二维码的规格，QR 码符号共有40种规格的矩阵

（一般为黑白色），从 21×21（版本 1），到 177×177（版本 40），每一版本符号比前一版本每边增加 4 个模块。数据和纠错码字：实际保存的二维码信息，和纠错码字（用于修正二维码损坏带来的错误）。详细的矩阵式二维码基本结构可参见有关专业书籍。

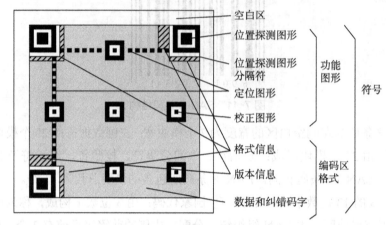

图 7-12　QRCODE 矩阵式二维码

构造矩阵：将探测图形、分隔符、定位图形、校正图形和码字模块放入矩阵中。图 7-13 是手机矩阵式二维码。

图 7-13　手机矩阵式二维码

三、条码的识读原理与设备

条形码阅读器由光源、光路装置、光 / 电转换部件、电路放大整形器件、译码电路和计算机接口组成。条形码识读的过程可分成光电扫描与译码两大部分。由光源发出的光线经过光学系统照射到条码符号上，反射光经过光路装置反射在光 / 电转换器上，按美国信息交换标准代码 ASCⅡ，对应转换成二进制脉冲电信号，该信号经过电路放大后的模拟信号与反射光的强弱成正比，经过滤波、整形，形成与模拟信号对应的方波信号，最后经译码器 A/D 将光电扫描得到的数字脉冲信号再还原成条形码符号字符所表示的数据，输入计算机进行处理。

常用的条形码阅读器有光笔、CCD、激光扫描仪和图像式阅读器。

1. 光笔

将光笔接触到条形码表面，通过光笔的镜头发出一个很小的光点，当这个光点从左到右划过条形码时，在条形码浅色条纹"空"的部分，光线被全部反射；而在条形码深色条纹"条"的部分，光线将被吸收，几乎没有反射光，从而使得强弱不同的反射光折回光笔内部的光敏二极管，使其产生一个高低变化的电压，再经放大、整形后经译码器转换为计算机可以直接识别的数字信号。光笔的主要优点是接触阅读，成本较低。

2. CCD 阅读器

CCD 条形码阅读器采用一排或多排组成阵列形状的发光二极管的泛光源（LED）照明整个条形码符号，通过由平面镜、透镜与光栅组成的光学系统将整个条形码符号映像到由一排或多排光电转换组件（光电二极管）组成的探测器阵列上，经过探测器的光电转换系统，对探测器阵列中的每一个光电二极管依次采集信号后再经合成，从而间接地实现了对条形码符号的自动扫描。CCD 阅读器可阅读一维条码和线性堆叠式二维码。

3. 激光扫描仪

激光扫描仪以激光作为扫描光源，激光束射在旋转棱镜上，通过棱镜的转动产生扫描光束，反射后的光线穿过阅读窗照射到条形码表面，并依次由条码的一侧扫描至另一侧，光线经条形码条或空的反射后折回阅读器，通过一个光路系统进行汇集、聚焦，再经过光电转换器转换成电信号，该信号通过译码器还原成数字信号。激光扫描仪分手持与固定两种形式，手持激光枪使用灵活，常用于超市收费。

4. 图像式阅读器

采用面阵 CCD 摄像方式将条形码图像摄取后进行分析和解码，它可阅读一维条码和所有类型的二维条码。矩阵式二维条码目前常使用手机扫描后识读，用于购买商品后支付费用。

四、条形码技术在商品销售和物流中的应用

1. 在大型超市商品销售中的应用

在大型超市中广泛应用条码销售信息系统 POS（Point of Sape）。整个销售信息系统包括收货、入库、点仓、出库、查价、销售、盘点等环节。其中销售是超市 POS 系统应用条码进行销售的最主要的场合，在结账时收款员通过扫描商品上的条形码，并根据商品条形码的编号检索商品数据库，显示该商品的品名、单价、收款

员输入数量，并逐一完成全部商品的扫描和输入，即可通过计算机进行小计，打印票据，收款结账。应用该系统还能通过商品上的条码准确、快速地利用计算机进行配送和销售管理，清楚了解货品的进、销、存和流向等资料，对掌握超市的季节性变化至关重要，对商品销售的实时性收集，更会加快超市的运作效率，精确了解商品销售的各项数据。

2. 在物料搬运系统中的应用

物料搬运系统的特点是货品种类繁多，不断移动，包装规格不一，常常不能确定条码标签的方向和位置，且条码标签与激光束形成一角度，一条激光束不能扫描到完整的条码，为此开发了每秒扫描 500 次的数据重组技术 DRX，激光束的每次扫描都会有新增的数据，DRX 技术的核心是把每次扫描所得的数据与上一次扫描的数据进行比较，找到相同的中间部分，然后添加新的内容，最终得到完整的信息。当包装箱内装不同规格尺寸物品（如鞋子）时，每双鞋盒上都有各自的条码标签，这时可采用矩阵扫描技术，用扫描器对排成矩阵的条码逐个识读，从而检验包装箱内是否符合订单的要求。

3. 二维条码在物流中的应用

二维条码能表示商品在物流中的全部重要信息，满足了人们"资讯跟着商品走"的需求。典型的运输业务过程是供应商→货运代表→货运公司→货运代理→客户，在每个环节过程中都牵涉到发货单据。发货单据含有大量的信息，包括发货人、收货人、货物清单、运输方式等，往往各个环节都要使用键盘重复录入，效率低、差错率高，已不能适应现代运输业的要求。同时，对于货运商来说往往还出现货到而单证未到或晚到的情况，以至于因不能及时确认装箱单内容而影响了货物运输和正式运单的形成。二维条码在这方面提供了一个很好的解决方案，按照美国货运协会（ATA）提出的纸上 EDI 系统的做法：发送方将 EDI 信息编成一张 PDF417 二维条码标签提交给货运商，通过扫描条形码，信息立即传入货运商的计算机系统。这一切都发生在和货物同步到达的时间和地点，使得整个运输过程的效率大大提高。

二维条码随着手机和微信的普及，除用手机扫描支付费用外，还可用作身份凭证，制作健康码、入场券等；用二维码还可为商家建立一个手机电子菜单，餐饮店可以很轻松地将餐饮文化、菜品介绍等信息按照相关的指引录入，用户通过扫码获得该手机网站的跳转链接，从而获取商家和餐饮店相关信息；用户还可以通过手机扫描二维码，实现快速手机上网，即可下载图文、了解企业产品信息等。

4. 复合码（CS）在商品销售及物流管理中的应用

随着商业及物流管理的发展，提出了标识微小物品及表述附加商品信息，以及更多的运输物流信息的需求，为此，2000 年 EAN 和 UCC 联合公布了将一维条码和二维条码组合成复合码的应用标准，复合码采用 EAN/UCC128 一维条码和 PDF417 二维条码多种灵活的组合编码方式，成功地解决了散装食品、蔬菜水果、医疗保健品及非零售的小件物品的标识和传递更多的物流运输信息等问题。

在零售业中，利用 8 位的 EAN/UCC 缩短码和 PDF417 二维条码组成的复合码标识微小物品，不但可以表示散装商品及蔬菜水果的单品编码，还可以将商品的包装日期、最佳食用日期等附加商品信息标识在商品上，从而便于零售店采集，对保质期商品实施有效的计算机管理和监控。在物流系统中，采集和传递更多的运输单元信息非常必要，采用以 EAN/UCC128 缩短码及 PDF417 二维条码构成的复合码后，可将 2300 个字符编入条形码中，从而解决了物流管理中条码信息容量不足的问题，极大地提高了物流及供应链管理系统的效率和质量。

第五节　电子标签 RFID 在包装箱流通管理上的应用

一、基于电子标签 RFID 的包装箱管理系统的功能

随着信息化进程的推进，包装箱原有管理方式的局限性日趋明显：① 装箱单只记录了包装箱及其产品的基本信息，以文字记录为主，信息量较小，表现方式单一。② 装箱单不能记录包装箱在运输和存储过程中各种信息，并且容易损坏。③ 自动化管理实现困难。若采用信息化办公软件对包装箱进行数字化管理，则需对包装箱上相关内容进行人工输入，既耗费人力，又占用资源。

针对上述缺点，基于 RFID 技术（Radio Frequency Identification，无线射频识别，俗称电子标签）的包装箱管理系统能够对包装箱、运输、入库和储存管理等各个物流环节进行跟踪和记录，实现包装箱的实时信息化管理，且能对商品和食品进行安全追溯，故已获得广泛应用。

二、RFID 标签的工作原理

RFID 是一种利用射频通信实现的一种非接触式的自动识别技术。基于 RFID 技术的包装箱管理系统由电子标签，后台数据库软件和粘贴有电子标签的各种载体，如包装箱、托盘等构成。

电子标签系统（RFID）由读写器（阅读器）、标签和天线三部分组成（图 7-14）。其中标签由耦合元件及芯片组成，每个标签具有唯一的电子编码，数据储存容量大，

可读写，可随时更新，它附着在目标对象上；读写器是用于读取标签信息的设备，有手持式及固定式两种；天线在标签和读取器之间传递射频信号，电子标签系统通过射频信号自动识别目标对象并获取相关数据。电子标签系统的基本原理是利用射频信号的空间耦合（电感或电磁耦合）传输特性，实现对被识别物体的自动识别。

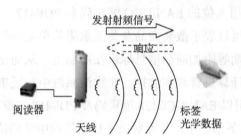

图 7-14　电子标签系统

后台数据库软件完成对电子标签系统采集到的信号进行管理。后台数据库软件由阅读器管理、计算机操作和通信三部分的软件组成。图 7-15 便是阅读器管理软件的首页，图 7-16 为计算机数据列表。阅读器和计算机之间通过 USB 端口传输数据，实现数据同步和共享。

电子标签系统与条码技术比较，其专用芯片的寿命长，且能抗恶劣环境，具有更大的储存容量，读写速度更快，且可多目标识别、运动识别，故更适用于对包装箱的流通管理。

图 7-15　阅读器操作软件

图 7-16　计算机数据列表

三、RFID 标签在流通管理上的应用

1. 装箱起运阶段

首先，进行装箱操作，确定包装箱和产品在起运前的状态；将状态数据和 RFID

标签进行绑定，如图 7-17 所示。当完成一批产品包装箱与 RFID 的绑定任务后，即将 RFID 阅读器上的数据与计算机数据库软件同步，在计算机上生成数据库表格，如图 7-17 所示。将数据库的数据刻录光盘连同包装箱一起交给用户。

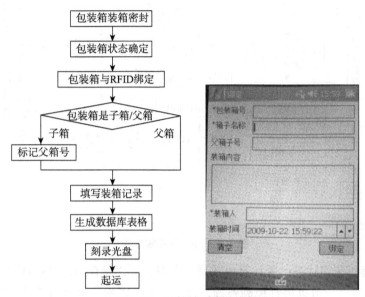

图 7-17　装箱起运阶段流程

2. 包装箱运输阶段

包装箱运输过程中，即利用 RFID 的全球定位系统对产品进行全程跟踪，且可反馈出运输环境的各项参数，以供用户及相关人员了解包装箱的实时信息。

3. 包装箱入库阶段

包装箱入库时，在仓库口设置一台固定式阅读器，可实现不停车批量阅读电子标签，从而对包装箱进行初步筛查；再将包装箱放入粘贴有电子标签的托盘，用手持阅读器记录包装箱所放位置，同时将其同步输入计算机系统，及时更新仓库计算机数据库（见图 7-18）。

4. 包装箱存储管理阶段

包装箱入库后，使用 RFID 系统可对包装箱进行查询，以及对其使用、出库和报废处理等各环节进行监控，并记录各个环节信息。

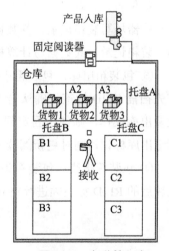

图 7-18　包装箱入库

图 7-19 显示了 RFID 系统在包装箱存储管理的各环节所具备的功能。

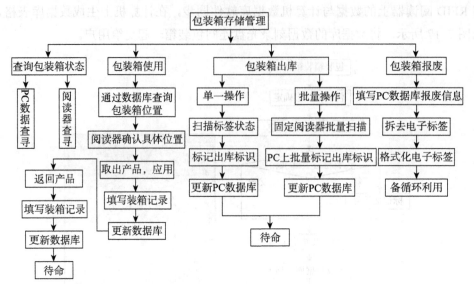

图 7-19　RFID 系统功能

① 查询包装箱状态：分计算机数据库查询和阅读器查询两种：计算机数据库查询操作较为灵活，可以进行模糊查询，自定义条件查询，批量查询等。用户对数据库任何一栏的数据，如包装箱号、装箱人、操作时间等条款可进行查询；且可对数据库信息进行排序及函数计算、图标生成等操作。阅读器查询则对单一模糊查询或者自定义条件查询较适用。

② 包装箱使用：若使用存放在仓库中的包装箱，先要"查询包装箱状态"确定其存放位置，管理员在仓库通过手持阅读器确认具体位置。在开箱取出产品时，通过阅读器填写装箱记录，其数据与计算机同步；当产品放回时，也要进行类似操作，填写装箱记录，其数据与计算机同步。

③ 包装箱出库：包装箱小批量出库可以通过手持或者固定式阅读器进行操作，首先扫描 RFID 标签，确认合格后标记出库标识，同时更新计算机数据库。若是成批量出库操作，则使用固定阅读器批量扫描标签，在计算机上对扫描过的标签批量标记出库标识，同时更新阅读器数据库，即完成操作。

④ 包装箱报废：包装箱报废要在计算机或阅读器数据库中标识出报废的信息。报废后的 RFID 标签须进行格式化后方可重复使用。

案例分析：整体包装解决方案

案例 1：中国移动采用可拼装钢制周转架的 CPS

中国移动原来采用木箱运输通信设备，大量耗用木材，回收利用率低，流通总成本高；2006 年，中国移动与合作伙伴为减少木材消耗、降低流通总成本，依据整体包装解决方案新理念，联系物流全过程，设计出和运输工具、托盘、集装箱相匹配，且能多次反复使用，可拼装的钢制周转架，从而建立起可重复利用的物流体系。该物流体系每年可减少木材消耗 5.7 万立方米，相当于每年少砍伐森林 670 公顷，减少运输燃油消耗 137 万升，节约电能 393 万度，折合减少二氧化碳排放 12 万吨；同时由于可拼，减少了使用包装的人工费；又由于可多次反复使用，减少了每次使用的成本；且可回收，减少了对环境的污染；从而实现了整体包装解决方案降低包装总成本和提高资环性能的双目标。

案例 2：速冻食品采用耐低温瓦楞纸箱的 CPS

速冻食品是指采用新鲜原料，经过适当的前处理，在 −25℃以下和极短的时间内（15 min 以内）急速冷冻，再经包装后在 −18℃以下的连贯低温条件下送抵消费点的低温食品。国家标准委 2009 年批准发布的《冷冻食品物流包装、标志、运输和储存》（GB/T 24616—2009）物流国家标准，要求冷冻食品运输途中箱体温度应保持在 −18℃以下，装卸时短期升温温度不应高于 −15℃，并在装卸后尽快降低至 −18℃以下，产品运送到销售点时，产品温度不应高于 −12 ℃。

速冻食品外包装一般采用普通瓦楞纸箱。由于速冻产品在低温下储存、流通，周转过程中，很容易出现回温情况，此时空气中的水蒸气会在纸箱上形成水膜，使纸箱在短时间内吸潮，抗压强度急剧下降，产生卧箱，产品受压破损或变形。为此，河南省产品质量监督检验院和郑州三全食品股份有限公司使用双面施胶高强度瓦楞原纸、双面施胶箱板纸，提高了纸箱的耐水防潮性能，通过在纸箱内四个竖压线内侧增加"L"形护角和延长纸箱顶部两个内摇盖长度的方法提高了纸箱的抗压强度，成功研制出速冻食品专业耐低温瓦楞纸箱，为速冻食品推行整体包装解决方案解决了关键技术。

试验证明，采用了耐低温瓦楞纸箱后，在 −18℃连贯低温环境下储存 6 个月仍保持良好的抗压强度，避免了在整个储运和销售过程中最底层纸箱破损；同时也避免了因冷链中断或者温度失控，引起升温或者解冻，使残存微生物急剧繁殖增生，造成食品安全隐患；从而保证了速冻食品的安全性和品质。

思考题：

1. 何为物流？物流系统包括哪些主要环节？现代物流具有什么主要特征？

2. 常用什么方法确定运输最短路线？什么是合理库存量的 ABC 法？什么是经济定货批量？其公式是什么？

3. 物流配送中心的作用是什么？配送路线优化的主要原则是什么？用什么方法进行优化？

4. 包装在商品物流中具有哪些物流功能？如何使物流包装系统合理化？

5. 物流各环节对包装有哪些要求？如何使物流包装设计合理化？

6. 何为整体包装解决方案？它是在什么背景下提出的。如何设计整体包装解决方案？

7. 何为条码技术？简述一维条码和二维条码的结构。如何识读一维和二维条码？

8. 何为电子标签？其工作原理是怎样的？在物流中常应用在哪些场合？

参考文献：

[1] 徐勇谋. 现代物流管理基础 [M]. 北京：化学工业出版社，2003.

[2] 周廷美，张英. 包装物流概论 [M]. 北京：化学工业出版社，2006.

[3] 陈文安，胡焕绩，新编物流管理 [M]. 上海：立信会计出版社，2003.

[4] 韩永生. 包装管理、标准与法规 [M]. 北京：化学工业出版社，2003.

[5] 戴宏民，等. 包装与环境 [M]. 北京：印刷工业出版社，2007.

[6] 戴宏民. 在提供完整包装解决方案中发展绿色包装 [J]. 重庆工商大学学报，2008(6)：13-15，2008(7)：19-20.

[7] 张波涛. 整体包装解决方案 [J]. 中国包装工业，2008，6(16)：16.

[8] 戴佩华，戴宏民. 基于供应链管理的产品整体包装解决方案设计 [J]. 包装工程，2009(9)：37-39.

[9] 鄂玉萍，王志伟. 整体包装解决方案理念之辨析 [J]. 包装工程，2008(10)：223-225.

[10] baike. baidu. com/view/3279202. htm，rfid 标签，2010-7-17.

[11] 余冰，陈景兰，戴恩勇，朱丹. RFID标签在库存管理中应用的研究综述 [J]. 物流技术，2011(1)：45-47.

第八章 包装企业成本管理

成本管理是企业管理的核心内容之一，企业通过加强成本管理可提高经济效益。包装成本包括包装生产企业生产产品包装和包装使用企业使用包装两部分成本；它既是商品成本的组成部分，也是物流成本的组成部分。本章主要介绍企业成本管理涉及的成本预测（决策）、成本计划、成本分析和成本考核，包装使用总成本分析与控制，包装技术经济分析等内容。

第一节 企业成本管理概述

一、成本的概念

一般讲，成本是指为了达到一定的目的或完成一定的任务而耗费的人力、物力和财力的货币表现，即企业在进行产品生产和经营过程中所发生的所有费用。

（一）理论成本与实际应用成本

理论成本是马克思学说中的成本概念，指生产商品的价值中物化劳动和活劳动价值的货币表现，通常是在正常生产、合理经营条件下的社会平均成本。理论成本具有科学性、客观性和普遍适用性，是测算理论价格的依据，可作为预测产品成本水平高低的标准。理论成本用公式表示为商品的价值 $=C+V+M$。其中，$C+V$ 的部分就是用以补偿消耗的生产资料和活劳动，构成商品的成本价格；M 为剩余价值，即税金和利润。

实际应用成本与理论成本相对应，是按照现行财务制度有关成本开支范围的规定，以正常生产经营活动为前提，按生产过程中实际消耗量和实际价格计算出来的。实际应用成本在核算上应严格按照国家有关制度规定办理，以便于为正确计算利润和上缴税金及合理地确定产品价格提供依据。

理论成本与实际应用成本并不完全一致。理论成本着重从劳动耗费角度，将每一具体产品生产的耗费从理论上抽象为物化劳动和活劳动消耗，能够全面体现生产过程中成本耗费的共同特点，一般不受生产经营中诸多特殊情况和经济生活中若干方针政策问题及外界客观条件的影响。但在实际应用中，由于理论成本是抽象和无法直接计量的，再加上企业作为一个独立的经营实体，必须要用其收入来补偿其各种耗费，对于特殊情况下发生的一些并不形成产品价值的损失等也计入产品成本之中；此外，某些应从社会创造价值中进行分配的部分，如企业支付的保险费用等也列入产品成本。可见，产品成本的实际内容除了要反映理论成本的客观经济内涵外，也应充分体现企业成本核算和管理的要求，按照国家的分配方针和财务管理制度规定，把某些在理论上不属于"$C+V$"的内容列入成本，而把某些属于活劳动耗费的成本列入营业外支出或利润分配中开支。因此，实际应用成本与抽象的理论成本在内容上并不完全一致，理论成本主要是针对产品成本而言的，实际工作中所涉及成本已经超出了产品成本的范围，比理论成本包括的范围广，比理论成本复杂。

（二）产品成本与制造成本

理论成本和实际应用成本都是指的产品成本。产品成本一般是以产品为对象核算企业在生产经营中所支出的物质消耗、劳动报酬及有关费用。例如，企业管理费、销售费等也要纳入产品成本。因此，产品成本是综合反映一个企业生产经营管理水平的重要指标，是制定产品价格的依据。

制造成本仅指产品的生产成本，即实际生产中的产品成本，而不是产品所耗费的全部成本。在实际工作中，为了简化成本核算工作，对于企业为销售产品而发生的销售费用，为组织和管理生产经营活动而发生的管理费用，以及为筹集生产经营资金而发生的财务费用，直接计入当期损益，作为期间费用处理，不纳入制造成本。制造成本概念强调直接与生产有关的费用，便于去努力降低这些费用，从而降低产品成本中的生产成本。

二、成本管理的概念、任务和要求

（一）成本管理的概念及内容

所谓成本管理，就是为实现企业成本管理目标，对企业在进行产品生产和经营过程中所有费用的发生和产品成本的形成所进行的预测（决策）、计划、控制、核算、分析、考核等一系列科学管理工作。成本管理工作就是通过成本管理的各环节来实现的（见图 8-1），各环节相互联系、相互依存地在成本管理中发挥作用。

图 8-1　成本管理的基本环节

成本预测是成本管理的首要环节，是进行成本决策的基础和成本计划的前提，只有在成本预测的基础上，提供多个不同的成本控制方案，才可能进行决策的优选；成本决策是成本管理工作的核心，成本管理的思路、方法都得由成本决策确定；成本计划既是进行成本管理的准则，又是控制成本和进行成本分析、考核的依据，它为企业规定在一定时期内的各种成本计划指标，以及完成各项指标的必要措施等；成本控制是预先制定成本标准作为各项费用消耗的限额，在生产经营过程中对实际发生的费用进行控制，及时揭示实际与标准的差异额，并对产生差异的原因进行分析，提出进一步改进的措施，消除差异，保证目标成本的实现；成本核算是对成本计划的执行情况所进行的经常性、系统性和全面性的反映和监督；成本分析是对成本计划的执行情况进行分析、总结，查明影响成本升降的因素，寻找进一步降低成本的方向和途径，为编制新的成本计划提供依据；成本考核是根据企业制订的成本计划、成本目标等指标，分解成企业内部的各种成本考核指标，并下达到企业内部的各个责任单位或个人，明确各单位和个人的责任，并按期进行考核。

（二）企业成本管理的任务、程序及要求

1. 企业成本管理的基本任务

产品成本是一个综合性指标，涉及企业每个环节、各个方面工作的好坏。因此，企业成本管理的任务就是要从产品的设计、试制、生产到销售的全过程，对所有费用的发生和成本的形成进行计划、控制、核算和分析等科学管理工作，在保证产品所要求的功能前提下，努力减少人力、物力的消耗，尽量降低成本费用。具体讲有以下几个方面的主要任务。

① 做好成本预测和经营决策工作，为编制成本计划，搞好成本控制、分析和考核提供依据。成本预测是企业经营决策的重要内容，企业进行经营决策时，必须考虑投入与产出之比。做好成本预测，应对不同方案的成本水平进行比较，确定最佳成本方案，从这个意义上讲，成本预测也是企业进行经营决策的重要方法。在此基础上，根据成本决策确定的目标成本，编制成本计划与费用预算，并以此作为成本控制、分析和考核的依据，作为建立成本管理的责任制和控制费用支出的基础。

② 正确计划、反映和监督生产经营活动中的各种耗费，提高经济效益。进行计划和监督等成本管理工作的基本和最终目的都是降低成本费用，提高经济效益。

因此，企业必须以国家有关成本费用的开支范围和标准，以及企业制订的有关计划、预算、定额等为依据，审核和控制企业各项生产费用的支出，努力提高经济效益。

③ 进行成本核算，为未来的成本预测决策提供可靠依据。正确及时地核算生产费用和计算产品成本，是成本会计的核心任务。成本核算的资料，必须做到数字真实、计算准确、提供及时。

④ 分析成本计划的完成情况，正确评价业绩和问题。在企业经营管理中，成本是反映企业各部门、生产经营各环节工作好坏的综合指标，成本计划的完成情况是诸多因素共同作用的结果。因此，应根据成本核算提供的资料，及时全面地进行成本分析，肯定成绩、寻找差距，正确评价企业各部门、职工个人在成本管理工作中取得的业绩以及存在的问题。

2. 企业成本管理的程序

为做到制度化、科学化、系统化的企业成本管理，应建立符合企业生产经营特点的成本管理程序，通常涉及以下程序。

① 制定成本管理目标。成本管理目标的制定是以企业过去的实际成本为基础，分析成本资料中各项成本指标的完成情况的影响因素，结合企业生产方式、生产工艺等生产经营环境的变化，用数量方式反映企业的成本管理目标。

② 制订成本管理计划。成本管理计划是实现成本管理目标的措施和办法，是对各种成本管理方法的综合运用。成本管理计划中要针对企业生产经营的具体情况，制定相应的管理措施，并建立必要的管理制度。

③ 做好成本预算。成本预算是成本计划执行全过程的数量表示，既是对成本计划的全面反映，也是未来对成本执行情况进行考核的依据。通常企业的成本计划是比较抽象的，应对企业的成本进行预算，将影响企业成本的全部因素都用数量方法表示出来，并按照企业所制定的成本消耗标准对未来可能发生的各项成本进行预算，对未来与成本相关的各项经济业务进行规定。

④ 制定成本控制办法。应根据所制订的成本计划和预算情况，对企业的成本执行情况进行及时反馈，并采取必要的控制措施，使企业达到预期的成本管理目标。

⑤ 做好成本核算。通过科学的方法进行成本核算，来反映企业所制订成本计划的实际执行情况。在成本核算中，不同的核算方法所计算出的成本并不是完全一致的，应根据有利于成本管理的原则，选择恰当的核算和分析方法。

⑥ 实行成本考核。成本计划或预算的落实情况必须通过成本考核进行分析，成本考核是对成本计划或预算落实情况的综合评价。通过成本考核发现成本管理中存在的问题，不断提高成本管理水平。建立责任成本制度是很多企业经常使用的成本考核手段。

3. 企业成本管理的要求

在企业成本管理的过程中，应严格按照成本管理的程序进行，同时要有机结合成本管理的要求，才能促进企业成本管理水平的不断提高。

① 必须有明确的成本管理目标。成本管理目标是企业成本管理的基础，企业在成本管理中必须有明确的成本管理目标。企业通过对成本进行预测和分析，结合企业成本的实际情况，制定成本管理目标。成本管理目标不只是不断降低成本，还应结合企业收益。企业进行成本管理的最终目的是提高企业的经济效益，只有使企业获得最佳效益的成本目标才是最好的。

② 正确核算成本费用，严格执行成本费用开支范围和标准。成本费用核算准确与否，直接关系着企业的生产经营成果。企业的成本费用开支标准是一项重要的财经制度，企业不得违反财经纪律任意提高开支标准。成本费用以外的支出不得列入，属于成本费用范围以内的费用也不得列入其他支出。

③ 实行全企业、全过程、全员的全面成本管理。要不断降低成本必须实行全面成本管理，一是要使企业内部各部门都要讲求经济效果；二是要把成本费用管理贯穿在产品的包装设计、试制、原材料供应、生产、销售和使用的全过程中，使成本费用管理与生产、技术管理相结合；三是从领导到群众，从技术人员、管理人员到工人，全体职工都须参加，只有依靠广大职工才能搞好成本管理。

④ 重点与全面管理相结合。在成本管理中要有所侧重，抓住核心环节和关键环节；同时，也要充分考虑影响企业成本的各个环节，在制定相应的成本管理制度和管理措施时，对影响成本的每个方面都要有所考虑。

三、企业生产费用分类

生产费用是企业为进行生产所发生的一切费用，是形成产品成本的基础。生产费用包括直接材料费、直接人工费、制造费用等，一般是以期间（指某个时期里面）为单位计算。

为了正确归集和反映各项生产费用，妥当地计算产品成本和期间费用，应按照一定的标准进行分类，并且明确生产费用和产品成本的区别和联系，这也是正确计算产品生产成本的重要条件。生产费用有不同的分类标准，最基本的是按生产费用的经济内容和经济用途分类。

1. 按经济内容（经济性质）分类

生产费用按经济内容（经济性质）分类称为生产费用要素，可分为劳动对象、劳动手段和活劳动方面的费用三大类。另外，还可以在此基础上划分为若干费用要素，包括外购材料、外购燃料、外购动力、工资、折旧费、利息支出、其他支出等。这种分类方法可以反映消耗了多少物化劳动和活劳动；可以分析各项生产费用的比重；是核定流动资金的依据；可考核生产费用计划（预算）的执行结果；可以为计算工业净值和国民收入提供资料（工业净产值是工业总产值减去工业生产中的物质消耗的差额。物质消耗是指生产过程中所消耗的原材料、辅助材料、燃料、动力、低值易耗品、管理、办公所用物质的消耗总和；国民收入是各行各业的净产值之和）。这种分类方法的不足主要表现在：一是不能反映各项费用的用途和发生地点；二是不能反映各项费用支出与产品成本的关系，从而不便于分析产品成本的变化原因和各项费用支出的合理性。

2. 按经济用途分类

生产费用按经济用途可分为成本项目费用（制造成本）和期间费用。成本项目费用是指构成产品成本的具体项目费用，包括直接材料、直接人工、其他直接费用和制造费用。期间费用是指不计入产品生产成本，而直接计入当期损益（当期指所在的会计分期，如月或季；当期损益则指当期的净利润或者亏损）的费用，包括销售、管理和财务费用。这种分类可以清楚地反映产品成本的构成；可体现产品成本同生产费用的关系；可以考核各种费用支出的节约与浪费；可以正确地确定当期损益。

3. 按与产品生产的关系分类

生产费用按与产品生产的关系可分为直接费用和间接费用。正确地划分直接费用和间接费用，对于正确地计算产品成本有着重要作用。直接费用是指根据原始凭证能够直接计入某一种产品成本，如直接用于某种产品生产的原料及主要材料、生产该种产品的生产工人工资等；间接费用是指费用的发生与多种产品的生产有关，无法根据有关凭证直接计入各种产品成本，必须采用一定的方法在各种产品之间进行分配的费用。例如，两种以上产品共同耗用材料、制造费用等。这种分类有利于在计算成本时合理地确定间接费用的分配方法；有利于正确核算产品成本和进行成本分析；有利于分析企业的管理水平。

另外，生产费用还可按与产量的关系分为变动费用和固定费用，是否可控分为可控费用和不可控费用。正确区分变动费用和固定费用，有助于进行成本预测和成本分析，一是可寻求降低产品成本的途径，二是可分析产品成本升降的原因。可控费用是指在某一单位的权责范围以内，能够直接控制并影响其发生数量的费用，如某车间的管理人员工资等；不可控费用是指在某一单位的权责范围以内，不能直接控制，也无法影响其发生数额的费用，如材料价格差异等。生产费用分为可控费用和不可控费用，有利于加强成本费用管理，贯彻经济责任制，挖掘生产消耗的潜力。

值得指出的是，生产费用和产品成本是两个既互相联系又互相区别的概念。生产费用与产品成本是企业生产过程中所发生的各种同一费用的不同分类方法。产品成本是指已经将生产费用归属到产品实体上的支出，将生产费用分配分摊到产品上以后，才形成产品成本。

两者的主要区别在于：一是生产费用是按经济性质（经济内容）来分类的，而产品成本项目则是按照具体用途和地点来分类的。例如，企业职工的工资支出，在生产费用中均列为工资，而在成本项目中则按用途和地点来划分。直接生产产品的生产工人工资（无论计时或计件）应列入成本项目中生产工人的工资，某车间管理人员的工资应列入该车间的制造费用，厂部管理人员的工资应列入管理费用。二是两者在计算时间上不同，生产费用是企业在一定时间内实际发生的费用，产品成本则是指生产某一产品耗用的生产费用。三是计算结果与最后归宿不同，生产费用通常是指某一时期（月、季、年）内实际发生的生产费用，而产品成本反映的是某一时期某种产品所应负担的费用。企业某一时期实际发生的各种产品生产费用总和，不一定等于该期产品成本的总和。某一时期完工产品的成本可能包括几个时期的生产费用，某一时期的生产费用也可能分期计入各期完工产品成本。

两者的主要联系是：二者都属于生产经营过程中的资金耗费，是同一事物的不同反映，经济内容是一致的，都包括了劳动资料、劳动对象、人工工资的耗费。生产费用是构成产品成本的基础，而产品成本则是对象化的生产费用，是由一个或几个生产费用要素构成。

第二节　制造成本法

一、制造成本法的特点

我国从 20 世纪 50 年代开始学习苏联，成本管理均是实行完全成本法。所谓"完全成本法"是把企业某一会计期间发生的全部生产经营费用，即与产品联系的制造成本和与会计期间联系的管理费用均计入产品生产成本的一种成本计算方法。完全成本法强调成本管理的完整性，它不仅包含了与产品生产直接有关的费用，而且包含了与生产非直接有关的费用，产品生产成本核算复杂，不利于努力去降低与生产直接有关的费用，也不利于车间核算。

制造成本法是目前世界各国普遍采用的一种方法，其特点是把企业全部成本费用划分为制造成本和期间费用两部分，只把生产费用中与产品制造有联系的制造成本计入产品生产成本，管理费用作为期间费用直接计入当期损益。制造成本法是对企业成本核算方法的重大改革，不仅有利于企业生产经营决策，减少企业成本核算的工作量，而且有利于正确核算、反映企业生产经营成果，在一定程度上解决企业潜亏问题。在我国推行制造成本法的优点：一是简化了成本核算。二是有利于强化成本管理责任。制造成本的高低最能反映出生产部门和供应部门的工作实绩，有利于他们努力去降低直接与生产有关的费用，使财务成本管理向技术经济成本管理转移。制造成本法在明确经济责任，加强成本控制方面较完全成本法有效。三是有利于加强成本管理的基础工作。制造成本法将成本计算最容易被弄虚作假、人为因素最大的管理费用剔除于产品成本之外，使利润更真实。四是有利于进行以制造成本法为基础的产品成本水平预测和决策。五是有利于我国会计制度与国际接轨。

二、制造成本法与完全成本法的比较

与完全成本法相比，制造成本法在产生背景、成本核算的用途、理论基础、成本项目的设置及具体内容，以及产生的影响等方面都具有不同特点（见表8-1）。

表 8-1　制造成本法与完全成本法比较

比较项目	制造成本法	完全成本法
产生背景不同	1889 年产业革命时期，英国会计学家诺顿提出将商业账户与工厂的生产记录分别进行核算，以适应市场竞争的需要	20 世纪 50 年代，学习苏联，以加强计划经济体制下国家对经济的计划领导
成本核算的用途不同	通过制造成本信息的归集，满足企业预测和决策的需要	实现传统核算方法的一般性反映和监督职能
理论基础不同	强调成本发生与产品生产的相关性：凡是与产品生产直接有关的费用，作为产品制造成本；凡是与产品生产无直接关系的费用均记入销售、管理和财务费用，作为期间费用处理，不分摊到具体产品中去	强调成本概念的完整性，力求反映产品成本全貌，以满足对外报告的需要
成本项目的设置和具体内容不同	企业为生产经营商品和提供劳务等发生的各项直接支出，包括直接工资、直接材料、商品进价以及其他直接支出，直接计入生产经营成本；将企业发生的销售、管理和财务费用直接计入当期损益。简化了核算程序，也便于同行业比较	成本项目不仅包括原材料、燃料、动力、生产工人工资及应计提的职工福利基金、废品损失，而且把期间经费、企业管理费（包括利息项目）作为管理费用列入成本项目，甚至销售费用也作为成本项目

三、降低成本费用的途径

① 合理设计包装产品。合理设计使包装产品在保证质量、充分发挥其功能的前提下，减少原材料、能源等的消耗，缩短生产周期，提高劳动生产率，从而降低产品成本。原材料一般占产品成本的很大比重，应避免原材料大材小用、优材劣用。

② 提高劳动生产率。劳动生产率反映的是生产过程中劳动消耗量与产品产量之间的比率。劳动生产率提高不仅会使产品产量增加，也会使单位产品成本降低。为了提高劳动的生产率，企业必须加强职工业务培训，提高工作熟练程度；不断采用新工艺、新技术、新设备，合理安排生产，改善劳动组织。

③ 提高设备利用率。充分利用生产设备，提高设备利用率，可以在单位时间内生产出更多的产品，从而为企业增加产量，减少折旧费和其他固定费用的支出。企业要开展技术革新和技术改造，提高设备生产能力；要制定先进合理的设备定额；要加强机器设备的维修保养，提高设备完好率。

④ 提高产品质量，减少废品损失。要加强质量管理，防止和减少废品、次品的产生。

⑤ 提高工作质量，减少损失性支出。成本费用中包含着一部分损失性支出，如季节性、修理期间的停工损失，坏账（确定无法收回的账）损失、存货的盘亏、毁损和报废等，企业提高工作质量，就可以减少这部分支出，从而降低成本费用。

除降低制造成本费用外，改善经营管理，降低制造费用，节约管理费用，减少非生产性支出等，也是降低成本费用的有效途径。同时，技术进步和管理创新是成本降低的主要驱动力，一项新技术、新发明远比通过内部挖掘及低廉的人工成本带来的竞争优势大得多。

第三节　企业成本预测、决策和成本计划

一、成本预测

（一）成本预测的意义及分类

成本预测是指依据掌握的经济信息和历史成本资料，以及成本与各种技术经济因素的相互依存关系，运用一定的预测技术，对企业未来成本水平及发展趋势做出的科学推测。

1. 成本预测的意义

成本预测是企业进行成本管理的首要和关键环节，是企业对经济活动实施事前

控制的重要内容，通过成本预测有助于减少决策的盲目性，做出正确的成本决策。成本预测也是经营决策、价格决策、盈利决策的基础和前提。

① 成本预测是成本决策和编制成本计划的基础和前提，为成本管理提供依据。预测是决策与计划的基础和前提条件，决策和计划是预测的产物。通过成本预测把未知因素转化为已知因素，减少决策的盲目性，避免决策的片面性和局限性。有了科学的成本决策，才能编制出正确的成本计划。同时，成本预测的过程也是为成本计划提供系统的客观资料的过程，使成本计划能建立在客观实际的基础之上。

② 成本预测是降低产品成本的重要措施，是增强企业竞争力和提高经济效益的主要手段。一方面，成本预测为降低产品成本明确了方向和奋斗目标，企业在做好市场预测、利润预测之后，能否提高经济效益以及提高多少，完全取决于成本降低多少。为了降低成本，必须根据企业实际情况组织全面预测，寻找方向和途径，并由此力求实现预期的奋斗目标；另一方面，伴随社会主义市场经济的进一步发展，企业的成本管理单靠事后的计算分析已经远远不能适应客观的需要，必须相应地转到事前控制上，成本预测作为成本管理的首要环节将对促进企业合理地降低成本、提高经济效益具有非常重要的作用。

2. 成本预测的分类及内涵

成本预测按预测范围（时间）可分为设计阶段的成本预测、制定方案（计划）阶段的成本预测和计划实施过程中的成本预测。

① 设计阶段成本预测，是指对产品投产前尚处于设计阶段，包括新产品设计、老产品更新改造、新技术新工艺的采用等业务活动的成本预测，以避免在新产品设计和老产品技术改造设计上造成浪费。

② 制定方案（计划）阶段成本预测，是从提高经济效益角度，为企业编制成本计划和选择最优方案决策提供成本资料和依据。一是根据企业生产和销售发展情况，在测定目标利润的前提下，进行目标成本预测。确定目标成本是为了控制生产过程中的各种耗费，以保证企业目标利润的实现。二是根据计划年度各项技术组织措施的实现，测算计划年度可比产品成本降低指标（可比产品与不可比产品对应，可比产品指企业在上年或近年内曾经正常生产，本年度继续生产，并有以前年度的成本和技术经济资料可比较的产品；不可比产品是指企业本年度初次生产的新产品）。三是根据产量与成本相互关系的直线方程，预测产品成本发展情况及趋势，进行产品成本水平的预测，即是预测计划期产量变化条件下的总成本水平。

③ 计划实施过程（计划执行阶段）成本预测。一是检查前期成本计划完成情况，

确定成本水平。通过对前期成本计划完成情况的分析，找出影响成本升降的有利和不利因素，并研究分析这些因素是否仍将对后期成本水平产生影响和影响程度如何。二是分析后期可能出现的变化。主要是了解后期可能出现的新因素，包括有利和不利因素，并测算其对后期成本水平的影响程度。三是预测成本计划完成情况。根据上述分析提供有关因素的数据，即可预测成本计划完成的情况，若成本计划不能完成，则要确定差异有多大，分析其原因并及时提出降低成本的措施，保证成本计划的顺利完成。

另外，成本预测按预测时期可分为近期（月、季、年）预测和远期（3 年、5 年、10 年）预测两种。

（二）成本预测的程序

科学的成本预测程序才能保证成本预测的准确性。

① 根据企业总体目标提出初步目标成本。目标成本是企业未来的目标利润所要求的成本水平，进行成本预测首先要有一个明确的成本目标，这样才能有目的地收集资料，确定成本预测的对象、内容、期限等具体预测问题。

② 收集信息资料。目标成本是一项涉及生产技术、生产组织和经营管理等方面的综合指标，应把与预测目标相关的过去和现在的资料尽量收集齐全，使其具有代表性和真实性，保证成本预测结果的可靠性。

③ 建立预测模型。根据目标成本和收集的信息资料，选择适当的预测方法，对影响目标成本的各种因素进行定量或定性的分析，建立预测模型。

④ 预测结果的分析评价。由于影响成本的因素十分复杂，根据模型得到的预测结果只是一种数学结果，还要对它进一步地分析评价，应重点评价未来可能出现的新因素对预测结果的影响。根据预测结果，与目标成本进行对比，选取最优成本方案，预计实施后的成本水平。

⑤ 预测方案的修正。根据分析评价的结果，结合内外部的各种影响因素，采用一定的方法对预测方案进行修正，作为成本决策、成本计划的依据。

需要指出的是：只有经过多次预测比较，以及对初步目标成本的不断修改、完善，才能最终确定正式目标成本，再依据该目标成本实施成本管理。需要强调，在市场经济条件下，目标成本的管理重点已从事后的核算与分析转移到事前的预测和事中的控制上。

（三）成本预测的方法

在现代成本管理中，成本预测采用了一系列科学缜密的程序与方法，其预测的结果是比较可靠的，但由于根据历史资料来推测未来，成本预测结果又具有不准确即近似性。因此，成本预测是面向未来的，具有预测过程的科学性、预测结果的可靠性与近似性对立统一、预测结论的可修正性等方面的特点。

成本预测的方法很多，据对象和预测期限的不同有不同预测方法。总的来看，包括定性和定量预测方法两大类，两类方法相互补充，在定量分析的基础上，考虑定性预测的结果来综合确定预测值，可使最终的预测结果更加接近实际。

定性预测法适用于企业缺少完备、准确的历史资料，难以进行定量分析的情况。一般首先由熟悉该企业经济业务和市场的专家，根据过去所积累的经验进行分析判断，提出预测的初步意见；然后再通过座谈会或发征求意见函等多种形式，对初步意见进行修正、补充，并作为预测分析的最终依据。由于此类方法是利用现有资料，依靠预测者的素质和分析能力所进行的直观判断，简便易行，因此也称为直观判断法，主要包括专家会议判断法、市场调查法、函询调查法等（可参考第二章的有关方法）。

定量预测方法是根据历史资料及成本与影响因素之间的数量关系，利用数学模型推断未来成本的各种预测方法的统称。这类方法有助于在定性分析的基础上，掌握事、物、量的界限，帮助企业更正确地进行决策。根据成本预测模型中成本与相应变量的性质不同，分为趋势预测方法和因果预测方法两类。趋势预测方法也称外推分析法，将未来视为历史的自然延续，承认事物发展规律的连续性。因此，这类方法是按时间顺序排列有关的历史成本资料，再运用一定的数学方法和模型预测未来成本，包括简单平均法、加权平均时间序列分析法和指数平滑法等。因果预测方法与趋势预测方法不同，是根据成本与其相关影响因素之间的内在联系，通过建立数学模型来预测成本发展的趋势，包括量本利分析法、投入产出分析法、回归分析法等（可参考第二章的有关方法）。

（四）目标成本预测

1. 目标成本的特点

目标成本是成本预测与目标管理方法相结合的产物，它是指在未来一定时期内，经过调查研究、分析和技术测定后，企业在产品开发及生产过程中为实现目标利润而应达到的成本目标值。目标成本是一种预计成本，通常所说的计划成本、定额成本都属于目标成本。目标成本既是成本经营过程的结果，又是成本控制过程的控制标准，应与企业计划相联系，是企业编制成本计划和进行成本考核的依据。目标成本具有以下特点：

① 目标成本反映了一定规划期内所要实现的成本水平，不仅指产品成本，还包括分解的管理成本、营销成本、研发成本、设计成本和配送成本等。在规定目标成

本时就在考虑责任归属，能促使企业上下各部门和领导与职工之间的协调一致，相互配合，围绕一个共同的目标而努力。

② 目标成本控制改变了成本管理的出发点，即从生产现场转移到产品设计与规划上，从源头抓起，使成本工作的重点转向主动的事前控制，具有大幅度降低成本的功效。

③ 目标成本便于查明产生成本差异的原因，有利于实行例外管理原则，将成本管理的重点放在重大脱离目标成本的事项上。

2. 目标成本的确定

目标成本的确定方法有很多，主要有倒扣测算法、比率测算法、选择测算法和直接测算法等。

（1）倒扣测算法。

倒扣测算法是确定目标成本最常用的方法，是先测定产品的售价，然后再测定目标成本。即是通过对消费者的现时需要和其购买力水平的调查研究，确定出一个合理的售价，在此基础上再倒扣税金和利润，求出目标成本。此法既可以预测单一产品生产条件下的产品目标成本，还可以预测多产品生产条件下的全部产品的目标成本。当企业生产新产品时，也可以采用该方法预测，此时新产品目标成本的预测与单一产品目标成本的预测相同。用公式表示为

单一产品生产条件下产品目标成本 = 预计销售收入 − 应缴税金 − 期间费用 − 目标利润

多产品生产条件下全部产品目标成本 =Σ预计销售收入 −Σ应缴税金 − 总体期间费用 − 总体目标利润

其中：销售收入应结合市场销售预测及客户的订单等予以确定；应缴税金按照国家的有关规定计算；期间费用按销售收入乘以期间费用率计算；目标利润是指企业在一定时间内争取达到的利润目标，反映着一定时间财务、经营状况的好坏和经济效益高低的预期经营目标，目标利润通常可采用先进（指同行业或企业历史较高水平）的销售利润率乘以预计的销售收入、先进的资产利润率乘以预计的资产平均占用额、先进的成本利润率乘以预计的成本总额 3 种方式确定。

例 8-1：某包装工业企业生产甲产品，假定甲产品产销平衡，预计明年甲产品的销售量为 1500 件，单价为 50 元，期间费用率为 5％。生产该产品需交纳 17％的增值税，销项税与进项税的差额预计为 20000 元；另外，还应交纳 10％的消费税、7％的城建税、3％的教育费附加。如果同行业先进的销售利润率为 20％。请运用倒扣测算法预测该企业的目标成本。（进项税额是指纳税人购进货物或接受应税劳务

所支付或负担的增值税额；销项税额是指纳税人销售货物或者应税劳务，按照销售额和条例规定的税率计算并向购买方收取的增值税额。通常，纳税人（企业）应纳增值税额＝当期销项税额－当期进项税额）

解：目标利润 $=1500×50×20\%=15000$（元）。

期间费用 $=1500×50×5\%=3750$（元）。

按照国家的有关规定计算：

应缴税金 $=1500×50×10\%+（20000+1500×50×10\%）×（7\%+3\%）=10250$（元）。

目标成本 $=1500×50-10250-3750-15000=46000$（元）。

（2）比率测算法。

比率测算法是倒扣测算法的延伸，它是依据成本利润率来测算单位产品目标成本的一种预测方法。这种方法要求事先确定先进的成本利润率，常用于新产品目标成本的预测。其计算公式如下：

单位产品目标成本＝产品预计价格×（1-税率）÷（1+成本利润率）

例 8-2：某企业只生产一种包装产品，预计单价为 2 元，销售量为 60 万件，税率为 10%，成本利润率为 20%，运用比率测算法测算该企业的目标成本。

解：单位产品目标成本 $=2×（1-10\%）÷（1+20\%）=1.5$（元）。

企业目标成本 $=1.5×600000=90$（万元）。

（3）选择测算法。

选择测算法是以某一先进单位产品成本作为目标成本的一种预测方法。例如，标准成本（见成本控制一节）、国内外同类型产品的先进成本水平、企业历史最好的成本水平等都可以作为目标成本。这种方法要求企业熟悉市场行情，应用中应注意可比性，注意必要的调整和修正。

（4）直接测算法。

直接测算法是根据上年预计成本总额和企业规划确定的成本降低目标，直接推算目标成本的一种预测方法。由于成本计划通常是在上年第四季度进行编制，因此目标成本的测算只能建立在上年预计平均单位成本的基础上。企业规划确定的成本降低目标可以根据企业的近期规划事先确定。由于这种方法建立在上年预计成本水平的基础之上，仅适用于可比产品目标成本的预测。

3.目标成本的分解

目标成本管理的核心在于目标成本的科学制定和目标成本的合理分解。目标成本的分解是指将综合平衡后的企业总目标成本，分解落实到企业内部各单位、各部门的过程，目的在于明确责任，确定未来各单位、各部门的奋斗目标。分解目标成本通常是先将总体目标成本分解到各种产品，然后再将各产品的目标成本分解到各车间或工序。

（1）总体目标成本分解到各种产品。

针对多品种产品生产企业，应将总体目标成本分解为各产品的目标成本。

① 与基期盈利水平非直接挂钩的总体目标成本的分解（基期指基础期、起始期，可以是本年，也可以是若干年前的任何日期，报告期即是当期）。这种分解是先确定每种产品的目标销售利润率，再倒推每种产品的目标成本相加，与企业总体目标成本进行比较，最后经综合平衡后确定每种产品的目标成本。

企业总体目标成本（每种产品目标成本）＝预计销售收入－应缴税金－目标利润（预计销售收入 × 目标销售利润率）

式中：目标销售利润率一般按产品销售利润率计算，也可以利用目标资产利润率或目标成本利润率等确定。各产品的目标销售利润率可能高于或低于企业总体的目标销售利润率，但只要以此推算的各产品的目标成本合计值等于或低于按总体推算的目标成本即可。否则，需要反复综合平衡各产品的目标成本直到实现总体目标成本为止。

例 8-3：某包装企业生产两种产品，行业先进的销售利润率为 20%，有关预计销售数据见表 8-2。请计算总体目标成本。假定产品 A 的目标销售利润率为 23%，产品 B 的目标销售利润率为 18%，是否需要综合平衡各产品的目标成本？

表 8-2　某包装企业生产两种产品预计销售情况

销售情况	销量 / 件	单价 / 元	税金 / 万元
产品 A	10000	600	72.12
产品 B	6000	400	2.04

解：企业总目标成本 =（10000×0.06+6000×0.04）-（72.12+2.04）-（10000×0.06+6000×0.04）×20% =597.84（万元）。

产品 A 目标成本 =10000×0.06-72.12-10000×0.06×23% =389.88（万元）。

产品 B 目标成本 =6000×0.04- 2.04-6000×0.04×18% =194.76（万元）。

A 产品目标成本 + B 产品目标成本为 584.64（万元），小于企业总目标成本597.84（万元），企业规定的总体目标成本是合理的，不需要再综合平衡各产品的目标成本。

② 与基期盈利水平直接挂钩的总体目标成本的分解。这种分解的理论依据是目

标利润决定目标成本，在调整基期盈利水平的基础上，先确定企业计划期总体的目标销售利润率，再将其分解到各产品，最后利用"倒扣测算法"确定企业总体的目标成本以及各产品的目标成本。只要各产品加权平均的销售利润率大于或等于计划期企业总体的目标销售利润率，就可以实现企业的目标成本计划。该分解法按各产品目标销售利润率是否随企业总体盈利水平同比例变化又可以分为两种情况（见例 8-4）。

例 8-4：某个包装企业生产甲、乙、丙 3 类产品，上年销售利润率分别为 20%、10%、15%，计划销售利润率增长 2%，计划销售收入分别为 50、30、20 万元，销售税金分别为 5、3、2 万元。假定各产品目标销售利润率不随企业总体盈利水平同比例变化时 3 类产品目标销售利润率分别为 24%、10%、17 %。计算企业总体的目标成本和各产品的目标成本。

解：A. 各类产品目标销售利润率随企业总体盈利水平同比例变化。

依题意，首先需要按计划期销售比重调整基期销售利润率：

由 3 类产品预计销售收入可知 3 类产品计划期销售比重分别为 50%、30%、20%。

按计划比重调整的基期加权平均销售利润率 = ∑某产品基期销售利润率 × 该产品计划期的销售比重 =20%×50%+10%×30%+15%×20%=16%

然后根据总体计划确定企业计划期总的目标销售利润率，以及计划期的利润预计完成百分比：

计划期目标销售利润率 = 按计划比重调整的基期加权平均销售利润率 + 计划期增长的销售利润率 =16%+2%=18%

计划期目标利润预计完成百分比 = 计划期目标销售利润率 / 按计划比重调整的基期加权平均销售利润率 =18%÷16%=112.5%

再确定各种产品的目标销售利润率：

某类产品目标销售利润率 = 该类产品基期销售利润率 × 计划期目标利润预计完成百分比，即：

甲类产品计划期目标销售利润率 =20%×112.5%=22.5%

同理，乙及丙类产品计划期目标销售利润率分别为 11.25% 和 16.875%。

最后利用"倒扣测算法"确定企业总体的目标成本以及各类产品的目标成本：

甲类产品的目标成本 =50-5-50×22.5%=33.75（万元）。

同理，乙及丙类产品的目标成本分别为 23.625 万元、14.625 万元。

企业总体的目标成本 =100-10-100×18%=72（万元）。

或 33.75+23.625+14.625=72（万元）。

B. 各类产品的目标销售利润率不随企业总体盈利水平同比例变化。

该情况下，只要各类产品的加权平均销售利润率大于或等于计划期总目标销售利润率即可。

依题意，则：

企业加权平均的销售利润率 =24%×50%+10%×30%+17%×20%=18.4%>18%

企业总体目标成本 =72（万元）。

甲类产品目标成本 =50-5-50×24%=33（万元）。

乙类产品目标成本 =30-3-30×10%=24（万元）。

丙类产品目标成本 =20-2-20×17%=14.6（万元）。

由于 33+24+14.6=71.6（万元），小于总体目标成本 72 万元，该企业能完成预计的总体目标成本。

（2）各产品目标成本的分解。

产品目标成本的分解是指按产品组成、产品制造过程和产品成本项目构成等进行分解。

① 按产品组成分解。由各种零部件装配而成的产品，可利用功能评价系数或历史成本构成百分比，将产品目标成本分解到各零部件上。

产品功能的多少通常反映了成本的高低，通常采取一一对比并打分的方法，评定各个零部件的功能（重要的打 1 分，次要的打 0 分）。功能评价系数是某一零部件功能得分与全部零部件功能得分合计的比值。这样，依据产品各零部件的功能评价系数可以将产品目标成本进一步分解到各零部件。

历史成本构成百分比指依据历史成本资料计算的各零部件成本占产品总成本的比重。分解目标成本时，企业可结合计划期各零部件材质、复杂程度等的实际变动情况调整该百分比，然后按调整后的百分比将产品目标成本分解到各零部件。可见，按功能评价系数分解的产品目标成本更能真实地反映各零部件的成本。

② 按产品制造过程分解。产品制造往往要经过若干工序完成，前一工序生产出来的半成品是后一工序的加工对象，应按照产品成本形成的逆方向，由确定的产品目标成本依次倒推各工序的半成品目标成本。可根据各工序半成品的成本项目占全部成本比重的历史资料并经过调整，还原已确定的产品目标成本，从而将产成品目标成本分解到半成品上。

例 8-5：某包装产品需要顺次经过 A、B、C 3 个工序的连续加工，产品的目标成本为 12 万元，各工序成本项目经过调整后的数据见表 8-3。请将该产品的目标成本分解为各工序的半成品成本，并确定相应工序的目标成本项目。

表8-3　各工序成本项目数据　　　　　　　　　　　　单位：%

成本项目	直接材料	半成品	直接工资	制造费
A 工序	82		9	9
B 工序		85	8	7
C 工序		90	4	6

解：根据题意，目标成本分解结果见表8-4。

表8-4　目标成本分解结果　　　　　　　　　　　　单位：万元

成本项目	C 工序	B 工序	A 工序
直接材料			9.18×82%=7.5276
半成品	12×90%=10.8	10.8×85%=9.18	
直接人工	12×4%=0.48	10.8×8%=0.864	9.18×9%=0.8262
制造费	12×6%=0.72	10.8×7%=0.756	9.18×9%=0.8262
合计	12	10.8	9.18

通过分解，B工序的半成品目标成本是10.8万元，第一工序（A工序）的半成品目标成本是9.18万元。同时，还反映出不同工序各成本项目的目标成本构成情况，以有利于实际中进行成本项目的控制。

③ 按产品成本项目构成分解。对新产品，在利用"倒扣测算法"测算出新产品的目标成本的基础上，还需根据设计工艺所确定的技术定额，确定各成本项目及其所占成本总额的比重，并以此来分解目标成本。首先，应按设计方案规定的产品所耗用各种原材料的消耗定额和计划单价，产品工时定额和计划小时工资率，产品工时定额和各项费用的计划小时费用率分别确定产品的直接材料成本，直接工资成本和制造费用成本；然后，可以根据各成本项目占总成本的比重分解目标成本。

（五）产品成本预测

1. 可比产品成本的预测

可比产品成本预测的基本步骤如下：

① 拟定初步目标成本。一种方法是根据某种先进成本（如国内外某产品的先进

成本、历史最低成本、标准成本）拟定初步目标成本；另一种方法是根据企业计划年度的生产经营目标进行测算。

② 可比产品目标成本初步预测。初步预测是指在当前生产条件下，不采取任何新的降低成本措施，确定能否达到初步目标成本要求的一种预测。初步预测是根据历史资料来推算的，一般可以采用的方法有：第一种是按上年度平均单位成本测算计划年度可比产品成本；第二种是按近三年可比产品的实际平均成本预测计划年度可比产品成本；第三种是分解混合成本法，这种方法使成本预测更切合实际。下面主要介绍第三种预测方法。

分解混合成本就是将混合成本分解为固定成本（如折旧费、修理费、管理人员工资等）和变动成本（如产品的直接材料消耗和生产工人的计件工资等）两部分，目前常用的方法有高低点法和最小平方法两种。

A. 高低点法。高低点法是一种根据成本习性预测未来成本的方法（成本习性也称为成本性态，指成本的变动与业务量之间的依存关系），是根据历史成本资料中产量最高和最低时的成本数据，来测算其固定成本和变动成本。计算公式 $y=a+bx$，其中 x 为产品产量，y 为混合成本，均为已知数；a 为固定成本，b 为单位产品变动成本。根据两点可以决定一条直线原理，用高点和低点代入直线方程就可以求出 a 和 b。高点和低点是指业务量最大点和最小点对应的成本。

例 8-6：某包装企业 2020 年 1—6 月某产品的产量和总成本资料见表 8-5。计划期该包装产品产量为 400 件，请预测计划期的总成本与单位成本。

表 8-5　某包装产品产量及总成本

月份	1 月	2 月	3 月	4 月	5 月	6 月
产量 x/ 件	200	220	240	280	260	300
成本 y/ 元	380	440	440	470	460	480

解：将最高期（6 月）与最低期（1 月）的产量与成本数据代入 $y=a+bx$ 可得

$$b = \frac{480-380}{300-200} = 1(元)$$

$$a = 480 - 300 \times 1 = 180(元) \text{ 或 } 380 - 200 \times 1 = 180(元)$$

计划期的总成本与单位成本为

$$y = a + bx = 180 + 400 \times 1 = 580(元)$$

$$单位成本 b = \frac{580}{400} = 1.45(元)$$

可见，用高低点法只要有两个不同时期的业务量和成本就可求解，但这种方法只根据最高、最低两点资料，而不考虑两点之间业务量和成本的变化，计算结果往往不够精确。

B. 最小平方法。也称为回归直线法、"最小二乘法"，是根据若干期产量和成本的历史资料，测算最能代表产量与成本费用之间关系的回归直线，即是运用数学中的最小平方法原理计算求得变动成本和固定成本的方法，然后确定目标成本。公式如下：

$$a = \frac{\sum y - b \cdot \sum x}{n} \ ; \quad b = \frac{n \cdot \sum xy - \sum x \cdot \sum y}{n \cdot \sum x^2 - \left(\sum x\right)^2}$$

式中　　n——为期数；

　　　　y——为各期成本；

　　　　x——为各期产品产量；

　　　　a——为固定成本；

　　　　b——为单位产品变动成本。

将 a、b 代入 $y = a + bx$ 求出产品总成本（y）。

最小平方法是根据一个时期中各期产量和成本数据来计算，可以抵消个别期间的意外因素，能反映产量与成本之间的正常联系，此法较精确。

③ 拟定增产节约措施计划。成本降低方案的提出主要可以从改进产品设计、改善生产经营管理、控制管理费用三个方面着手，这些方案应该既能降低成本，又能保证生产和产品质量的需要。可以运用价值工程（见本节成本控制方法）分析改进产品结构和工艺，选择最佳经营方案，合理组织生产，最后提出降低费用消耗的具体措施。

④ 正式确定目标成本。企业的成本降低措施和方案确定后，应进一步测算增产节约措施对产品成本的影响，据此修订初选目标成本，确定企业预测期的目标成本。

在测算各项增产节约措施对产品成本的影响程度时，应抓住影响成本的重点因素进行测算。一般可以从节约原材料消耗、提高劳动生产率、合理利用设备、节约管理费用、减少废品损失等方面进行测算。

A. 测算材料费用降低对成本的影响：

$$\begin{array}{c} 材料（燃料、动力）消耗定额 \\ 影响产品成本的降低率 \end{array} = \begin{array}{c} 该项费用占 \\ 成本的百分率 \end{array} \times \begin{array}{c} 该项费用 \\ 降低百分率 \end{array}$$

B. 测算由于劳动生产率提高速度大于工资增长速度而形成的节约：

$$\text{成本降低率} = \text{生产工人工资占成本的百分率} \times \left(1 - \frac{1 + \text{平均工资增长的百分比}}{1 + \text{劳动生产率增长的百分比}}\right)$$

C. 测算由于产量增加而形成的节约：

当固定费用（设备利用及管理费）随产量的增长而略有增加时：

$$\text{成本降低率} = \text{固定费用占成本的百分率} \times \left(1 - \frac{1 + \text{固定费用增长的百分比}}{1 + \text{生产增长的百分比}}\right)$$

当固定费用（设备利用及管理费）的增长幅度为零时：

$$\text{成本降低率} = \text{固定费用占成本的\%} \times \left(1 - \frac{1}{1 + \text{生产增长的百分比}}\right)$$

D. 测算由于废品率降低而形成的节约：

$$\text{成本降低率} = \text{废品损失占成本的百分率} \times \text{废品降低的百分率}$$

例 8-7：某包装工业企业计划年度上级下达的可比产品成本降低率为 10%，企业经过试算各项技术经济指标，并经群众讨论，确定计算年度影响成本的主要因素如下：

计划年度产品生产增长 30%；主要材料消耗定额降低 8%；

劳动生产率提高 12%；生产工人工资增长 8%；

燃料和动力消耗定额降低 5%；管理费用增加 6%。

企业按上年全年预计平均单位成本计算的计划年度可比产品总成本为 194.3 万元，可比产品各成本项目的比重为主要材料占 61.6%，燃料与动力占 0.6%，工人工资占 9.0%，管理费用占 28.8%（合计 100%）。

根据以上资料测算列如表 8-6 所示。

表 8-6　可比产品成本降低率测算表

项目	各项目降低率	各项目变动影响成本降低率
原材料	8%	8%×61.6%=4.93%
燃料和动力	5%	5%×0.6%=0.03%
工资和提取的职工福利费	$1 - \frac{1+8\%}{1+12\%} = 3.57\%$	3.57%×9%=0.32%
管理费用	$1 - \frac{1+6\%}{1+30\%} = 18.46\%$	18.46%×28.8%=5.32%
可比产品成本降低率		10.6%

根据计算结果，确定可比产品成本降低率为 10.6%，降低额为 20.5958 万元（194.3 万元 ×10.6%），达到上级下达指标要求，可着手编制成本计划。

2. 不可比产品成本预测

对不可比产品成本，通常用计划成本来考核分析，主要有以下方法。

① 技术测定法。根据设计结构、生产技术条件和工艺方法确定产品成本。此法比较科学，但工作量大。

② 产值成本（或销售收入成本）比例法。即按照工业总产值（或销售收入）的一定比例来确定成本的一种方法。

③ 金额测定法。根据产品价格的构成（成本、税金和利润）来确定产品成本。

二、成本决策

成本决策是以提高经济效益为最终目标，在充分收集成本信息的基础上，运用科学的决策理论和方法（定性与定量的方法），对成本预测的各种备选方案进行比较、判断，从多种可行方案中选定一个最佳方案的过程。成本预测回答了"是什么"的问题，即未来成本发展趋势可能是什么情况的问题；成本决策则是对各种成本预测方案的选择，回答了"怎么办"的问题。

成本决策与成本预测紧密相连，以成本预测为基础，涉及整个生产经营过程，每个环节都应选择最优的成本方案，才能达到总体成本的最优。其重要意义在于：成本决策属于企业经营决策的组成部分。成本决策考虑的是资金耗费的经济合理性问题，对于生产经营决策起着指导和约束作用，它不仅是成本管理的重要职能，也是企业生产经营决策体系中的重要组成部分；成本决策是企业成本管理的一项基本职能。成本预测的结果只是提供了多种可能，有待于成本决策以后才能加以确定并付诸实施。单一的计划管理手段已经不能适应现代管理的需要，要求把决策的理论和方法应用到成本管理中进行成本控制；成本决策是提高企业经济效益的基础。成本是影响企业经济效益的重要因素之一，成本决策正确与否，直接决定着企业经济效益的提高。

成本决策的内容，一方面涉及可行性研究中的成本决策，这类决策是以投入大量的资金为前提来研究项目的成本，因而与财务管理的关系更加紧密；另一方面涉及日常经营管理中的成本决策，这类决策是以现有资源的充分利用为前提，以合理且最低的成本支出为标准，包括零部件自制或外购的决策、产品最优组合的决策、生产批量的决策等。

成本决策的方法因决策内容及目的不同而采用的方法也不同，其基本方法有差额成本法（差异成本法）、差量损益分析法、决策表法和决策树法。另外，还有相关成本分析法、成本无差别点法、线性规划法、边际分析法等。下面简要介绍成本决策的基本方法。

1. 差额成本法

差额成本（差异成本法）通常是指一个备选方案的预期成本与另一个备选方案预期成本之间的差额，是将决策过程中各备选方案中的数值直接进行比较后，根据差额成本来进行成本决策。

例8-8：某包装产品由甲、乙、丙3个部件装配而成，装配费用为5000元，这3种部件均可选用自制、外购、委托加工等方式。其有关资料见表8-7，试进行成本决策。

表8-7　某包装产品由甲、乙、丙3个部件不同方式加工的成本情况　　单位：元

方案	甲	乙	丙	总成本
自制	12000	9750	8250	30000
外购	12750	9750	6000	28500
委托加工	13500	9300	8700	31500

解：由表8-7进行差额成本分析后，易知：

最优方案部件成本 =12000+9300+6000=27300（元）；

产品决策成本 = 最优方案部件成本 + 装配成本 =27300+5000=32300（元）。

因此，该产品3种部件应分别采用甲自制、乙委托加工、丙外购为宜。

2. 差量损益分析法

差量损益分析法是以差量损益作为最终的评价指标，由差量损益决定方案取舍的一种决策方法。计算的差量损益如果大于零，则前一方案优于后一方案；反之，后一方案优于前一方案。差量损益常常与差量收入、差量成本两个概念密切相连。差量收入是指两个不同备选方案预期相关收入的差异额；差量成本是指两个不同备选方案的预期相关成本之差；差量损益是指两个不同备选方案的预期相关损益之差。某方案的相关损益等于该方案的相关收入减去该方案的相关成本。差量损益分析法适用于同时涉及成本和收入的两个不同方案的决策分析，常常通过编制差量损益分析表进行分析评价。

3. 决策表法

决策表法又称矩阵法，是将各种自然状态所分别采取的不同方案以表格的形式表示，然后从中选取最优成本方案的决策方法。常用的有"大中取小"法，是以"最

不利"的情况作为必然出现的自然状况来对待，在具体的决策上，从"最不利"的情况中选取支出（损失）最小的"最有利"的方案。所以，决策表法是一种稳健的成本决策方法。

例 8-9：某企业在火车站储存石灰 1000 包，每包 30 元，共计 30000 元，存放 30 天后运走。如果露天存放，则遇到下小雨损失 70%，下大雨损失 90%；如果租赁篷布每天租金 250 元，则遇到下小雨损失 10%，下大雨损失 30%；若用临时敞棚，需投资 15000 元，下小雨不受损失，下大雨损失 10%。当地 30 天内天气情况不明，试问企业应当如何决策？

在分析计算支出（损失）值时，要考虑两个方面的问题：一是该备选方案的支出；二是该备选方案可能带来的损失。据此编制决策表，见表 8-8。

表 8-8　决策表　　　　　　　　　　　　　　单位：元

序号	方案	支出价值			最大支出（损失）
		不下雨	下小雨	下大雨	
1	露天存放	—	21000	27000	27000
2	租赁篷布	7500	10500	16500	16500
3	临时敞棚	15000	15000	18000	18000
最大支出中的最小值					16500
最优方案					租赁篷布

4. 决策树法

决策树法又称网络法，即以网络形式把成本决策问题的各个要点、抉择方案、可能事件和机遇结果，在平面图上有顺序地展开，并以定量方法计算和比较各个备选方案的结果，选取最优成本决策的方法。采用此种方法时，对未来情况无法确切判断，但可以知道各状态下可能概率。

三、成本计划

（一）成本计划的意义及内容

企业在确定了目标成本以后，就要制订成本计划。成本计划是企业生产经营计划的重要组成部分，是以货币形式规定企业计划期内产品的生产耗费水平和各种产品的成本水平，以及相应的成本降低水平和为此采取的主要措施的书面方案。

成本计划属于成本的事前管理，是促进企业改善经营管理、提高经济效益的重要手段，其重要意义在于：为组织和动员员工增产节约、降低成本提出了奋斗目标；

是推动企业实现责任成本制度和加强成本控制的有力手段；是企业成本控制的重要依据，为评价考核企业及部门成本业绩提供标准尺度；是编制企业其他有关计划的基础，对其他计划执行情况有促进作用。

成本计划（或预算）的内容可以分为两大类：一类是根据生产费用的经济用途按产品品种编制，反映计划期各种产品的预计成本水平的产品成本计划，能分析各产品成本项目升降的原因；另一类根据生产费用的经济性质按费用要素项目编制的生产费用预算，是控制各项费用支出、分项制定各种消耗定额的依据。

1. 产品成本计划

产品成本计划主要包括主要产品单位成本和全部产品成本计划。主要产品单位成本计划是按企业规定的主要产品目录编制的，一种产品编制一张计划表，并按照成本项目分别反映在计划期内该产品应该达到的成本水平；全部产品成本计划是用来确定包括可比产品和不可比产品在内的全部产品成本的，一般包括按照产品类别编制和成本项目编制两种格式。

全部产品成本计划（按产品类别编制）是根据产品单位成本计划汇编而成，用来确定全部商品产品总成本。同时，对可比产品成本管理的要求是逐年降低成本，还要列出可比产品的成本降低额和成本降低率。

全部产品成本计划（按成本项目编制）是按成本项目编制的全部商品产品成本计划。编制时对可比产品、不可比产品要按成本项目分别计算，其中，可比产品还要按项目列出按上年预计单位成本计算的总成本和按本计划单位成本计算的总成本，以及成本降低额和降低率。

以上按产品类别和按成本项目编制的全部商品产品成本计划，都是根据单位成本及其计划产量编制的，因此二者求得的全部商品产品总成本应该相等。这两个计划中反映的可比产品成本的降低额和降低率，也就是可比产品成本降低计划。

2. 生产费用预算

生产费用预算包括期间费用预算和制造费用预算。期间费用不能计入产品成本，只能在每个期间的营业收入中扣除。但对期间费用进行预测和分析，可以了解主要发生在哪些方面，进一步找出费用降低的途径；制造费用预算一般按照费用项目并依据费用与业务量之间的依存关系进行编制。为了有利于产品成本计划的编制，需要编制好制造费用预算。

3. 编制降低成本的主要措施方案

它是在各车间、各部门提出各种计划措施的基础上，经过综合平衡由厂部汇总编制的。它主要用以提出企业在计划期内降低成本的方法和途径，反映成本降低的项目、内容、数额和产生的经济效果。

（二）成本计划编制的程序与方法

　　成本计划的编制一般由企业计划部门进行，计划部门可以直接编制，也可以由车间编制，再汇总平衡后编制企业成本计划。在编制成本计划之前，应对上年的成本计划编制情况进行总结，找出缺点和不足，以便在以后的成本计划中克服与改进。

　　成本计划在编制方法上，应与企业的核算体系和管理要求相一致，有统一编制和分级编制两种方式。如果企业实行的是一级核算，则车间不计算成本，只由财务部门统一编制产品成本计划。统一编制以企业财会部门为核心，在其他有关部门的配合下，根据综合经营计划的要求，编制出产品成本计划。编制程序是：先收集料、工、费等各项定额和计算指标资料，然后编制单位产品成本计划，最后再按产品类别和成本项目分别编制产品成本计划。这是一种自上而下的编制方法，主要适合于中小型企业，如果企业管理水平较低也可采用这种方法。

　　对实行分级核算制的企业应采取分级编制方式，编制成本计划的特点是：间接地逐级累进编制费用预算，然后再由厂部财务部门汇总统一编制。编制程序基本上划分为：先由辅助生产车间编制其费用预算及分配表；再由各基本生产车间编制各自的车间经费预算及分配表、车间成本计划，厂部财务部门同时编制企业管理费用预算；最后再汇总编制产品成本计划及生产费用预算。这种方法适用于大中型企业成本计划的编制，它能更好地贯彻统一领导与分级管理相结合的原则，充分调动各车间、各部门的积极性。

第四节　企业成本分析和成本核算

一、成本控制

（一）成本控制的原则与内容

　　成本控制是对成本计划实施进行的监督，指企业根据预定的成本目标，运用科学的方法，对企业在产品生产经营活动中所发生的各种费用进行有效的审查和限制，发现并且纠正偏差，保证成本计划得以实现。在企业发展战略中，成本控制处于极其重要的地位，是现代成本管理的核心内容，对于加强企业内部经济核算，建立经济责任制，提高企业经济效益和发展活力具有重要意义。

1. 成本控制原则

① 经济原则。经济原则是要求成本控制付出的代价不应超过因缺少控制而丧失

的收益。由此，应在重要领域中选择关键因素加以控制，即应贯彻"例外管理（指领导人应将主要精力和时间用来处理首次出现、模糊随机、十分重要、需要立即处理的非程序化问题，即非常例的管理）"和重要性原则。贯彻"例外管理"原则要求把注意力集中在超乎常情的情况，对正常成本费用支出可以从简控制，而格外关注各种例外情况，集中精力控制可控成本中不正常、不符合常规的例外差异；贯彻重要性原则应把注意力集中于重要事项，对成本细微尾数、数额很小的费用和无关大局的事项可以从略。

② 因地制宜原则。因地制宜原则是指成本控制系统必须个别设计，要适合特定企业、部门、岗位和成本项目的具体情况。特定企业是指大型企业和小企业、老企业和新企业、发展中和相对稳定的企业、这个行业和那个行业的企业、同一企业的不同发展阶段，其管理重点、组织结构、管理风格、成本控制方法等都应当有区别。例如，新建企业的管理重点是销售和制造，而不是成本，而正常营业后的企业管理重点是经营效益，要开始控制费用并建立成本标准；适合特定部门要求是指各部门的成本形成过程不同，建立控制标准和实行控制的方法应有所区别；适合职务与岗位责任要求，是指应为不同职务与岗位的人员提供不同的成本报告，因为他们需要的成本信息是不同的；适合成本项目的特点，是指材料费、人工费、制造费用和管理费用等项目有不同的性质和用途，控制的方法应有区别。

③ 全面性原则。成本控制要进行全方位、全员、全过程的控制。全方位控制，是对产品生产的全部费用要加以控制，即对变动费用和固定费用都要进行控制；全员控制，是指企业的任何活动都会发生成本，都应在成本控制的范围之内，每个职工都应负有成本责任，都应树立成本意识，都应参与成本控制；全过程控制，是指对产品的设计、制造、销售过程进行控制，即整个产品的寿命周期全过程。不仅要控制产品的生产成本，而且要控制产品寿命周期的全部成本，只有有效控制产品的寿命周期成本，成本才会显著降低。

④ 领导推动原则。成本控制涉及全体员工，必须由最高层来推动。企业领导层应重视并全力支持成本控制，要有完成成本目标的决心和信心，要以身作则。

⑤ 责权利相结合原则。成本控制要达到预期目标，取决于各成本责任单位及人员的努力，应责权利相结合。

2. 成本控制内容

成本控制的内容一般可以考虑成本形成过程和成本费用分类两方面。

按成本形成过程，包括产品投产前、制造过程、流通过程的控制3部分。产品投产前的控制包括产品设计成本、加工工艺成本、物资采购成本、生产组织方式、材料定额与劳动定额水平等；制造过程控制包括原材料、人工、能源动力、各种辅料的消耗、工序间物料运输费用、车间以及其他管理部门的费用支出；流通过程中的控制包括物流、广告促销、销售机构开支和售后服务等费用。

按成本费用的构成，包括原材料成本、工资费用、制造费用、管理费4个方面的控制。原材料费用占了总成本的很大比重，是成本控制的主要对象，包括采购、库存费用、生产消耗、回收利用等；工资费用控制与劳动定额、工时消耗、工时利用率、工作效率、工人出勤率等因素有关；制造费用开支项目主要包括折旧费、修理费、辅助生产费用、车间管理人员工资等；企业管理费指为管理和组织生产所发生的各项费用，开支项目非常多，也是成本控制中不可忽视的内容。

（二）成本控制的基本程序

① 制定成本控制标准。这是成本控制过程的首要环节，可按组织层次和经济内容制定成本控制标准。按组织层次包括制定纵向和横向成本控制标准，纵向成本控制标准是把成本计划及降低指标层层分解，落实到基层；横向成本控制标准是把成本管理的责任、成本计划及其有关指标分别落实到各职能部门。按经济内容包括制定产品设计、试制过程的控制标准，制定材料成本、工资成本、产品等控制标准。其中，产品控制标准包括品质标准和数量标准两类。品质标准主要是国家的成本管理法规；数量标准则要求企业按照一定的方法加以制定。制定成本数量控制标准的方法通常有3种：计划指标分解法、定额控制法和预算控制法［分为固定预算（又称静态预算）和弹性预算］。例如，采用定额控制法，在企业里凡是能建立定额的地方，都应把定额建立起来，如材料消耗定额、工时定额等。实行定额控制办法有利于成本控制的具体化和经常化。

② 执行标准。即对成本的形成过程进行具体的监督。

③ 确定差异。核算实际消耗脱离成本指标的差异，分析其程序、性质、原因和责任归属。

④ 消除差异。组织群众挖掘潜力，提出降低成本的措施或修订成本标准的建议。

⑤ 考核奖惩。把成本的实际完成情况与应承担的成本责任进行对比，考核、评价目标成本计划的完成情况，并根据考核情况对每个成本责任单位和责任人进行奖罚。

（三）建立健全成本控制的组织体系

实行成本分级分口管理责任制，它包括两个方面：一是正确处理厂部、车间、班组在成本管理中的关系，以厂部为主导，把三级组织的成本管理结合起来；二是正确处理财务部门同其他有关部门在成本管理中的关系，以财务部门为中心，把财务部门同生产、技术、供销、劳动工资等分口的成本管理结合起来。

（四）成本控制的方法

成本控制的方法是指完成成本控制任务和达到成本控制目的的手段。成本控制的具体方法很多，不同的阶段、不同的问题采用的方法不一样，即使同一个阶段，对于不同的控制对象或出于不同的管理要求，其控制方法也不尽相同。例如，仅就事前控制来说，就有用于产量或销售量问题的量本利分析法，有用于产品设计和产品改进的价值分析法，有用于解决产品结构问题的线性规划法，有用于材料采购控制的最佳批量法。这里主要对标准成本控制、目标成本控制、价值工程控制进行介绍。

1. 标准成本控制

标准成本控制是成本控制中应用最为广泛和有效的一种成本控制方法，是以制定的标准成本为基础，与实际发生的成本进行对比，揭示成本差异形成的原因和责任，采取相应措施实现对成本进行有效控制。标准成本的制定、标准成本差异的计算与分析和标准成本的账务处理构成了标准成本系统的主要环节，反映了事前、事中和事后控制的过程。

（1）标准成本的制定。

标准成本是企业在有效经营条件下发生的一种目标成本，也叫"应该成本"，包括单位产品和实际产量的标准成本两层含义：单位产品标准成本 = 单位产品标准消耗量 × 标准单价；实际产量标准成本 = 实际产量 × 单位产品标准成本。一般情况下，在制定标准成本时，企业可以根据自身的技术条件和经营管理水平选择理想标准成本（最优成本）、历史平均成本作为标准成本和正常标准成本。其中，正常标准成本是指在正常情况下企业经过努力可以达到的成本标准，这一标准考虑了生产过程中不可避免的损失、故障和偏差，具有客观性、现实性、激励性和稳定性等特点，被广泛运用于具体标准成本的制定。下面介绍正常标准成本的确定。

① 直接材料标准成本。该成本涉及材料的用量标准和价格标准。价格标准通常是以订货合同的价格为基础，考虑各种变化因素，按各种材料分别计算价格；材料的用量标准（材料消耗定额）应根据企业产品的设计、生产和工艺的现状，结合企业经营管理水平的情况和降低成本任务的要求，考虑材料在使用过程中发生的必要损耗，按照产品的零部件来制定各种原料及主要材料的消耗定额。直接材料标准成本计算公式为

单位产品直接材料的标准成本 = ∑单位产品耗用的第 i 种材料的标准成本 = ∑材料 i 的价格标准 × 材料 i 的用量标准

② 直接人工标准成本。该成本涉及直接人工的价格标准和用量标准。价格标准

就是标准工资率，通常由劳动工资部门根据用工情况制定。当采用计时工资时，标准工资率＝标准工资总额÷标准总工时；用量标准就是工时用量标准（工时消耗定额），是指企业在现有的生产技术条件、工艺方法和技术水平的基础上，考虑提高劳动生产率的要求，采用一定的方法，按照产品生产加工所经过的程序，确定的单位产品所需耗用的生产工人工时数。直接人工标准成本计算公式为

单位产品直接人工标准成本＝标准工资率 × 工时用量标准

③ 制造费用标准成本。该成本涉及制造费用价格标准和用量标准。价格标准也就是制造费用的分配率标准：制造费用分配率标准＝标准制造费用总额÷标准总工时；用量标准就是工时用量标准，与直接人工用量标准相同。制造费用标准成本计算公式为

制造费用标准成本＝工时用量标准 × 制造费用分配率标准

企业通常要为每一产品设置一张标准成本卡，并在该卡中分别列明各项成本的用量标准与价格标准。

（2）标准成本差异的计算与分析。

标准成本差异（或成本差异）是指将事先制定的标准成本与实际成本进行对比，之间的差额反映了实际成本脱离预定目标的程度。

① 变动成本的差异分析。变动成本包括直接材料、直接人工和变动制造费用，其成本差异分析的基本方法相同。成本差异＝价格差异＋数量差异。

A. 直接材料成本差异分析。是由材料价格脱离标准（价差）和材料用量脱离标准（量差）形成的。有关计算公式：

材料价格差异＝实际数量 ×（实际价格－标准价格）

材料数量差异＝（实际数量－标准数量）× 标准价格

直接材料成本差异＝实际成本－标准成本＝价格差异＋数量差异

例 8-10：某包装企业本月生产产品 400 件，使用材料 2500kg，材料单价为 0.55元 /kg；直接材料的单位标准成本为 3 元，即每件产品耗用 6kg 直接材料，标准价格为 0.5 元 /kg。

解：直接材料数量差异＝（2500-400×6）×0.5=50（元），直接材料价格差异＝2500×（0.55-0.5）=125（元）。

验算：直接材料价值差异与数量差异之和，应当等于直接材料成本的总差异。直接材料成本差异＝实际成本－标准成本 =2500×0.55-400×6×0.5=1375-1200=175（元）。

材料价格差异是在采购过程中受供应厂家价格变动、不必要的快速运输方式等

的影响而形成的；材料数量差异是在材料耗用过程中受操作疏忽造成废品和废料增加、工人用料不精心、操作技术改进而节省材料、新工人上岗造成多用料等的影响而形成的。

B. 直接人工成本差异分析。该差异也被区分为"价差"和"量差"。价差是指工资率差异；量差是人工效率差异。有关计算公式如下：

工资率差异＝实际工时×（实际工资率－标准工资率）

人工效率差异＝（实际工时－标准工时）×标准工资率

直接人工成本差异＝工资率差异＋人工效率差异

工资率差异形成的原因包括直接生产工人升级或降级使用、奖励制度未产生实效、工资率调整、加班或使用临时工、出勤率变化等；直接人工效率差异形成的原因包括工作环境不良、工人经验不足、劳动情绪不佳、新工人上岗太多、机器或工具选用不当、设备故障较多、作业计划安排不当等。

C. 变动制造费用的差异分析。该差异仍然可以分解为"价差"和"量差"两部分。价差是指变动制造费用的实际小时分配率脱离标准，按实际工时计算的金额，称为耗费差异；量差是指实际工时脱离标准工时，按标准的小时费用率计算确定的金额，称为变动费用效率差异。有关计算公式如下：

变动费用耗费差异＝实际工时×（变动费用实际分配率－变动费用标准分配率）

变动费用效率差异＝（实际工时－标准工时）×变动费用标准分配率

变动费用成本差异＝变动费用耗费差异＋变动费用效率差异

例 8-11：某包装股份有限公司本月实际产量 400 件，使用工时 890h，实际发生变动制造费用 1958 元；变动制造费用标准成本 4 元 / 件，即每件产品标准工时为 2h，标准的变动制造费用分配率为 2 元 /h。

解：变动制造费用耗费差异 =890×[（1958÷890）-2]=890×（2.2-2）=178（元）

变动制造费用效率差异 =（890-400×2）×2=180（元）

验算：变动制造费用耗费差异与变动制造费用效率差异之和，应当等于变动制造费用成本的总差异。变动制造费用成本差异＝实际变动制造费用－标准变动制造费用 =1958-400×4=358（元）。

变动制造费用的耗费差异是部门经理的责任，他们有责任将变动费用控制在弹性预算限额之内；变动制造费用效率差异形成原因与人工效率差异相同。

② 固定制造费用成本差异分析。固定制造费用成本差异分析与各项变动成本差异分析不同，主要有两种方法。

A. 二因素分析法。二因素分析法是将该差异分为耗费差异和能量差异。

耗费差异是指固定制造费用的实际金额与固定制造费用预算金额之间的差额。固定预算费用不因业务量变动，以原来的预算数作为标准，实际数超过预算数即视为耗费过多。

固定制造费用耗费差异＝固定制造费用实际数－固定制造费用预算数＝固定制造费用实际数－固定制造费用标准分配率×生产能量（指企业给车间的配置应该能生产多少）

能量差异是指固定制造费用预算与固定制造费用标准成本的差异，或者说是实际业务量的标准工时与生产能量的差额用标准分配率计算的金额，反映了实际产量标准工时未能达到生产能量而造成的损失。

固定制造费用能量差异＝固定制造费用预算数－固定制造费用标准成本＝（生产能量－实际产量标准工时）×固定制造费用标准分配率

例 8-12：某包装工业企业本月实际产量 400 件，发生固定制造成本 1424 元，实际工时为 890h；企业生产能量为 500 件，即 1000h；每件产品固定制造费用标准成本为 3 元 / 件，即每件产品标准工时为 2h，标准分配率为 1.50 元 /h。

解：固定制造费用耗费差异 =1424-1000×1.5=-76（元）

固定制造费用能量差异 =1000×1.5-400×2×1.5=1500-1200=300（元）

验算：固定制造费用成本差异＝实际固定制造费用－标准固定制造费用 =1424-400×3=224（元）。固定制造费用成本差异＝固定制造费用耗费差异＋固定制造费用能量差异 =-76+300=224（元）。

B. 三因素分析法。三因素分析法是将该差异分为耗费、效率和闲置能量 3 部分差异。耗费差异的计算与二因素分析法相同，不同的是将二因素分析法中的"能量差异"进一步分解为实际工时未达到标准能量而形成的闲置能量差异和实际工时脱离标准工时而形成的效率差异。有关计算公式为

固定制造费用闲置能量差异＝固定制造费用预算－实际工时×固定制造费用标准分配率＝（生产能量－实际工时）×固定制造费用标准分配率

固定制造费用效率差异＝（实际工时－实际产量标准工时）×固定制造费用标准分配率

另外，标准成本的账务处理是指对会计数据的记录、归类、汇总、呈报的程序和方法。限于篇幅，具体不再详述。

2. 目标成本控制

（1）目标成本控制简介。

目标成本控制是在生产经营活动开始前，依据一定的科学分析制定出成本目标，

即以给定的竞争价格为基础决定产品的目标成本，在保证实现预期利润的情况下进行目标管理，控制成本的水平。制定科学合理的目标成本是目标成本管理能否贯彻实施的关键。同时，在确定目标成本后，应对其进行自上而下的逐级分解，明确责任，使目标成本成为各级奋斗目标。

目标成本是一种预计成本，目标成本控制就是将这种预计成本与目标管理方法相结合的成本控制方法，具有全过程控制、全员参与、前馈性控制的特点。第一，目标成本控制贯穿企业生产经营活动的全过程，从市场预测与调查研究、产品策划、设计开发、样品试制，到加工制造、材料采购、产品销售和售后服务等各个阶段、各个环节；第二，目标成本控制必须依靠企业的全体员工共同努力，使成本控制建立在可靠的群众基础之上才能收到预期的效果；第三，目标成本控制的关键在于事前对成本耗费进行有效的控制，使浪费不致发生，使目标成本得以实现。在目标成本控制中，新产品的成本不再是产品设计过程的结果，而是成为该过程的一个开端。产品设计的任务是设计出功能和质量满足客户要求，可以目标成本进行生产，能使公司赚到预期利润的产品。

目标成本的计算公式为目标成本＝用户可以接受的价格×（1－税率－期间费用率）－目标利润。目标成本控制法主要步骤包括：目标成本的制定，成本差异分析，采取合理措施，信息反馈。信息反馈在目标成本控制中是相当重要的步骤，它是制定目标成本的重要依据，是使成本控制取得最优效果的重要手段。关于具体的目标成本计算方法在成本预测中已有阐述。

标准成本法与目标成本法采取了两种不尽相同的管理思路，标准成本法是一种成本计算的方法和成本控制的制度，目标成本法是以市场为导向，在产品生命周期的研发及设计阶段设计好产品的成本，而不是试图在制造过程降低成本。目标成本控制为各部门控制成本提出了明确的目标，从而形成一个全企业、全过程、全员的多层次、多方位的成本体系；目标成本控制体现了市场导向，将产品成本由传统的事后算账发展到事前控制，是将企业经营战略与市场竞争有机结合起来的全面成本管理系统。

（2）目标成本控制实施案例。

这里简要介绍丰田式目标成本控制实施案例。

① 以市场为导向制定目标售价。丰田汽车的全新改款通常每4年实施1次，在新型车上市前3年，就正式开始目标成本规划。每一车种设一位负责新车开发的产品经理，以产品经理为中心，对产品计划构想加以推敲，编制新型车开发提案。开发提案的内容包括车子式样及规格、开发计划、目标售价及预计销量等。其中，目

标售价及预计销量是与业务部门充分讨论（考虑市场变动趋向、竞争车种情况、新车型所增加新功能的价值等）后加以确定的。开发提案经高级主管所组成的产品规划委员会核准承认后，即进入制定目标成本阶段。

② 制定目标成本。参考长期的利润率来决定目标利润率，用倒扣测算法确定目标成本。

③ 目标成本的分解。将目标成本分给负责设计的各个设计部。例如，按车子的构造、功能分为引擎部、驱动设计部、底盘设计部、车体设计部等，但并不是各设计部均规定降低同一百分比，而是由产品经理根据以往的实绩、经验及合理根据等，与各设计部进行数次协调讨论后才予以决定。设计部为便于掌握目标达成的具体情况，还将目标成本更进一步地按零件予以细分。

④ 在设计阶段实现目标成本。

A. 计算成本差距。新产品与公司目前的相关产品相比较可以估计新产品成本（在现有技术等水准下，不积极从事降低成本活动下会产生的成本），进而确定与目标成本的差距。目标成本与估计成本的差额为成本差距，这是需通过设计活动来降低的成本目标。汽车的零部件总共合计约有 2 万件，但在开发新车时通常会变更而须重新设计的约 5000 件左右，可以以现有车型的成本，加减其变更部分算出。

B. 采用超部门团队方式，利用价值工程（见本节价值工程控制）寻求最佳产品设计组合。在开发设计阶段，为实现成本规划目标，以产品经理为中心主导，结合各部门的一些人员加入产品开发计划，组成一个跨职能的成本规划委员会，包括来自设计、生产技术、采购、业务、管理、会计等部门的人员，是一个超越职能领域的横向组织。规划委员会展开两年多具体的成本规划活动，共同努力合作以达成目标。之后，各设计部开始从事产品价值分析，根据产品规划书，设计出产品原型。结合原型，把成本降低的目标分解到各个产品构件上，分析各构件是否能满足产品规划书要求的性能，在满足性能的基础上，运用价值工程降低成本。如果成本的降低能达到目标成本要求就可转入基本设计阶段，否则还需要运用价值工程重新加以调整，以达到要求。

进入基本设计阶段，运用同样方法，挤压成本，转入详细设计，最后进入工序设计。在工序设计阶段，成本降低额达到后，挤压暂告一段落，可以转向试生产。试生产阶段是对前期成本规划与管理工作的分析和评价，致力于解决可能存在的潜在问题。

一旦在试生产阶段发现产品成本超过目标成本要求，就得重新返回设计阶段，运用价值工程来进行再次改进。只有在目标成本达到的前提下才能进入最后的生产。

⑤ 在生产阶段运用持续改善成本法以达到设定的目标成本。进入生产阶段 3 个月后（因为若有异常，较可能于最初 3 个月发生），检查目标成本的实际达成状况，进行成本规划实绩的评估，确认责任归属，以评价目标成本规划活动的成果。至此，新车型的目标成本规划活动正式告一段落。正式进入生产阶段，成本管理即转向成本维持和持续改善，保证正常生产条件，维持既定水平目标。

与传统的成本管理相比，丰田式目标成本控制主要体现出以下成本管理思想。

① 管理的目标定在未来市场。所确定的各个层次的目标成本都直接或间接地来源于激烈竞争的市场，有助于增强企业的竞争地位。

② 管理的范围定在全过程、跨组织。不再局限于企业的内部，在过程上，扩大到产品的整个价值链；在范围上，超越企业的边界进行跨组织的管理。

③ 管理的重点定在开发设计源头。目标成本控制由传统观念下的生产制造过程移至产品的开发设计过程，有助于避免后续制造过程的大量无效作业，耗费无谓的成本，使大幅度降低成本成为可能。

④ 管理的策略定在提高竞争优势。改变了为降低成本而降低成本的传统观念，将成本管理策略转向战略性成本管理，管理的目标是建立和保持企业长期的竞争优势。目标成本管理是在不损害企业竞争地位前提下的成本降低途径。

⑤ 管理的手段定在价值工程控制。与传统成本管理基于会计方法不同，目标成本法采用的手段是综合性的，注重从技术层面去把握成本，将价值工程方法引入成本管理，保证在降低成本的同时确保产品功能和质量的提高。

⑥ 以差额估计来确定成本规划目标。丰田式目标成本控制并非是将所有的成本、费用都从最初开始累计来确定成本规划目标，而是将现有车型的成本加减因素变更设计所导致成本的增减差额来计算而得。利用差额估计不仅可节省时间与许多繁杂的手续，并可较有效率地估计成本，提高精确度。

3. 价值工程控制

价值工程产生于 20 世纪 40 年代后期的美国，美国通用电气公司负责采购工作的电气工程师麦尔斯发现：人们使用某种材料的目的在于材料所具有的功能，可以考虑用功能相同但价格低廉的代用品取代原来昂贵的材料。由此，促使了《价值分析》的问世，麦尔斯也被称为价值工程之父。价值分析（Value Analysis）又称价值工程VA（Value Engineering），是以功能分析为核心，使产品或作业能够达到适当的价值，即用最低的成本实现必备功能的项目有组织地活动，是一门降低成本、提高经济效益的新兴管理技术与方法。

最早的价值工程应用案例是美国通用电器（GE）公司的"石棉事件"，"二战"

期间美国市场原材料供应十分紧张，GE 公司急需石棉板，由于货源不稳定且价格昂贵，麦尔斯开始了材料的代用问题研究，通过研究石棉板的功能，在市场上找到一种防火纸具有石棉板的作用，且成本低，容易买到。后来，麦尔斯提出了功能分析、功能定义、功能评价以及如何区分必要和不必要功能并消除后者的方法，形成了以最小成本提供必要功能，获得较大价值的科学方法。目前，价值工程在工程设计和施工、产品研究开发、工业生产、企业管理等方面取得了长足的发展，产生了巨大的经济效益和社会效益。我国在 1978 年开始推广价值工程活动。

（1）包装价值分析概述。

包装价值分析是利用价值工程的原理，分析包装产品的价值与功能和成本三者之间的关系，力求以最低的寿命周期费用，可靠地实现包装产品的必要功能，借以提高包装产品价值的一种活动。其中，功能是指包装的使用价值、性能、效用及其满足用户需要的程度；必要功能是指用户所要求的包装产品的功能；寿命周期费用，也称寿命周期成本，是指从包装产品的研制、生产、使用、维修，直到最后报废为止的全部费用；产品的价值指产品的功能与功能的成本之间的对比关系，价值 V=功能 F（或性能 Q）/成本 C。

包装价值分析有以下 4 个特点。

① 价值分析以功能分析为核心。价值分析是从寻找不需要的功能入手，即对功能与成本之间的关系进行定性、定量的分析核算，以达到实现必要的功能，合理分配成本，从而提高包装产品价值。

② 价值分析以提高包装产品与作业的价值为目的。价值分析是以最低的寿命周期成本生产出在功能（或性能）上满足用户需要的包装产品或作业。

③ 价值工程活动是一项集体智慧的有组织活动。价值分析是一个技术性、经济性、全面性、组织性的综合分析活动，通过有秩序、有领导、有组织的系统活动，借以开发集体智慧，收到集思广益的效果。

④ 价值分析所指的产品（或包装）价值，不同于传统的社会必要劳动量的价值观念。它是从产品（或包装）的功能与成本两方面相互关联来分析比较所作的评价，是指企业为消费者带来的经济效益。

价值分析在包装上的作用在于：通过对包装的结构、造型和装潢的功能和成本的对比分析，研究用更佳的设计、更廉价的材料、更经济的工艺方法，以增强商品的市场竞争能力。在包装产品中应用价值工程，可使总包装成本降低，可找出一些工作上常有的疏忽和习惯上的漏洞，改革原有设计、工艺和用料等，消除包装的"过度"。价值工程是提高包装功能、降低包装成本、实现经济效益最大化的有效途径。

（2）价值分析的基本程序及方法。

价值分析的基本程序如下。

① 对象的选择。正确选择价值分析的研究对象是价值分析的首要环节，推行价值工程首先要确定价值工程的对象。

价值分析对象选择的具体原则：从产品结构方面应选择复杂、笨重、材贵和性能差的产品；从制造方面应选择产量高、消耗高、工艺复杂、成品率低及占用关键设备多的产品；从成本方面应选择占成本比重大和单位成本高的产品；从销售方面应选择用户意见大、竞争能力差和利润低的产品；产品发展方面应选正在研制即将投放市场的产品。

价值工程对象选择的常用方法有经验分析法、价值测定法、ABC 分析法和用户调查法等。

A. 经验分析法。这是根据价值工程人员的经验选择对象的方法。此方法是在进行价值分析对象选择时，考虑一系列技术经济因素，凭借参加人员的经验，对诸因素进行综合分析后而选择对象的方法。此方法简便易行，考虑因素比较全面，但其结果往往受分析人员工作态度和经验水平的影响，应由熟悉业务、经验丰富的人员通过集体研究共同确定对象。

B. 价值测定法。它是用提问的方式进行，回答肯定的越多，价值就越高。价值低的就选为对象。

C. ABC 分析法。它是一种按局部成本在总成本中所占比重大小来选择对象的方法。具体做法：收集一定时期的数据，并进行分层整理，发现企业产品的成本大部分会集中在少数关键零件上（A 类零件），把 A 类零件作为价值工程的对象。A 类零件，在数量上只占 10%～20%，而成本却占 70%～80%；B 类零件，在数量上占 20%～35%，而成本占 10%～15%；C 类零件，在数量上占 65%～80%，而成本仅占 5%。

D. 用户调查法。是把产品的各项功能及要求印发给用户，请用户分别对各项功能的满足程度提出意见，或把产品的所有功能项目列出请用户按要求评分，企业综合后采用平均值，就可明确改进对象。

② 情报的收集。价值工程的对象选定之后，为了对所选择的对象进行价值分析，以寻找提高功能和降低成本的措施，需要收集大量的信息资料。

③ 进行功能分析。这是价值工程最重要的手段和最关键的环节，是把功能分解，使每个零部件的功能数量化，并结合实现功能的成本确定其价值的大小，以便进一步确定价值工程活动的方向、重点和目标。主要包括功能定义、功能分类、功能整理和功能评价 4 个方面的内容。

A. 功能定义。就是明确对分析对象的要求，即分析对象应具备的功能和使用价值。通过功能定义加深对包装产品功能的理解，便于改进。

B. 功能分类。是进一步把功能明确化和具体化，以便在进行功能分析时给予不同的对待。例如，根据重要程度不同可分为基本（必要的）功能和辅助功能；根据相互关系不同可分为上位功能（目的）和下位功能（手段）；根据用户要求性质不同可分为使用功能和艺术（某种欣赏）功能。

C. 功能整理。是对定义出的包装产品及其零部件的功能，从系统的思想出发，排列出功能系统图，把功能之间的关系确定下来。

功能整理的目的有 3 个：一是明确功能范围，搞清楚几个基本功能，这些基本功能又是通过什么功能来实现的；二是检查功能定义的正确性，发现不正确的、遗漏的、不必要的，给以修改、补充或取消；三是确立功能之间的关系，排列出功能系统图。

通过功能整理，可以明确相互关系密切的各级别的功能领域。在价值工程中，当研究提高产品价值的措施时，一般不以各个零件功能为对象，而是以一个功能领域为对象，这样才能大幅度地提高产品价值。

D. 功能评价。进行功能评价以便确定价值工程活动的重点、顺序和目标（成本降低的期望值）等，是在功能系统图的基础上，用 $V=F/C$ 公式计算出各个功能（或功能区域）的价值系数，对价值低的功能采取措施加以改善。常用的功能评价方法有功能成本法、功能评价系统法和最合适区域法 3 种。

功能成本法是用某种方法找出实现某一功能的功能评价值（也称最低成本），并以此作为评价功能的基准，同实现该功能的目前成本相比较，根据其比值对这一功能进行评价。

功能评价系数法是采用各种方法对功能打分，求出功能重要系数，然后将功能重要系数与成本系数相比较，求出功能价值系数的方法。

最合适区域法是功能评价系数的进一步发展，也是根据价值系数的大小来选择改进对象的方法。不同的是，在考虑价值系数相同或相近的零件时，注重功能重要系数和成本系数绝对值的大小，绝对值大的从严控制，绝对值小的可适当放宽。这是因为在价值系数相同或相近的情况下，由于绝对值的大小不同，改进后对企业的整体效果不一样。

④ 方案的创造和评价。

A. 方案的创造。方案的创造是价值工程的重要阶段，其目的是要得到价值高的方案。方案创造的原则和要求：鼓励积极思考，勇于创新，多提设想；依靠各种专业人才，依靠组织起来的力量；从上位功能或价值低的功能提出改进设想。方案创造的方法很多，形式可以多种多样。例如，"捕鼠联想法"（捕鼠方法多，启发多提方案）、输入输出法（美国通用电气公司提出产品设计的方法，把对象功能的最初状态看作输入，把最终状态看作输出，把功能的要求事项看作"约束条件"，最终找出可行的方案）、头脑风暴法等。

B. 方案的评价。分为初步评价和详细评价。初步评价是一种粗略的评价，在较短时间内将为数众多的方案进行初步的筛选。初步评价时，对技术评价、经济评价和社会评价分别进行，最后进行综合评价。详细评价的目的是从经过具体化和试验的若干方案中选择和确定满意方案。常用的方案评价方法有：优缺点列举法、打分评价法、成本分析法、综合选择法等。

⑤ 方案实施与成果评价。

A. 试验与提案。经过详细评价选出的一些复杂的方案需要进行试验。试验的内容：一是方案评价中的优缺点；二是试验结果要作出正式提案，附上简要说明，提交有关部门审批。

B. 方案的实施。方案批准后，即可组织实施。首先要编制实施计划，然后要经常检查计划的完成情况。

C. 成果评价。价值工程活动的经济成果可用全年净节约额、节约倍数、节约百分数等指标进行评价。

（3）价值分析在包装上的应用。

采用价值分析包装方案一般应考虑的项目：① 必要性分析：对现有包装材料、工艺进行逐次必要性检查，找出需要改进的地方；② 效果评价：包装的各种功能是增强了，还是减小了；③ 成本与用途对比：是否相称；④ 物品本身的性能分析：是否需要、适应；⑤ 价格分析：是否合理，能否降低；⑥ 规格尺寸分析：是否恰当，够不够标准化；⑦ 作业分析：包装生产时是否经济，效率高低状况如何；⑧ 安全性分析：安全程度如何等。各项分析应该反复进行，以达到最佳的经济效益为最终结果。

二、成本分析

成本分析是按照一定的原则，利用成本计划、成本核算及其他有关资料，分析成本水平与构成的变动情况，揭示成本计划完成情况，查明成本升降的原因，寻求降低成本的途径和方法，以达到用最少的劳动消耗取得最大的经济效益。成本分析的目的：一是正确评价企业成本计划的执行结果，为进一步更好地编制成本计划提供依据；二是揭示成本升降的原因，正确地查明影响成本高低的各种因素及其原因，进一步提高企业管理水平；三是挖掘降低成本的潜力，寻求进一步降低成本的途径和方法。工业企业产品成本分析一般包括全部产品成本计划完成情况分析，可比产品成本降低任务完成情况分析，主要产品单位成本分析，技术经济指标变动对单位成本影响分析4个方面。

1. 全部产品成本计划完成情况分析

全部产品成本计划完成情况分析的内容和方法。成本计划中的计划总成本是由计划产量 × 计划单位成本求得的，而实际总成本则是实际产量 × 实际单位成本求得的。因此，影响总成本变动的因素是产量和单位成本。在这个因素中影响总成本计划完成的最主要因素是产品的单位成本。分析时为使成本指标有一个共同可比的基础，要剔除产量变动对成本计划完成情况的影响，用公式表示则为

∑（产品实际单位成本 × 产品实际产量）＝产品实际总成本

∑（产品计划单位成本 × 产品实际产量）＝产品计划总成本

按照实际产量核算后的计划总成本同实际总成本的差异，就是实际总成本比计划总成本节约或超支的数额，其计算公式为全部产品总成本降低额＝产品计划总成本 – 产品实际总成本。

产品成本计划完成率，是用相对数来反映全部产品成本计划完成程度的指标。计算公式为全部产品总成本计划完成率 =（产品实际总成本 ÷ 产品计划总成本）×100%。

影响全部产品总成本计划完成情况的因素是：单位成本变动、产量变动和产品结构变动3个因素。所以，为了进一步了解全部产品总成本计划完成情况的原因，就应对以上3个因素进行分析。

2. 可比产品成本降低计划完成情况分析

可比产品是指企业过去生产过并且有着完整的成本资料的产品。由于具有可比性，考核其成本降低情况具有重要参考价值。可比产品成本分析包括可比产品成本降低任务完成情况和变动的原因两个方面，其主要内容是可比产品计划成本降低额和降低率；可比产品实际成本降低额和降低率（计算公式详见下述成本考核的内容）。

3. 主要产品单位成本分析

在进行了全部商品产品成本计划完成情况分析后，由于主要产品占有重要的地位，还需对各主要产品的单位成本以及它们的各成本项目进行分析，以便找出原因，采取措施，挖掘潜力，使产品成本降低到一个新的水平。

4. 技术经济指标变动对单位成本影响分析

企业进行成本分析的目的是研究其成本升降的原因，以便切实有效地控制成本，并在今后的生产经营管理过程中，能以最少的资金耗费获取最好的经济效益。为了做到这

一点，只有产品成本分析是不够的，还要对一些技术经济指标进行分析。技术经济指标的分析是指技术经济指标变动对单位产品成本的影响，主要包括原材料利用率变动对单位成本影响的分析、劳动生产率变动对单位成本影响的分析、产品产量变动对单位成本影响的分析、产品质量变动对成本影响的分析 4 个方面。限于篇幅，不再详述。

三、成本考核

成本考核是指在财务报告期结束时，考核企业的成本计划、单位产品成本指标和可比产品成本降低的完成情况。在进行成本考核时，应遵循以国家的有关政策法规为依据，以成本目标为标准，以可靠的资料、指标为基础，以提高经济效益为目的 4 个方面的原则。产品成本考核的指标体系一般由以下 4 个部分组成。

1. 可比产品成本降低率和降低额

① 可比产品成本降低额，包括实际降低额和计划降低额，其计算公式为

可比产品成本降低额 =∑ [（上年度可比产品实际单位成本 - 本年度可比产品单位成本）× 本年度可比产品产量]

② 可比产品成本降低率，包括实际降低率和计划降低率，其计算公式为

可比产品成本降低率 =[可比产品成本降低额 / ∑（上年度可比产品实际单位成本 × 本年度可比产品产量）]×100%

2. 全部产品成本降低额

全部产品成本降低额 =（本期各种产品实际产量 × 本期各种产品计划单位成本）- 本期全部产品实际成本

3. 主要产品单位成本降低率

主要产品单位成本降低率 =1- 实际单位产品成本 ÷ 计划单位产品成本 ×100%

4. 百元产值成本降低率

百元产值成本降低率 =1- 实际百元产值成本 ÷ 计划百元产值成本 ×100%

四、成本核算

成本核算是按照国家有关成本费用收支范围的规定，核算企业在生产经营过程中所支出的物质消耗、劳动报酬以及有关费用支出的数额、构成和水平。为了充分发挥成本核算的作用，应注意划分资本性支出和收益性支出；划分应计入产品成本费用和不应计入产品成本费用；划分各个会计期间的费用界限；注意待摊、预提费用；正确划分各种产品应负担的费用界限；正确划分完工产品成本与在制品成本的界限。有关会计核算方法原理及进行相应的账务处理等限于篇幅从略。

第五节　包装使用总成本分析与控制

"整体包装解决方案"（CPS）为压缩包装和流通全过程的成本，使用了包装使用总成本的概念。包装使用总成本指包装产品从设计制造到使用废弃整个生命周期过程的成本，是包装作业的整个过程所需要的人力、物力和财力的总和，包括包装材料采购、方案设计、产品加工、物流配送、包装服务及回收利用等整套系统作业所发生的全部费用。

一、包装使用总成本的组成及计算

包装使用总成本是包装产品从设计制造到使用废弃整个生命周期的总成本，不仅包括包装制品的生产成本，而且包括包装使用成本和使用包装后的流通成本。

1. 包装生产成本（C1）

包装生产成本是包装原料和加工成制品的成本，按经济用途分类包括包装材料成本、人工成本、燃料动力、管理成本等。

包装材料成本指原料及主要材料成本。控制包装生产成本，必须在保护产品安全性的前提下，从材料的选择、结构设计、尺寸设计方面进行综合考虑，科学设计，进而降低包装物的成本；包装人工成本指企业直接从事包装产品生产人员的工资，对这些人员发放的计时工资、计件工资、奖金、津贴和补贴等各项费用支出，构成了包装人工费用支出；燃料动力成本包括主要生产设备使用工时费、维修费和折旧费等；管理成本指为生产包装产品而发生的各项间接费用，包括工资和福利费、折旧费、修理费、办公费、水电费、劳动保护费等。

假设 C_1 为在一定时期内（生产一批包装产品）为设计、研制和生产包装而支出的全部费用，C_{11} 为主、辅材料费用，C_{12} 为工资费用，C_{13} 为燃料动力费用，C_{14} 为管理费。则：$C_1=（C_{11}+C_{12}+C_{13}+C_{14}）$；单个包装生产成本 C 单 $=C_1/Q$，Q 为包装件数量。

下面主要介绍材料费用的计算。

（1）购入材料成本的确定。

包装材料除少数企业自制外，大多是外购。外购包装材料的成本包括购买价格和材料入库前发生的各种附带成本，包括运杂费、在运输中的合理损耗、入库前的挑选整理费、购入材料负担的不能抵扣的税和其他费用等。

例 8-13：某包装制品生产企业购买两种包装材料：甲材料 1000kg，79 元 /kg，共计购入金额 79000 元；乙材料 400kg，49 元 /kg，共计购入金额 19600 元。另外，发生共同运杂费 2800 元，运杂费按材料的重量比例分摊。计算甲、乙两种材料的购入成本各是多少？

①计算运杂费分配率及运杂费

分配率 = 应分配的运杂费 ÷（甲材料重量 + 乙材料重量）= 2800÷（1000 + 400）=2（元/kg）；

甲材料运杂费 =1000×2=2000（元）；乙材料运杂费 = 400×2 = 800（元）。

②计算各种材料的购入成本

甲材料的购入成本 =79000+2000=81000（元）；乙材料的购入成本 =19600+ 800= 20400（元）。

（2）发出材料成本的计价。

企业在不同时期购买的、不同批次的材料，其单价往往不同。因此，材料发出成本的计算需要采用不同的方法。

①先进先出法。先进先出法是假定先入库的材料先发出，每次材料发出的单价，都按账面上最先购入的那批材料的实际单价计算。这种方法要求分清所购每批材料的数量和单价。发出材料时，要随时结算发出和结存材料的数量和金额。

②后进先出法。与先进先出法相反，后进先出法是假定最后购入的材料最先发出，每次材料发出的单价，都按账面上最后购入的那批材料的单价作为计算单价。这种方法也要求分清所购每批材料的数量和单价。发出材料时，也要随时结算发出和结存材料的数量和金额。

③全月一次加权平均法。是以月初结存材料金额与全月收入材料金额之和，除以月初结存材料数量与全月收入材料数量之和，算出以数量为权数的材料平均单价，从而确定材料的发出和库存成本，这种平均单价每月月末计算一次。该种方法适用于各期的材料成本变化不大的企业采用。

月末材料的加权平均单价 =（月初结存材料金额 + 本月入库材料金额）÷（月初结存材料数量 + 本月入库材料数量）

本月发出材料成本 = 本月材料的发出数量 × 月末材料的平均单价

④移动加权平均法。采用这种核算方法，便于对材料的日常管理，但日常的核算工作量较大。计算公式为

移动加权平均单价 =（原结存材料金额 + 本批入库材料金额）÷（原结存材料数量 + 本批入库材料数量）

2. 包装使用成本（C_2）

包装使用成本指包装产品在作业过程中的包装作业成本（C_{21}）和获得包装制品的配送成本（C_{22}）。

（1）包装作业成本。包括操作人员工资、包装机械的折旧与维修等费用。

直接包装人工费应根据包装一个单位产品所需要的平均标准时间来计算包装人工费用。根据包装作业的始终，按实施顺序和包装功能的内容，计算出现场担任包装人员的包装作业时间和劳动费用，计算出每个包装的直接人工费。图8-2为某产品包装标准作业流程。

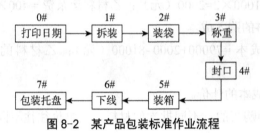

图 8-2 某产品包装标准作业流程

单位产品直接人工作业成本 = $\sum i$ 工序作业工时用量标准 × 标准工资率

（2）包装配送成本。配送成本是配送过程中所支付的费用总和。根据配送流程及配送环节，配送成本主要包括配送运输费用、搬运费用等。

3. 使用包装后的流通成本（C_3）

使用包装后的流通成本指包装件在托盘集合、集装、运输、仓储及废弃包装回收等流通过程中所付出的成本。包括托盘集装箱费用（C_{31}）、运输费用（C_{32}）、仓储费用（C_{33}）及废弃包装回收费用（C_{34}）等。

通过采用标准系列化尺寸的瓦楞纸箱，按托盘堆码图谱提高托盘装载率，通过合理堆码提高运输工具和仓储的空间装载率，通过网络优化选择最短运输及回收路线，减少人工费用和材料费用支出，均可控制和降低使用包装后的流通成本。

二、包装使用总成本控制的原则及影响因素

包装使用总成本控制是指企业根据成本管理目标，分析包装产品在生产、使用、维护过程中的各个成本影响因素，发现包装成本系统的薄弱环节，并运用科学合理的技术方设法及手段来降低包装使用总成本。

包装使用总成本控制的原则最核心的就是要坚持整体包装策划原则：一是整体策划原则，将包装与物流视作一个整体系统，对产品的包装从原材料选用、包装结构设计、运输仓储设计，直至包装使用完后的回收再利用均要围绕减少成本进行整体思考，并行设计，制定科学合理的整体包装解决方案；二是包装使用总成本最低原则，产品包装服务的整个过程包含许多环节，其成本控制的最终目的都是通过科学的成本管理方法，降低企业综合成本，为企业获取更大利润；三是包装材料

"3R1D"绿色化原则，指包装材料减量化（含无毒害）、再利用、再循环，这是包装绿色性须遵循的原则。

整体包装解决方案实际上是一个多环节构成的完整包装系统，CPS 策划的包装使用总成本控制，就是要科学分析每个环节的成本影响因素，并对完整包装系统中的主要成本影响因素进行着重控制。成本影响因素主要涉及四方面：一是被包装产品，被包装产品的重量、形状、体积、重心、易碎部件及其产品价值不同，包装成本会发生变化；二是市场环境，市场的不断变化直接影响着包装成本的大小；三是流通环境，包装产品要与流通环境相适应，不同的流通环境对包装产品的要求不一样，包装成本会发生变化；四是物流环节，不同的运输工具和运输路线会对包装制品的配送成本和运输成本产生影响。

三、包装使用总成本控制案例

依据前述分析，可知包装使用总成本 C 为

$$C=C_1+C_2+C_3=C_{11}+C_{12}+C_{13}+C_{14}+C_{21}+C_{22}+C_{31}+C_{32}+C_{33}+C_{34}$$

下面再通过案例，说明包装使用总成本的控制应用。

案例：并行设计——控制包装使用总成本

1. 包装使用总成本问题分析

某汽车零部件企业，采用木箱中放纸箱包装的汽车零部件销往美国市场。木制外箱高约 1.5m，必须先由一个包装作业工人进入木箱，把纸盒包装的产品摆放到木箱高度的 1/3 左右，才能在箱外进行包装作业。存在的问题：

① 包装作业效率很低，作业成本高。

② 包装质量差。包装时产品受到踩踏，每个木箱中总有 7 ～ 10 个产品包装上有明显的踩踏痕迹。

③ 包装材料成本高。需要在木箱里放置 20 个空纸箱，待产品运输到目的地之后用以更换受损的纸箱包装。

2. 并行设计，控制包装使用总成本

① 取消木箱包装。针对木箱包装存在的包装作业困难，以及纸箱浪费等带来的使用成本增加，通过整体策划、并行设计，取消木箱包装直接用纸盒包装。以纸盒包装的产品按每个托盘 72 个（以横向 8 个，码高 9 个）计算，每个托盘的重量为 1440kg。在仓储 3 个托盘堆高，运输两个托盘堆高的情况下，底层最大压力为 4320kg。根据受力分析，一方面依靠瓦楞纸箱密集堆积；另一方面通过合理确定支撑点将一部分压力分散到零件本身，从而满足底层最大压力的抗压要求。

② 考虑到海运可能遇到盐雾高湿环境，对纸箱进行密封保护处理。

③ 效果。每年可使该企业的包装总成本节约 120 万元。其中，取消木箱包装，不需要更换受损的纸箱包装，减少了包装制品的生产成本；简化了包装作业工艺，减少了包装的使用作业成本，使原来需要 23 人的包装作业减少为 11 人；取消木箱包装，减少了托盘体积，使每个集装箱多装了 6 个托盘，降低了流通成本；此外，还减少了木箱的海关免疫处理的时间和费用。

3. 案例评析

这是一个基于整体包装策划、采用并行设计方法来控制包装使用总体成本的案例。

① 按整体包装的整体策划原则，通过并行设计，在包装设计时就考虑包装的作业和运输仓储问题，发现问题最早、成本最低。

② "整体包装解决方案"要考虑的成本，不仅是包装制品的生产成本，还包括包装生产成本、包装使用成本、使用包装后的流通成本在内的总成本。策划整体包装解决方案必须使用系统工程的思想和方法，控制包装总成本最低，而不是其中一项最低。

③ "降低包装成本"，很多人都会想到降低包装物的采购价格，而忽略了包装的综合成本。包装物的成本是包装的直接成本，这种显性成本仅占包装使用总成本的 1/3 左右，还有 2/3 的隐性成本，如包装作业成本、退赔损失及因包装不合理导致运输仓储费用的上升等包装使用成本。

第六节　技术经济分析及工业项目可行性研究

一、技术经济分析

技术经济学源于 1887 年亚瑟姆·惠灵顿（Arthur M. Wel-lington）的著作《铁路布局的经济理论》，在国外一般被称为工程经济学，其研究对象涉及三个方面：一是研究技术方案、技术措施、技术政策、技术装备的经济效果，寻求提高经济效益的途径；二是研究技术与经济的相互关系，寻求技术与经济的相互促进、协调发展；三是研究技术创新与技术进步，推动经济增长和企业发展。

（一）技术经济分析的内涵

技术经济分析是指为达到某种预定的目的，对可能采用的不同技术政策、方案、措施的经济效果进行计算、分析、比较和评价，选择技术上先进、经济上合理的最优方案的过程。技术经济分析是研究生产技术活动经济效益的科学，经济效益（经济效果）是技术经济学研究的核心。

在物质资料生产过程中，有用成果与所耗费的社会劳动的比较构成了经济效益的概念。评价技术方案的经济效益具体包括以下指标。

① 反映使用价值的效益指标，主要有产量、质量、品种、劳动条件改善等指标。

② 反映形成使用价值的劳动耗费指标，包括物化劳动耗费和活劳动耗费，物化劳动耗费的指标主要有原材料消耗量，生产设备的消耗量，燃料、动力、工具消耗量等；活劳动耗费的指标主要有工时、工资费用、工资总额、职工总数等指标。另外，反映劳动消费的综合指标主要有产品成本指标和投资指标。

③ 反映技术经济效益的指标，是指使用价值的效益与形成使用价值的劳动耗费之比，分为绝对和相对技术经济效益指标。

A. 绝对技术经济效益指标。其主要的综合类经济指标有产值利润率、资金利润率、成本利润率、投资效果系数、投资回收期等。产值利润率是指企业在一定时期内的利润与同期工业总产值之比；资金利润率是指企业在一定时期内的利润与同期所占用的固定资金和流动资金的平均占用额之比；成本利润率指企业在一定时期内的利润与同期产品总成本之比；投资回收期也称返本期，是反映投资项目资金回收的重要指标，是指用项目的净收益来回收投资总额所需要的时间，通常以"年"表示；投资效果系数是指投资经济效益的综合评价指标，一般是指项目达到设计生产能力后一个正常的生产年份的净收益与项目总投资之比，它是投资回收期的倒数。

B. 相对技术经济效益指标。是用来反映一个方案相对于另一个方案的技术经济效益，主要指标有追加投资效果系数、追加投资回收期等。追加投资效果系数反映在投资后经营成本不同的条件下，一个方案比另一个方案多节约的成本与多支出的投资额之间的比例关系。这一系数越大，表明该方案的经济效益就越好；追加投资回收期就是指追加投资效果系数的倒数，表示两个方案对比时，一个方案多支出的投资通过它的节约额来回收所需的时间。

C. 标准投资回收期或标准投资效果系数。是取舍方案的决策指标之一，标准投资回收期一般是由国家或各部门（行业）考虑国家的投资政策和投资结构、技术发展水平等因素基础上，结合本行业历年来投资回收期和平均资金利用率等资料，分别为各部门、各行业制定的判别标准。根据评价的技术方案计算出来的投资回收期、投资效果系数或追加投资回收期、追加投资效果系数，都必须与标准投资回收期或标准投资效果系数进行比较，才能确定该方案经济效益的大小及其取舍。

（二）技术经济分析的可比原理

在技术经济分析中，除了要对单个技术方案本身的所得与所费进行分析评价，以确定其经济效果的优劣以外，更重要的是要把它同其他方案进行比较分析，从而确定它在这些方案中技术经济效果的优劣水平。技术经济分析中的可比性问题，概括起来有 4 个方面：满足需要的可比性、消耗费用的可比性、价格上的可比性和时间上的可比性。

① 满足需要的可比性。满足需要上的可比性包括两层含义：一是相比较的各个技术方案的产出都能满足同样的社会实际需要；二是这些技术方案能够相互替代。

② 消耗费用的可比性。在技术方案的经济比较中，由于实际所要比较的是满足相同需要的不同技术方案的经济效果，而经济效果包括满足需要和消耗两个方面，所以，除了要比较技术方案具有满足需要上的可比条件外，还必须具有消耗上的可比条件。

③ 价格上的可比性。价格是价值的货币表现，评价技术方案的经济效果，离不开价格指标。然而，在实际对技术方案进行比较时，可能涉及不同的价格体系。例如，有的技术方案采用境外价格，有的技术方案采用境内价格；有的技术方案采用计划价格，有的技术方案采用市场价格。采用不同的价格体系计算出来的各技术方案的经济效果是不一样的。

④ 时间上的可比性。满足时间上的可比性是指技术方案比较时，其服务年限应取一致或应折为一致，同时应考虑利率随时间变化的影响，即要考虑资金运动的增值效应（资金的时间价值）。对不同技术方案进行比较，由于资金时间价值的作用，使得不同时期生产要素的投入对技术方案经济效益的影响不同，这就是分析时应考虑的时间可比性问题。

（三）技术经济分析的方法

技术经济评价方法主要包括确定性评价方法和不确定性评价方法。确定性评价方法适用于方案影响因素确定的条件下进行经济效果评价；当存在不确定因素时，为了提高经济评价的准确性和可信度，尽量避免和减少决策失误，需要对方案进行不确定性评价和分析。

1. 确定性评价方法

在确定性评价方法中，按照是否考虑资金时间价值，可分为静态评价和动态评价方法。

（1）静态评价方法。

该方法不考虑资金的时间价值，主要用于技术经济数据不完备和不精确的项目初选。

① 静态投资回收期法。投资回收期反映投资项目或方案投资回收的速度，是衡量投资盈利能力的指标。投资回收期一般从建设开始年算起，但也有从投产年算起的，为避免误解，使用时应注明起算时间。投资回收期法用于单方案经济效益评价，其计算公式为

$$T = P/M \qquad (8-1)$$

式中　T——投资回收期（年）；

　　　P——投资总额；

　　　M——每年净收益（包括折旧）。

将计算得到的投资回收期与标准投资回收期进行比较，当 $T \leqslant T_标$ 时，则表明项目的总投资在规定的时间内能收回，项目在财务上是可接受的；反之，则项目在财务上不可接受，应拒绝该项目。

② 投资收益率法。投资收益率也称投资效果系数，其计算公式为

$$投资收益率\ E = \frac{M}{P} \times 100\% \qquad (8-2)$$

投资收益率法也是用于单方案经济效益的评价，应将计算得到的投资收益率与标准投资收益率（$E_标$）进行比较，若 $E \geqslant E_标$，则方案在经济上是可取的，否则，方案不能接受。

③ 追加投资回收期法和追加投资收益率法。当两方案比较时，往往投资大的方案其年经营成本较低，或经营收益较大。在此情况下进行方案比较时，不仅要考虑不同投资方案本身投资回收期的大小，而且要考虑各方案相对投资回收期的大小。

追加投资回收期又称差额投资回收期或增量投资回收期，其计算公式为

$$T_追 = \frac{P_2 - P_1}{C_1 - C_2} \qquad (8-3)$$

当两个方案提供的年产量不同时，公式为

$$T_追 = \frac{P_2/Q_2 - P_1/Q_1}{C_1/Q_1 - C_2/Q_2} \qquad (8-4)$$

式中：P_1 和 P_2 分别为两方案的总投资额，且 $P_2 > P_1$；C_1 和 C_2 分别为两方案的经营费用，且 $C_1 > C_2$；Q_1 和 Q_2 分别为两方案的年产量，$T_追$ 为追加投资回收期（年）。计算得到的 $T_追$ 小于 $T_标$ 时，表明 P_2 方案优于原方案 P_1，决策时可以采用新方案。

追加投资回收期法主要用于互斥方案的优劣比较选优。投资回收期法计算简便，通过与标准投资回收期比较，判断投资方案是否可行，但它只能对单方案进行评价，不能用于多方案比较择优。当然，用追加投资回收期进行比较有一个前提，即所对

比的方案必须是可行方案且具有可比性。

追加投资回收期的倒数称为追加投资收益率（$E_{追}$），评价时若 $E_{追} \geqslant E_{标}$，选择投资大的方案为最优方案；否则，投资小的方案为优。

由于追加投资回收期和追加投资收益率只是反映两方案对比的相对经济效益，而不能反映两方案自身的经济效益，因此，投资额小的方案应满足绝对效益评价标准。另外，静态评价方法中还有计算费用法等，限于篇幅从略。

（2）动态评价方法。

一般来说，该方法考虑了资金的时间价值，比静态评价方法更科学，多用于项目最终决策前的可行性研究阶段，包括内部收益率、净现值、净现值指数法和动态回收期等方法。

① 净现值。净现值是指将项目方案在整个寿命周期内每年发生的净现金流量，用行业基准折现率（或其他设定的折现率）计算的现值之和；折现率本质是收益率，是将未来有限期的预期收益折算成现值的比率。折现率是利用净现值法进行评估时的重要参数，其是否合理，关系评估值的科学性和合理性。确定折现率的参考标准可以是市场利率、投资者希望获得的预期最低投资报酬率以及企业平均资本成本率。

净现值的计算公式如下

$$NPV = \sum_{t=0}^{n} F_t \cdot \frac{1}{(1+i)^t} = \sum_{t=0}^{n} (F_I - F_0) \cdot \frac{1}{(1+i)^t} \tag{8-5}$$

式中　NPV——方案净现值；

　　　F_t——第 t 年的净现金流量；

　　　F_I——第 t 年的现金流入量；

　　　F_O——第 t 年的现金流出量；

　　　n——方案的寿命周期；

　　　i——标准折现率；

　　　$\dfrac{1}{(1+i)^t}$——第 t 年折现系数。

净现值指标是反映技术方案在整个寿命周期（包含建设期及服务期）内获利能力的动态评价指标，净现值法就是利用该指标评价投资方案的一种比较科学而简便的投资方案评价方法。净现值为正值，投资方案是可以接受的；反之，是不可接受的，净现值越大投资方案越好。一般讲，将净现值指标用于单方案评价时，如果 $NPV \geqslant 0$，则方案是可取的；而用于多方案评价及选优时，净现值最大的方案为最优方案。

② 净现值指数法。净现值指数（$NPVI$）又称净现值率（$NPVR$），也是反映项

目方案在寿命周期内获利能力的动态投资收益评价指标，是指项目方案在整个寿命周期内全部净现金流量的净现值与全部投资现值的比值。净现值指数的经济含义是单位投资现值所能带来的净现值，是考核项目单位投资盈利能力的指标，常作为净现值法的辅助评价指标。净现值指数表示项目单位投资所产生的净收益的大小，其值小表示单位投资的收益就低，反之，收益就高。计算公式为

$$NPVR = \frac{NPV}{I_P} \qquad (8-6)$$

式中：NPV 为方案净现值；I_p 为方案的全部投资现值。

用净现值指数法判断单方案的可行性时，如果 $NPV \geqslant 0$，则方案是可取的；而用于多方案评价及选优时，以净现值指数较大的方案为最优。

例 8-14：有满足相同需求的两个技术方案可供选择，甲方案的投资额现值、净现值、净现值指数分别为 3650 万元、372.6 万元、0.102；乙方案的投资额现值、净现值、净现值指数分别为 3000 万元、352.2 万元、0.117。请进行方案选优。

解：若以净现值为评价标准，则甲方案为优；但从净现值指数来考虑，乙方案又优于甲方案。因此，采用的净现值及净现值指数这两个指标综合考虑，应选择盈利额较大、投资较少、经济效益更好的乙方案。这在资金紧张的情况下，对于节省投资并发挥资金的利用效率是有益的。

③ 动态投资回收期法。动态投资回收期是把投资项目各年的净现金流量按基准收益率折成现值之后，再来推算投资回收期。该法指在考虑货币时间价值的条件下，以投资项目净现金流量的现值抵偿原始投资现值所需要的全部时间。即动态投资回收期是项目从投资开始起，到累计折现现金流量等于零时所需的时间。动态投资回收期的表达式为

$$\sum_{t=0}^{P_t}(CI - CO)_t(1 + i_c)^{-t} = 0 \qquad (8-7)$$

式中　i_c——为基准收益率；

P_t——为需要计算的投资回收期；

CI——为现金流入；

CO——为现金流出；

$CI-CO$——称为净现金流量；

t——投资年数。

在实际应用中，也可以根据项目的现金流量表中的净现金流量现值，按以下近似公式计算

P_t = 累计折现值出现正值的年数 $-1+$ 上年累计折现值的绝对值 $\div$ 当年净现值

求出动态投资回收期 P_t 后，仍需要与行业标准动态投资回收期 P_c 或行业平均动态投资回收期进行比较，低于相应的标准认为项目可行。

例 8-15：某项目有关数据如表 8-9 所示。基准收益率 $i_c=10\%$，基准动态投资回收期 $P_c=8a$，试计算动态投资回收期。

表 8-9　某项目财务现金流量表　　　　　　　　　　　单位：万元

计算期 / 年	0	1	2	3	4	5	6	7	8	9	10
净现金流量	−20	−500	−100	150	250	250	250	250	250	250	250
累计净现金流量	−20	−520	−620	−470	−220	30	280	530	780	1030	1280
净现金流量现值	−20	−454	−82	112	170	155	141	128	116	106	96
累计净现金流量现值	−20	−474	−556	−444	−274	−119	22	150	266	372	468

解：根据动态投资回收期的计算公式计算各年累计折现值（累计净现金流量现值）。动态投资回收期就是累计折现值为零的年限（表 8-9 中可以判断在第五年到第六年）。

P_t =（累计折现值出现正值的年数 -1）+ 上年累计折现值的绝对值 $\div$ 当年净现金流量的折现值 $=6-1+119\div141\approx5.84$（年）

由于 P_t 小于 P_c（8 年），项目可行。

④ 内部收益率法（IRR 法）。内部收益率法（Internal Rate of Return，IRR）又称财务内部收益率法（FIRR）、内部报酬率法，是用内部收益率来评价项目投资财务效益的方法。所谓内部收益率，就是资金流入现值总额与资金流出现值总额相等，即净现值等于零时的折现率。

净现值为零时的折现率 $i*$，即为项目方案的内部收益率（IRR），它是方案本身所能达到的最高收益率。内部收益率就是满足下列净现值等于 0 公式的 $i*$ 解

$$\sum_{t=0}^{n}F_t\cdot\frac{1}{(1+i^*)^t}=0 \tag{8-8}$$

式中　$i*$——为所求的内部收益率（IRR）；

F_t——为第 t 年的净现金流量。

内部收益率的求法采用试算逼近法。其计算程序是：先以某个 i 代入公式，净现值为正时增大 i 值，净现值为负时则缩小 i 值，直到净现值等于零，这时的 i 即为

所求的值 $i*$。

2. 不确定性评价方法

对技术方案进行分析评价，除了通常采用的上述静态法与动态法之外，还要研究技术方案中某些不确定因素对方案经济效益的影响。

技术经济分析的对象和具体内容，是对可能采用的各技术方案进行分析和比较，事先评价其经济效益，并进行方案选优，从而为正确决策提供科学的依据。由于对技术方案进行分析计算所采用的技术经济数据大都来自预测和估算，有着一定的前提和规定条件，因而有可能与方案实现后的情况不相符合，以致影响到技术经济评价的可能性。为了提高技术经济分析的科学性，减少评价结论的偏差，就要进一步研究某些技术经济因素的变化对技术方案经济收益的影响，并提出相应的对策，这就是不确定性分析的内容和目的。常用不确定性分析方法主要有盈亏平衡分析法、敏感性分析法和概率分析法，可以根据技术方案的特点和实际需要选择，限于篇幅不再详述。

二、工业项目可行性研究

1. 可行性研究的作用

可行性研究（Feasibility Study）是我国 20 世纪 70 年代末从国外引进的一门管理技术，是工程项目建设的一项前期工作，通常是指在投资决策之前，对项目进行全面的技术经济分析，论证项目可行性的科学研究方法。目前，可行性研究在企业投资、工程项目、技术改造、技术引进、新产品开发、课题研究等方面得到广泛应用。

可行性研究能解决项目投资方案中诸如建设条件是否具备、工艺技术是否先进适用、投资经济效果是否最佳等问题，从技术和经济两方面进行综合分析、评价和论证，为投资决策提供科学依据。其具体作用：是投资决策和编制可行性研究报告的依据；是进行工程设计、设备订货、施工准备等前期工作的依据；是企业进行资金筹措和向银行贷款的依据；是与建设项目有关部门商谈合同、签订协议的依据；是企业进行科研试制和设备制造的依据；是环保部门审查项目对环境影响的依据，亦作为向项目建设所在政府和规划部门申请建设执照的依据；是企业进行组织管理、机构设置、职工培训等工作安排的依据；是国家各级计划部门编制固定资产投资计划的依据。

2. 可行性研究的内容

一个工程项目从设想到建成投产可分为投资前期、投资时期和生产时期，每个时期又可分为若干个阶段。可行性研究是在工程项目建设前期进行的，按照所要达到的目的和要求，西方国家把它分为机会研究、初步可行性研究、可行性研究（也叫详细可行性研究）、项目评价和决策 4 个阶段，是一个由粗到细、逐步深入的过程。与此相对应，我国则是按照项目建议书、初步可行性研究、可行性研究、项目评估与决策 4 个阶段进行的。

（1）项目建议书。是提出项目建设的设想，是从宏观上寻求项目建设的途径、必要性，一般做得比较概略。其主内容要包括：提出的必要性和依据；产品方案、拟建规模和建设地点的初步设想；资源情况、建设条件、协作关系及技术、设备来源的初步分析；投资估算和资金筹措设想；投资和项目进度的初步安排；经济和社会效益的初步估计。

（2）初步可行性研究。也称预可行性研究，是介于机会研究和可行性研究的中间阶段，是对提出的投资建议的可行性进行初步估计。初步可行性研究一般针对重大及特殊项目才进行，一般项目可以直接进行详细可行性研究，其内容与下一阶段的可行性研究基本相同，区别在于资料的详细程度及研究深度不同。初步可行性研究的内容需要解决投资机会是否有希望、是否需要做详细可行性研究、某些关键性的问题是否需要进行辅助研究、初步筛选方案等问题。

（3）可行性研究。也称详细可行性研究、最终可行性研究、技术经济的可行性研究，是在项目建议和初步可行性研究的基础上，进一步深入细致地调查分析项目的各个方面，从技术上、经济上及相关方面进一步探讨项目建设的合理性和可能性。可行性研究应对项目的生产规模、厂区厂址、环境影响、技术选择、工艺流程、厂房建筑、主要设备及动力设施等进行多方案比较，从中选出最优方案。对相关工程的安排及协作单位也要进行分析。

（4）项目评估和决策。可行性研究的目的在于提供情况和依据，以便于决策者决定工程项目是否建设，并最后选定实施方案。为此，要进行项目评估和决策。评估决策一般应由上级主管部门或国家指定专门机构，对可行性研究中提出的若干个方案决定出最优方案，决定项目是否建设。对于有贷款的项目，还要由有关银行参与项目的评估和审查，协同主管部门共同做出决策。

3. 可行性研究的任务

（1）市场研究。从市场出发是工业项目可行性研究的一个重要特点，其内容包括对市场需求和供应情况的研究。这两方面的基本内容包括：用户（现在的和潜在的用户是谁及其分布范围）、用途（生产的包装制品的用途，用户对产品有无质量上的特殊要求）、用量（当前和未来的市场需求量、市场容量的分析，有多大的市场占有率）、竞争力（同类包装制品有哪些厂家生产，如何布局，生产能力多大，国外进口情况和国内出口情况）、发展趋势（与国内外同行业水平对比，拟生产产品处于的生命周期阶段）、价格（现行价格和将来价格分析预测、国际市场价格及产品投产后进入市场的价格策略等）、原料（原辅材料、燃料、动力等的供应来源和保证程度）。

（2）技术研究。是研究拟建项目应采用的原料、工艺技术及设备。主要包括以下内容：

① 原材料、能源等生产条件的选择。调查了解包装生产所需要的原辅材料的名称、品种、规格、需要数量，以及供应来源、供应方式和运输条件等情况。调查包装项目生产所需的原辅材料的价格、运输费用和代用的可能。

② 工艺选择。对不同的工艺技术路线进行比较，选择投资少、消耗少、效率高、质量好，能满足生产发展要求，最经济合理的方案。

③ 设备选择。应具体考虑生产效率高，对包装产品质量有保证，能源和原材料消耗少，灵活、安全、维修容易，投资效益高等因素。

除上述市场研究和技术研究之外，还包括对厂址选择，人员及培训，工程实施进度的安排，投资与成本研究及经济评价等工作。

案例分析：成本控制

案例1：包装产品价值工程实施案例

1. 价值工程实施目的

某公司4个大类5个系列的电力电容类产品，原用木箱做运输包装。由于木材供应紧张，包装成本较高，要求对包装结构设计及材料的选用作价值工程分析，并进行优化设计。合同约定包装成本降低30%以上。

2. 价值工程实施程序及方法

（1）以产量较大，包装材料耗用较多的一款产品为分析对象。

（2）搜集情报。

① 采用木箱作为电力电容类产品的运输包装；

② 需求量大，总成本较高，不同产品所用的包装规格不同；

③ 该包装主要功能为保护产品、方便运输；

④ 包装的产品为瓷件，在运输过程中不得倾斜和堆码。无防潮防雨要求。一般采用吊车或叉车装卸。

（3）进行功能分析。

① 功能定义。目的是明确分析对象应具备的功能和使用价值。经过对运输过程及装卸方式要求的分析，得出木箱包装箱的主要承力构件为立柱、承重围挡、底板

及枕木。包装箱每个零件功能定义见表8-10。

表8-10 包装箱每个零件功能定义

序号	零件名称	功能定义
1	箱体	承装保护产品，方便运输
2	卡板	固定产品，防止磕碰
3	钢带	加固箱体，防止箱体变形
4	联结件	加固箱体，使箱体紧密联结

② 功能分类、整理。用ABC分析法确定包装箱的箱体，整理相关资料见表8-11。

表8-11 用ABC分析法确定包装箱的箱体整理的相关资料

序号	零件名称		数量	总成本中占百分比	零件总数中占百分比
1	箱体	底板	1	90	55.6
		立柱	4		
		枕木	2		
		侧板	4		
		承重围挡	2		
		非承重围挡	2		
2	卡板		1	7	3.7
3	钢带		3	2	11.1
4	联结件（螺栓）		8	1	29.6
合计			27	100	100

可见，箱体应作为价值工程的对象。

③ 功能分析。该包装箱的整体功能是保护产品，方便运输。明确了包装目的后，可对该包装箱进行功能分析，如图8-3所示。

图8-3 对包装箱进行功能分析

④ 功能评价。根据功能与成本的对比关系，确定功能价值，找出低价值的功能，明确改进功能的具体范围，以提高价值。功能评价系数 F_i= 某一包装零部件的功能分数 ÷ 包装全部零部件的功能分数；成本系数 C_i= 包装某零部件的现实成本 ÷ 包装全部零部件的现实成本；价值系数 $V_i=F_i/C_i$= 功能评价系数 ÷ 成本系数。

采用功能评价系数对包装箱功能进行评分，求出功能系数，选择价值工程对象。具体做法如表8-12。

A.将一个零件与其他零件逐个对比，功能重要的计1分，功能次要的计0分。

表 8-12　用功能评价系数对包装箱功能进行评分

零件名称	一对一比较				得分总计	功能重要性系数
	箱体	卡板	钢带	联结件		
箱体	–	1	1	1	4	0.40
卡板	0	–	1	1	3	0.30
钢带	0	0	–	0	1	0.10
联结件	0	0	1	–	2	0.20
合计					10	1

B. 把每个零件通过一对一比较，得分数加上 1 分即为每个零件功能重要程度得分，计入表中"得分总计"。在每个零件的分数上加上 1 分，目的是避免在计算功能重要性系数时出现零的情况。

C. 将各零件得分分别除以全部零件得分总数，得出每个零件的功能重要性系数，记入表中"功能重要性系数"。它反映了该零件在产品中的重要性比例。

D. 用每个零件成本除以产品总成本，得出成本系数，最后计算出每个零件的价值系数。箱体的功能重要性系数 $F_i=0.40$；箱体的成本系数 $C_i=0.90$。

箱体的价值系数 $V_i=F_i \div C_i=0.4 \div 0.9 \approx 0.44$。

箱体价值系数小于 1，说明箱体的成本过高。

（4）包装方案的创造、试验和实施。

① 改进方案。对原有包装箱进行强度校核，优化结构，减少材料。优化后包装箱所用材料 0.0512m³（原包装箱用材料 0.08m³，节省材积为 36%）。

② 经运输试验，产品与包装箱均无损伤。

③ 方案实施。实践证明，运用价值工程进行分析，并通过科学的计算对原包装箱进行强度校核，实现结构上的优化，降低了成本。

（5）方案评价。

技术评价：优化后的包装箱构件强度设计更合理，成本更低，满足产品运输及堆码等要求，可靠性、适用性、安全性都得到加强。

经济评价：总体达到节省材料 30% 以上的要求，节约了大量成本。

社会评价：大大减少原材料的使用量，有利于资源的再生利用及环境保护。

3. 案例评析

价值工程可通过对包装的结构、造型和装潢的功能与成本进行对比分析，在保证包装获得所要求的必要功能的情况下，研究用更佳的设计、更廉价的材料、更经济工艺的方法，制造出低成本的包装容器，提高包装产品的经济效益。实践证明：

许多包装产品应用价值工程进行优化设计，不仅可使其包装总成本降低，而且还可找出一些工作上常有的疏忽和习惯上的漏洞，从而改革设计、工艺和用料等，实现包装使用上的最佳经济效益。

案例2：包装使用总成本控制案例

1. 成本控制问题

有一包装企业为某电气股份有限公司所属的多家分公司供应400多个规格品种的瓦楞纸箱。主要存在问题：① 包装外箱原纸克重过高；② 对内装产品保护不足带来的残次品浪费；③ 不必要的包装库存量浪费；④ 不适当的包装作业过程浪费；⑤ 运输过程中因包装材料选择不恰当造成的浪费；⑥ 包装设计、包装组合不合理造成的浪费；⑦ 仓储过程因包装设计不合理带来的浪费；⑧ 销售过程中因包装不合理带来的浪费。

2. 成本控制方案

（1）降低包装生产成本。针对电气产品包装的需求，对瓦楞包装外箱的原纸、楞型和生产工艺等进行改进。

① 使用低克重原纸。通过对多种原纸物理性能的检测对比，在满足低压电气行业包装强度要求的情况下，选择了低克重原纸，以达到较高的性价比。

② 使用 BE 瓦楞。单位面积用原纸面积较 AB 瓦楞少 0.19m²，节约原材料成本。同时 BE 瓦楞结合了 V 形齿和 U 形齿的特点，达到"内外兼修"。外 E 瓦楞（外层瓦楞相当于 V 形瓦楞）挺度好，坚硬可靠，用纸少，表面平整，印刷效果好，外观形象好。内 B 瓦楞（内层瓦楞相当于 U 形瓦楞）具有良好的缓冲性能，对内装物起到良好的缓冲保护作用，满足产品抗压保护需求。

③ 使用一次成板工艺。经综合试验比较，一次工艺成板 BE 瓦楞纸板强度比两次工艺成板的 AB 瓦楞纸板强度高 50%。

④ 使用 0201 箱型。遵循最优的性价比，0201 型纸箱能够满足一般低压电器产品的抗压要求，在用量面积最少的同时，也符合国内外包装的使用习惯。

⑤ 成箱方式使用一片成箱，与传统的两片成箱方式相比减少 1 个 40mm 的接舌和 2 个 20mm 的毛边，减少用料面积。

（2）降低包装使用成本。规格整合，多种产品通用包装。

① 整合纸箱规格，降低采购成本，提高工作效率。整合使用量少的产品订单，使产品规格系列化、标准化，降低包装的采购成本。纸箱规格的通用性使纸箱可以在不同车间和不同分公司之间进行调货使用，减少生产准备的规格和时间，提高了工作效率。

② 考虑作业成本，规范纸箱标准。所有包装产品的重量严格控制在 25kg 以下，同时，考虑产品在包装过程的搬运及堆码，所有包装尺寸长度大部分在 70cm 左右，最长的也不超过 80cm，宽度大部分为 40cm 左右，最宽不超过 50cm，高度与宽度相当。通过箱型、尺寸及质量的限制，产品填充过程的直立、填充、封箱、贴标、搬运和堆码等各个工序环节衔接得更加紧密，填充的效率大大提高，降低了作业成本。

③ 提高仓储效率。使用电子标签提高产品出入库的准确性。

④ 降低运输成本。通过整合纸箱规格，实现包装产品的单规格批量化生产，使包装产品在物流配送过程中实现大批量的送货，提高装车利用率。整合后包装的通用性实现了不同产品包装在需要时进行及时调货，减轻了物流交货期压力。此外，使用 BE 瓦楞，箱壁由原先 AB 瓦楞的 7mm 左右减至 4mm 左右，按 10 个纸箱计算，其打包运输的高度可以降低 3cm，提高了装车利用率，直接减少送货次数。

（3）降低包装管理成本。整合包装前，由于规格多而杂，经常出现下单错误等现象，增加了采购和管理成本。通过整合提高效率，降低了管理成本。

3. 成本控制效果

对多家分公司的产品包装进行全面整合，包装产品规格从 400 多个降到 80 个，整体降低包装使用总成本 300 万元 / 年左右。其中，楞型变化提高原纸利用率，降低成本约 8 万元 / 年；原纸克重降低节约成本约 21 万元 / 年；减少耗材及省去的开机费降低成本约为 8 万元 / 年；集装箱利用率提高，节约运费约为 27 万元 / 年；仓储成本节约为 18 万元 / 年；纸箱规格减少，包装检验员的工作量减少 4/5，降低成本约为 4.32 万元 / 年；托盘型号大大减少，单品种装车提高空间利用率，纸箱由 AB 瓦楞变为 BE 瓦楞提高装车数量，降低运输车次，降低储运成本约为 16 万元 / 年；通过整合实现批量订单，基本实现零库存，减少仓储和包装成本至少为 40 万元 / 年；在包装管理成本方面，规格减少使下单采购人员减少一半，采购厂商由原来的 3 家变为 1 家，包装采购管理成本降低 29 万元 / 年。

4. 案例评析

包装成本控制绝不能仅仅依靠节约材料，降低生产成本来控制，必须从包装的整个生命周期角度，利用整体包装解决方案，运用系统工程的思想和方法，控制包装使用总成本最低，而不是其中一项最低。该公司在对低压电器行业做包装整合方案，充分考虑包装的使用和包装管理的各个环节，降低包装使用总成本。

思考题：

1. 包装成本管理涉及哪些主要环节？其主要任务和要求有哪些？

2. 什么是生产费用和产品成本？什么是制造成本和期间费用？制造成本法有何特点？

3. 成本预测有何意义？成本预测的程序是什么？

4. 什么是目标成本？简述如何分解目标成本。

5. 如何进行产品成本预测？成本决策有哪些方法？如何编制成本计划？

6. 成本控制的原则是什么？标准成本控制和目标成本控制的内涵是什么？二者有何区别？

7. 包装价值分析有何特点？价值分析在包装上有何作用？

8. 什么是包装使用总成本？由哪些费用构成？如何控制包装使用总成本？

9. 何为包装技术经济分析？其评价方法有哪几类？简述各类评价方法的基本原理。

主要参考资料：

[1] 戴宏民 . 包装管理（第三版）[M]. 北京：印刷工业出版社, 2013.

[2] 戴宏民，杨祖彬 . 包装管理学 [M]. 成都：西南交通大学出版社, 2014.

[3] 李约 . 管好成本管好账 [M]. 北京：企业管理出版社, 2011.

[4] 钱静 . 包装管理 [M]. 北京：中国纺织工业出版社, 2008.

[5] 高松玲 . 包装成本分析及成本控制的探讨 [J]. 中国包装工业, 2014(12).

[6] 张文祥 . 如何进行目标成本分解 [J]. 陕西财经大学学报, 2006, 28(1)：105.

[7] 门素梅，宋慧 . 目标成本管理浅析 [J]. 中国高新技术企业, 2010(12).

[8] 李淑霞，王立平，葛成吉 . 浅谈目标成本管理在项目中的应用 [J]. 河北企业, 2009(2).

[9] 曾向红 . 制造成本法与变动成本法比较与应用 [J]. 财会通讯, 2011(4).

[10] 戴佩华，戴宏民 . 基于供应链管理的商品整体包装解决方案设计 [J]. 包装工程, 2009, 30(9)：82-84.

[11] 田筱虹 . 浅谈现代企业的成本控制 [J]. 决策探索, 2011(2)：68-69.

[12] 杜亚群 . 工程项目成本管理流程及控制方法 [J]. 工程管理, 2009(35)：116.

[13] 丁勇 . 现代企业成本管理与成本控制方法 [J]. 中国市场, 2020(23).

［14］兰明．基于 CPS 理念的包装总成本控制及分析［D］．咸阳：陕西科技大学，2013．

［15］Yunchang Jeffrey Bor, Yu- Lan Chien. Esher Hsu: The Market-Incentive, Recycling System for Waste Packaging Containers in Taiwan［J］. Environmental Science &Policy, 2004（7）．

［16］周明星．精益包装管理：降低客户包装综合成本［J］．电气制造，2009（7）：53-55．

［17］潘颖雯，张克英．企业管理与技术经济分析［M］．天津：天津大学出版社，2010．

［18］丁毅，蔡晋，高雁．价值工程在包装优化设计中的应用［J］．包装工程，2007（10）：34 -36．